FÖRELÄSNINGAR I

MEKANIK

STATIK OCH DYNAMIK

Gråskaletryck

STEFAN LINDSTRÖM

Föreläsningar i mekanik: Statik och Dynamik
Stefan Lindström
Gråskaletryck

ISBN 978-91-981287-7-2

Innehåll

II PARTIKELDYNAMIK 39

III STELKROPPSDYNAMIK 79

Förord

Denna lärobok ger en koncis beskrivning av den elementära mekanikens viktigaste definitioner och satser. Den är lämplig för kurser i statik, partikeldynamik och stelkroppsdynamik på kandidatnivå.

Läsaren förutsätts vara förtrogen med grundläggande geometri (bilaga A.1), geometriska vektorer (bilaga A.2), linjära ekvationssystem, ordinära differentialekvationer samt integraler i flera dimensioner (bilaga A.4). Utöver detta bör läsaren vara bekant med begreppen storhet, enhet och dimension, samt kunna avgöra fysikaliska uttrycks dimensionsriktighet (bilaga B).

Tack

Ett varmt tack till tekn. dr Peter Schmidt, docent Lars Johansson och docent Ulf Edlund för deras värdefull återkoppling.

Docent Stefan Lindström
Linköping
Juli 2019

Del I

Statik

1 Inledning

Detta kapitel syftar till att ge fysikalisk förståelse för några grundläggande begrepp inom mekanik, samt att avgränsa ämnesområdet statik. Förtrogenhet med geometriska vektorer (bilaga A.2) är nödvändigt för att kunna tillgodogöra sig framställningen.

1.1 Grundläggande begrepp

Kropp och stelkropp

En *kropp* har massa och uppfyller ett begränsat område i rummet. Den har alltså en volym. Inom klassisk mekanik antas massan vara kontinuerligt fördelad inom kroppens område.

Alla fysiska kroppar kan deformeras—ändra sin form—genom att lägena för materiepunkter i kroppen förskjuts i förhållande till varandra. I vissa situationer är kroppens deformation försumbar. Analysen förenklas då av att man antar att kroppens form är oföränderlig och en sådan kropp kallas *stelkropp*.

Definition 1.1 (Stelkropp). En *stelkropp* är en kropp, sådana att avståndet mellan varje par av materiepunkter i kroppen inte kan ändras.

Partiklar

En *partikel* är ett hypotetiskt föremål med massa men utan volym. All dess massa är således koncentrerad till en materiepunkt. Vid problemlösning kan man ibland använda en partikel som modell för en kropp vars rotation och deformation inte påverkar analysen i någon större utsträckning. Speciellt formulerar vi följande postulat:[1]

Postulat 1.2. En kropp eller en del av en kropp, vars utsträckning är tillräckligt liten för att försummas i en given situation, kan betraktas som en partikel.[2]

[1] *postulat* – obevisat påstående med experimentellt stöd.

[2] J. B. Griffiths. *The theory of classical mechanics.* Cambridge University Press, 1985. ISBN 0-521-23760-2

Läge, hastighet och acceleration

En punkts eller partikels läge i rummet anges av dess *lägesvektor*[3]. Vi definierar en punkt $\mathcal{P}$:s lägesvektor som $\bar{r} \equiv \overline{\mathcal{OP}}$, där $\mathcal{O}$ betecknar origo för ett givet ortogonalt koordinatsystem, t.ex. ett rektangulärt system med koordinaterna x, y och z, och motsvarande basvektorer $\bar{e}_x$, $\bar{e}_y$ och $\bar{e}_z$. Om punkten $\mathcal{P}$:s läge ändras med tiden t kommer lägesvektorn att vara en *vektorvärd funktion* (jfr bilaga A.2)

$$\bar{r}(t) = x(t)\bar{e}_x + y(t)\bar{e}_y + z(t)\bar{e}_z, \tag{1.1}$$

vilket kan tolkas som en riktad bana i rummet (fig. 1.1a). *Hastigheten* hos punkten definieras

$$\bar{v}(t) \equiv \frac{\mathrm{d}\bar{r}}{\mathrm{d}t} = \dot{x}\bar{e}_x + \dot{y}\bar{e}_y + \dot{z}\bar{e}_z, \tag{1.2}$$

och är riktad i banans tangentriktning. En prick över en skalär funktion betecknar tidsderivatan av funktionen. Punktens *acceleration* ges av

$$\bar{a}(t) \equiv \frac{\mathrm{d}\bar{v}}{\mathrm{d}t} = \frac{\mathrm{d}^2\bar{r}}{\mathrm{d}t^2} = \ddot{x}\bar{e}_x + \ddot{y}\bar{e}_y + \ddot{z}\bar{e}_z, \tag{1.3}$$

och beskriver alltså hastighetsändringen per tidsenhet. Två prickar över en skalär funktion betecknar andra tidsderivatan av funktionen.

När en punkt rör sig med en konstant hastighet $\bar{v}$ sägs den beskriva *likformig rörelse* med en rätlinjig bana $\bar{r}(t)$ (fig. 1.1b). Speciellt beskriver $\bar{r}(t)$ en fix punkt då $\bar{v} = \bar{0}$. I båda fallen följer det att $\bar{a} = \bar{0}$.

[3] Benämns även *ortsvektor*.

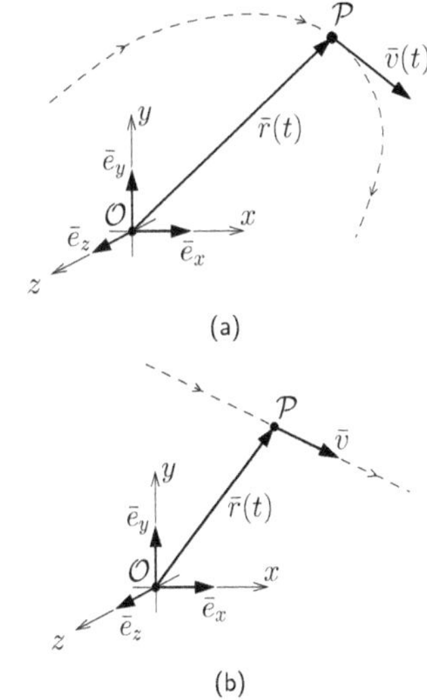

Figur 1.1: Banan $\bar{r}(t)$ för en punkt $\mathcal{P}$ med (a) varierande hastighet $\bar{v}(t)$, eller med (b) konstant hastighet $\bar{v}$ och accelerationen $\bar{a} = \bar{0}$.

Kraft

När två föremål placeras tillräckligt nära varandra, eller kommer i direkt kontakt, kan de påverka varandras rörelse. Om t.ex. en magnet förs mot en knappnål, kommer knappnålen att accelerera mot magneten. Magnetens närvaro har skapat rörelse hos knappnålen. Kroppars förmåga att att påverka varandras rörelse kallas *växelverkan.*

För att beskriva med vilken storlek och i vilken riktning ett föremål växelverkar med omgivningen införs begreppet *kraft.* En kraft skapas alltså av växelverkan och förorsakar acceleration hos en kropp vars rörelse annars är obehindrad. Denna vaga beskrivning ev kraftbegreppet ges en precis innebörd i Newtons rörelselagar.

1.2 Newtons rörelselagar

Isaac Newton postulerade följande tre rörelselagar för partiklar (ej ordagrant återgivna):[4]

1. *Tröghetslagen* En partikel förblir i vila, eller rör sig rätlinjig med konstant hastighet, så länge inga yttre krafter verkar på partikeln.

[4] I. S. Newton. *Naturvetenskapens matematiska principer, första boken.* Svensk översättning C. V. L. Charlier, Liber Läromedel, Malmö, 1986a. ISBN 91-40-60433-0

2. *Kraftlagen för partiklar* För en partikel med konstant massa m gäller

$$\Sigma\bar{F} = m\bar{a}, \tag{1.4}$$

där $\Sigma\bar{F}$ är kraftsumman på partikeln, och $\bar{a}$ är partikelns acceleration.

3. *Reaktionslagen* Om en partikel påverkar en annan med en given kraft, återverkar den senare partikeln på den förra med en lika stor motsatt riktad kraft.

Dessa lagar kommer att behandlas utförligare i kap. 8.

Inertialsystem

Att tala om rörelse är bara meningsfullt med avseende på ett givet koordinatsystem. Därför måste ett koordinatsystem specificeras för att rörelse ska kunna beskrivas (se fig. 1.1ab). Newtons lagar gäller bara för vissa val av koordinatsystem som kallas *inertialsystem*. Om man valt ett koordinatsystem där tröghetslagen gäller, kommer även kraftlagen och reaktionslagen att gälla. I ett koordinatsystem där tröghetslagen inte gäller, t.ex. ett system som roteras eller accelereras relativt ett inertialsystem (fig. 1.2), gäller inte Newtons lagar.

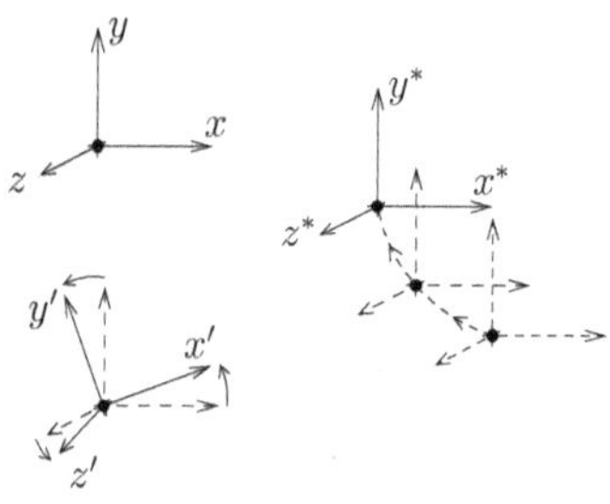

Figur 1.2: Givet ett inertialsystem xyz där tröghetslagen gäller, kommer koordinatsystem som roterar relativt inertialsystemet, t.ex. $x'y'z'$, inte att vara inertialsystem. Koordinatsystem vars origo accelererar relativt inertialsystemet, t.ex. $x^*y^*z^*$, är inte heller inertialsystem.

Statik behandlar mekaniska system där alla materiepunkter beskriver likformig rörelse, och har samma konstanta hastighet i ett inertialsystem.

1.3 Krafter i klassisk mekanik

Krafter kan verka på en kropp om den är i fysisk kontakt med en annan kropp. Dessutom kan krafter uppstå över avstånd genom kraftfält. Kraft mäts i SI-enheten newton (N), och det gäller att

$$1\,\mathrm{N} = 1\,\frac{\mathrm{kg{\cdot}m}}{\mathrm{s}^2}.$$

Gravitationskraft

Enligt *Newtons gravitationslag*[5] växelverkar varje par av partiklar varandra genom gravitation. Gravitationskraften är en *attraktiv centralkraft*. Det vill säga, partiklarna dras mot varandra och dragningskraften verkar längs den räta linje som förbinder partiklarna (fig. 1.3).

[5] I. S. Newton. *Naturvetenskapens matematiska principer, andra och tredje boken.* Svensk översättning C. V. L. Charlier, Liber Läromedel, Malmö, 1986b. ISBN 91-40-60437-3

Postulat 1.3 (Newtons gravitationslag)**.** Mellan två partiklar med massorna $m_{\mathcal{P}}$ respektive $m_{\mathcal{Q}}$ verkar en attraktiv kraft med beloppet

$$F_{\mathrm{g}} = G_{\mathrm{g}}\frac{m_{\mathcal{P}}m_{\mathcal{Q}}}{r^2}, \tag{1.5}$$

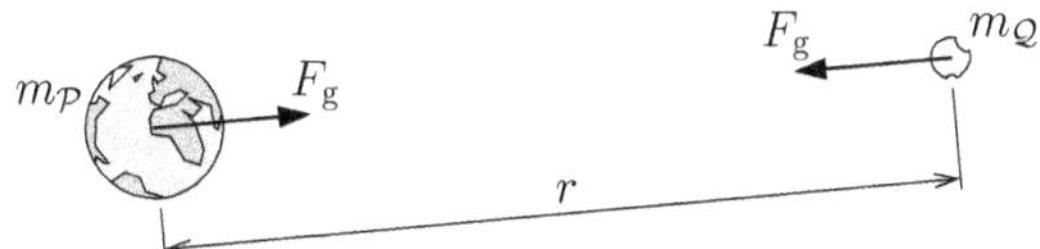

Figur 1.3: Newtons gravitationslag för partiklar tillämpad på jordens växelverkan med månen.

där $G_g = 6{,}674 \cdot 10^{-11}\,\mathrm{Nm^2/kg^2}$ är *gravitationskonstanten*[6] och r betecknar avståndet mellan partiklarna.

En följd av gravitationslagen är att en kropp med massan m vid jordytan påverkas av en *tyngdkraft* riktad mot jordens mittpunkt. Tyngdkraften är fördelad över det område kroppen upptar, men i många tillämpningar kan den modelleras som en kraft som verkar i en enda punkt och har beloppet mg, där g är *tyngdkraftskonstanten.*[7] I Sverige är $g = 9{,}82\,\mathrm{N/kg}$, men värdet varierar mellan olika platser på jorden. Därför används det SI-standardiserade värdet $g = 9{,}80665\,\mathrm{N/kg}$ vid problemlösning.[8]

[6] P. J. Mohr, B. N. Taylor, and D. B. Newell. CODATA recommended values of the fundamental physical constants: 2010. *J. Phys. Chem. Ref. Data*, 41: 043109, 2012

[7] Benämns även *tyngdaccelerationen.*

[8] Bureau International des Poids et Mesures. *The International System of Units (SI).* 8th edition, 2006

Kontaktkrafter

Två kroppar som är i fysisk kontakt med varandra växelverkar genom *kontaktkrafter*. Dessa kontaktkrafter är fördelade över kontaktytan på respektive kropp. Ett exempel är de krafter som uppstår då du trycker din hand mot en vägg (fig. 1.4ab). Din hand utövar då ett tryck mot väggen, vilket kan representeras av en kraft $\bar{F}$ på väggen. Enligt reaktionslagen kommer väggen att utöva en kraft $-\bar{F}$ mot din hand, vilket du känner som ett tryck mot handflatan.

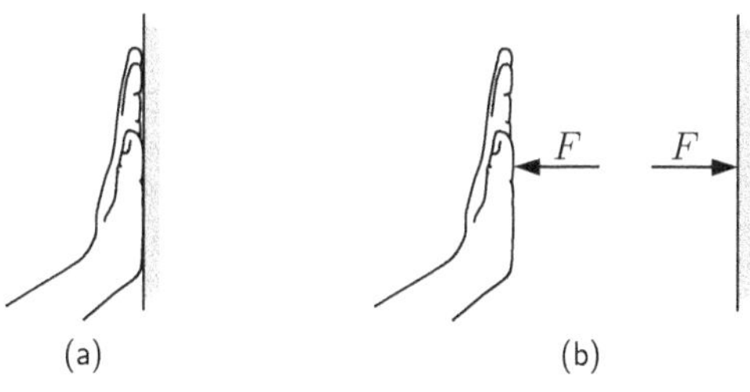

Figur 1.4: (a) Din hand trycker mot en vägg. (b) Handen och väggen utsätts för lika stora motriktade kontaktkrafter.

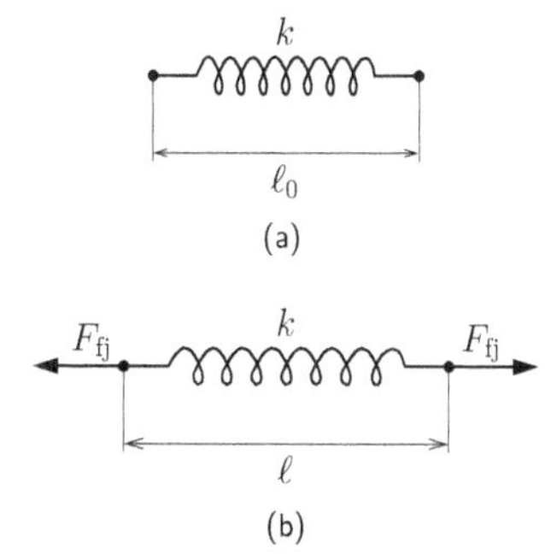

Figur 1.5: (a) Obelastad fjäder med naturlig längd. (b) Förlängd fjäder.

Fjäderkraft

Fjäderkrafter uppstår då kroppar deformeras, t.ex. då en spiralfjäder förlängs eller förkortas. När fjädern inte påverkas av någon kraft antar den sin *naturliga längd* ℓ_0 (fig. 1.5a). Om motriktade krafter, vardera med beloppet F_{fj}, angriper vid fjäderns ändar kommer fjädern att ändra sin längd till ℓ (fig. 1.5b). För en *linjär fjäder* gäller då sambandet

$$F_{fj} = k(\ell - \ell_0), \tag{1.6}$$

där k benämns *fjäderkonstanten* och har SI-enheten N/m.

2
Kraftsystem

2.1 Kraft

En kropp växelverkar med sin omgivning genom *yttre krafter*. Dessa kan vara *volymskrafter*, som verkar över kroppens område i rummet. Gravitation och elektromagnetiska krafter är exempel på volymskrafter. Dessutom kan kroppen påverkas av *kontaktkrafter*, som är fördelade över kroppens yta (fig. 2.1). För stelkroppar kan volyms- och kontaktkrafters verkan beskrivas av koncentrerade krafter, som verkar i punkter på stelkroppen:

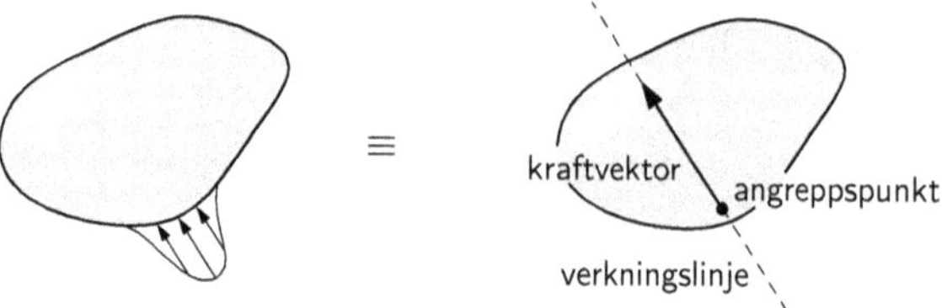

Figur 2.1: En kontaktkraft, som här består av ett tryck fördelat över en liten yta på en stelkropp, modelleras med en kraftvektor, som verkar i en angreppspunkt på stelkroppen.

Postulat 2.1. En *kraft*, som verkar på en stelkropp, är en vektorstorhet $\bar{F}$, som tillordnats en *angreppspunkt* $\mathcal{P}$.

En krafts verkan på en kropp bestäms av kraftens storlek, riktning och angreppspunkt. Kraftvektorn och angreppspunkten definierar tillsammans en linje, som kallas kraftens *verkningslinje* (fig. 2.1).

Som alla vektorer kan kraftvektorn skrivas som en summa av sina komposanter (fig. 2.2)

$$\bar{F} = F_x\bar{e}_x + F_y\bar{e}_y + F_z\bar{e}_z, \tag{2.1}$$

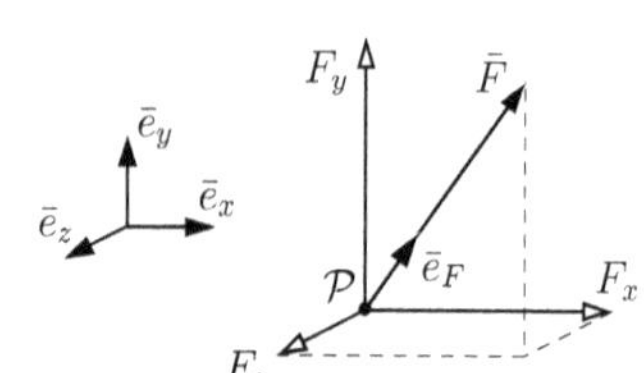

Figur 2.2: En kraft $\bar{F}$ angripande i punkten $\mathcal{P}$. Pilar med öppet pilhuvud visar kraftens komposanter.

eller som en skalär F gånger en riktningsvektor

$$\bar{F} = F\bar{e}_F. \tag{2.2}$$

I ekv. (2.2) tillåts F vara negativ så att $F = \pm|\bar{F}|$. En kraftvektors skalära projektion på en axel med riktningsvektorn $\bar{e}_\lambda$ kallas kraftens komponent i λ-riktningen och ges av

$$F_\lambda = \bar{F} \cdot \bar{e}_\lambda = |\bar{F}| \cos \varphi, \tag{2.3}$$

där φ är vinkeln mellan $\bar{F}$ och $\bar{e}_\lambda$ (fig. 2.3).

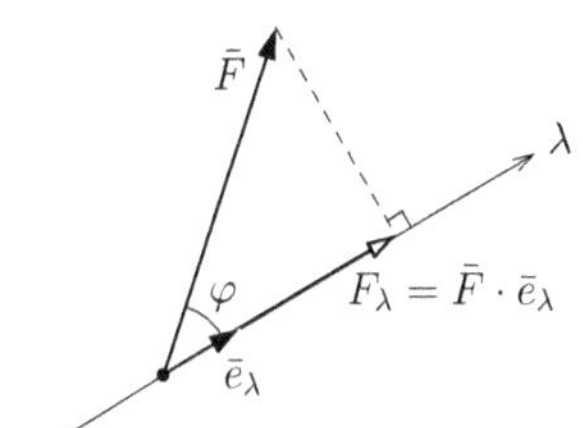

Figur 2.3: Kraftkomponenten för $\bar{F}$ m.a.p. en riktning λ.

2.2 *Moment*

Kraftmoment

Om man vill åstadkomma en vridande verkan kring en axel, som när man drar åt en bult, låter man en kraft angripa i en punkt på ett avstånd från axeln (fig. 2.4). Kraftens vridande verkan kallas *kraftmoment.*

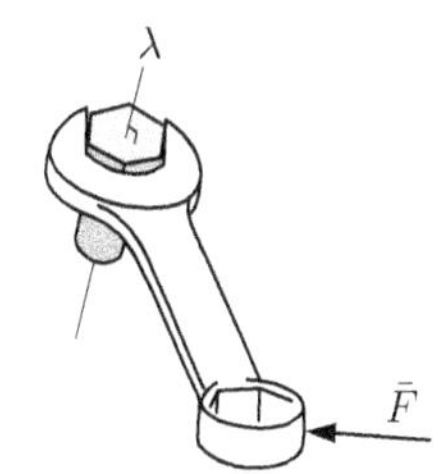

Figur 2.4: En kraft med angreppspunkt på ett avstånd från en axel λ kommer att ha en vridande verkan kring axeln.

Definition 2.2 (Kraftmoment)**.** Låt $\bar{F}$ vara en kraft som angriper i punkten $\mathcal{P}$. *Kraftmomentet* av kraften $\bar{F}$ m.a.p. en godtycklig punkt $\mathcal{A}$ definieras som vektorn

$$\bar{M}_\mathcal{A} \equiv \overline{\mathcal{AP}} \times \bar{F}, \tag{2.4}$$

där $\mathcal{A}$ kallas *momentpunkt.*

Enligt def. A.18 av kryssprodukt ges momentvektorn $\bar{M}_\mathcal{A}$:s riktning av högerhandsregeln (fig. 2.5). Kraftmomentet kommer därför att vara vinkelrätt mot det plan som $\overline{\mathcal{AP}}$ och $\bar{F}$ spänner upp. Beloppet av $\bar{M}_\mathcal{A}$ är

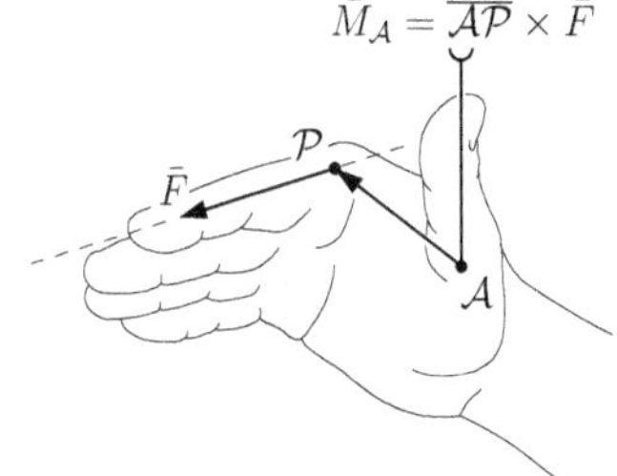

Figur 2.5: Högerhandsregeln för kraftmoment. Linjera höger hands handflata med hävarmen och vinkla fingrarna i kraftriktningen; tummen pekar då ut kraftmomentvektorns riktning.

$$\begin{aligned} |\bar{M}_\mathcal{A}| &= |\overline{\mathcal{AP}} \times \bar{F}| = \{\text{ekv. (A.19)}\} \\ &= |\overline{\mathcal{AP}}||\bar{F}| \sin \varphi \\ &= |\bar{F}| d_\perp, \end{aligned} \tag{2.5}$$

där $d_\perp = |\overline{\mathcal{AP}}| \sin \varphi$ kallas för *hävarm* och φ är vinkeln mellan $\overline{\mathcal{AP}}$ och $\bar{F}$ (fig. 2.6). Momentvektorer betecknas här med en pil med U-format huvud. Kraftmomentet m.a.p. en axel λ med riktningsvektorn $\bar{e}_\lambda$, definieras som

$$M_\lambda \equiv \bar{M}_\mathcal{A} \cdot \bar{e}_\lambda, \tag{2.6}$$

där $\mathcal{A}$ är en godtycklig punkt på axeln λ.

Sats 2.3. Låt n krafter $\bar{F}_1, \ldots, \bar{F}_n$, verka i samma punkt $\mathcal{P}$. Summan av krafternas moment, m.a.p. en godtycklig punkt $\mathcal{A}$, är då lika med momentet från kraftvektorernas summa m.a.p. $\mathcal{A}$:

$$\sum_{i=1}^{n} \overline{\mathcal{AP}} \times \bar{F}_i = \overline{\mathcal{AP}} \times \sum_{i=1}^{n} \bar{F}_i. \tag{2.7}$$

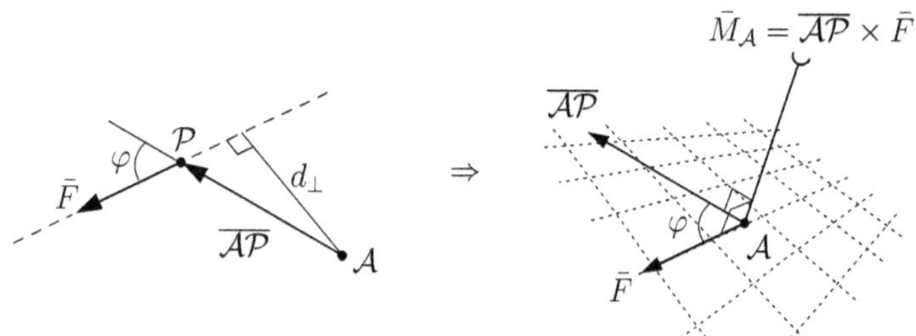

Figur 2.6: En kraft med kraftvektor $\bar{F}$ och angreppspunkt $\mathcal{P}$ ger ett kraftmoment $\bar{M}_\mathcal{A}$ m.a.p. $\mathcal{A}$, som är vinkelrätt mot det plan som $\overline{\mathcal{AP}}$ och $\bar{F}$ spänner upp.

Bevis. Kraftmomentet av kraftvektorernas summa m.a.p. $\mathcal{A}$ ges av

$$
\begin{aligned}
\overline{\mathcal{AP}} \times \sum_{i=1}^{n} \bar{F}_i &= \overline{\mathcal{AP}} \times (\bar{F}_1 + \bar{F}_2 + \cdots + \bar{F}_n) = \{\text{ekv. (A.21b)}\} \\
&= \overline{\mathcal{AP}} \times \bar{F}_1 + \overline{\mathcal{AP}} \times (\bar{F}_2 + \cdots + \bar{F}_n) = \{\text{upprepa (A.21b)}\} \\
&= \overline{\mathcal{AP}} \times \bar{F}_1 + \overline{\mathcal{AP}} \times \bar{F}_2 + \cdots + \overline{\mathcal{AP}} \times \bar{F}_n \\
&= \sum_{i=1}^{n} \overline{\mathcal{AP}} \times \bar{F}_i. \qquad \square
\end{aligned}
$$

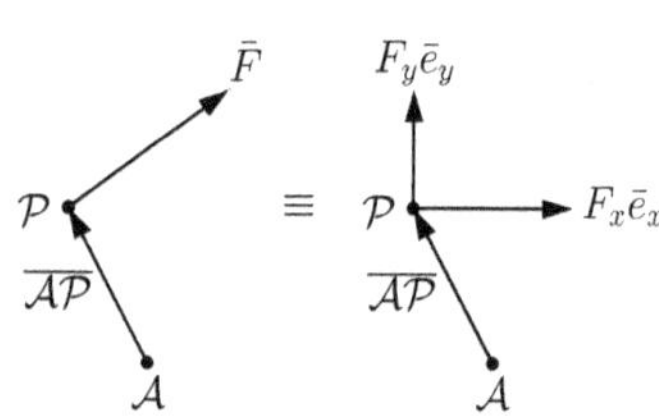

Figur 2.7: Momentet från en kraft är lika med summan av momenten från dess komposanter: $\overline{\mathcal{AP}} \times \bar{F} = \overline{\mathcal{AP}} \times F_x\bar{e}_x + \overline{\mathcal{AP}} \times F_y\bar{e}_y$ (2D).

Vid analys av statikproblem händer det ofta att problemet blir enklare att lösa om man först delar upp kraften i sina komposanter (fig. 2.7). Kraftens moment får man som summan av komposanternas respektive moment enligt sats 2.3.

Kraftparsmoment

Definition 2.4 (Kraftpar). Ett *kraftpar* består av två krafter, $\bar{F}$ med angreppspunkt $\mathcal{P}$ och $-\bar{F}$ med angreppspunkt $\mathcal{Q}$ (fig. 2.8).

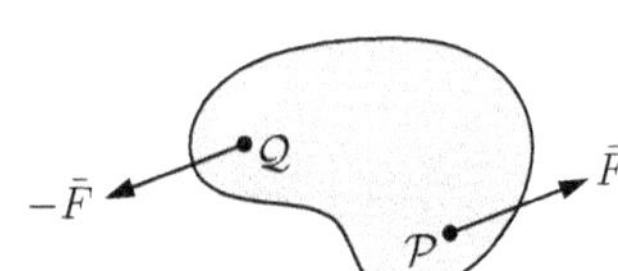

Figur 2.8: Kraftpar.

En trivial men viktig egenskap hos kraftparet är att dess kraftsumma är $\bar{F} + (-\bar{F}) = \bar{0}$, så att ett kraftpar endast har vridande verkan på en kropp.

Definition 2.5 (Kraftparsmoment). Ett *kraftparsmoment* $\bar{C}$ är summan av kraftmomenten från ett kraftpar m.a.p. en godtycklig punkt $\mathcal{A}$.

Sats 2.6. För ett godtyckligt kraftpar, $\bar{F}$ med angreppspunkt $\mathcal{P}$ och $-\bar{F}$ med angreppspunkt $\mathcal{Q}$ (fig. 2.9), är kraftparsmomentet

$$
\bar{C} = \overline{\mathcal{QP}} \times \bar{F}. \tag{2.8}
$$

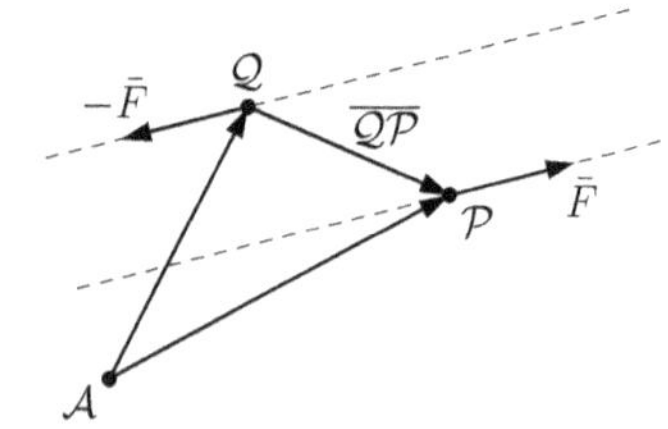

Figur 2.9: Kraftpar som bildar kraftparsmomentet $\bar{C} = \overline{\mathcal{QP}} \times \bar{F}$.

Bevis. Från def. 2.5 följer att kraftparets kraftparsmomentet m.a.p. en godtycklig punkt $\mathcal{A}$ är

$$
\begin{aligned}
\bar{C} &= \overline{\mathcal{AP}} \times \bar{F} + \overline{\mathcal{AQ}} \times (-\bar{F}) \\
&= \overline{\mathcal{AP}} \times \bar{F} - \overline{\mathcal{AQ}} \times \bar{F} = \{\text{ekv. (A.21b)}\} \\
&= (\overline{\mathcal{AP}} - \overline{\mathcal{AQ}}) \times \bar{F}
\end{aligned}
$$

$$= (\overline{\mathcal{QA}} + \overline{\mathcal{AP}}) \times \bar{F} = \{\text{parallellogramlagen}\}$$
$$= \overline{\mathcal{QP}} \times \bar{F}. \qquad \square$$

Ett typexempel på ett kraftpar är en skruvmejsels verkan på en spårskruv (fig. 2.10). Det finns två kontaktpunkter, $\mathcal{P}$ och $\mathcal{Q}$, mellan skruvhuvudet och mejseln, där två lika stora motriktade krafter verkar på skruven. Motsvarande kraftparsmoment är oberoende av valet av momentpunkt. Det är därmed en fri vektor som, med bibehållen storlek och riktning kan förflyttas i rummet till en godtycklig punkt (fig. 2.10).

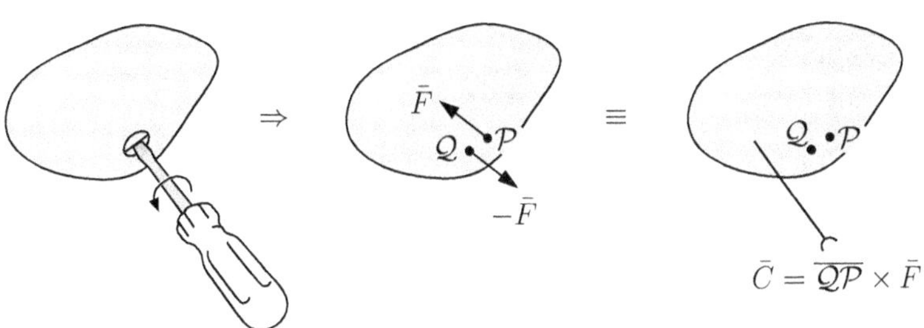

Figur 2.10: En skruvmejsel ger en vridande verkan, vilken skapas av två lika stora motriktade krafter i skruvspåret. Kraftparsmomentet är en fri vektor, som inte verkar i någon specifik punkt på stelkroppen.

2.3 Kraftsystem

Flera krafter och kraftparsmoment, som verkar på en stelkropp, bildar tillsammans ett *kraftsystem*.

Definition 2.7 (Kraftsystem). Ett *kraftsystem* Γ är ett antal $n \geq 0$ krafter $\bar{F}_1$, $\bar{F}_2, \ldots, \bar{F}_n$ med angreppspunkter $\mathcal{P}_1$, $\mathcal{P}_2, \ldots, \mathcal{P}_n$, samt att antal $m \geq 0$ kraftparsmoment $\bar{C}_1$, $\bar{C}_2, \ldots, \bar{C}_m$ (fig. 2.11).

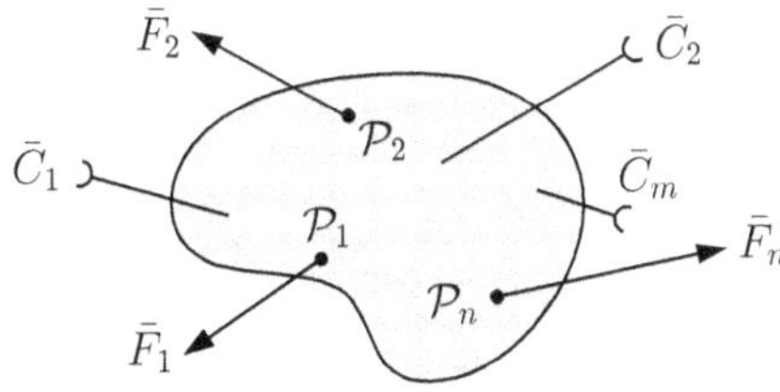

Figur 2.11: Ett kraftsystem Γ med godtyckligt antal krafter och kraftparsmoment, som verkar på en stelkropp.

Kraft- och momentsumma

Definition 2.8 (Kraftsumma). För ett kraftsystem Γ, med beteckningar enligt def. 2.7, är *kraftsumman* vektorn

$$\Sigma\bar{F} \equiv \sum_{i=1}^{n} \bar{F}_i. \tag{2.9}$$

Notera att kraftsumman inte tillordnats någon angreppspunkt, och därför inte uppfyller postulat 2.1 för kraft.

Definition 2.9 (Momentsumma). För ett kraftsystem Γ, med beteckningar enligt def. 2.7, är *momentsumman* m.a.p. en godtycklig punkt $\mathcal{A}$ vektorn

$$\Sigma\bar{M}_{\mathcal{A}} \equiv \sum_{i=1}^{n} \overline{\mathcal{A}\mathcal{P}}_i \times \bar{F}_i + \sum_{j=1}^{m} \bar{C}_j. \tag{2.10}$$

Momentsumman för ett kraftsystem m.a.p. en punkt $\mathcal{A}$ erhålls alltså genom att vektorsummera alla systemets kraftmoment m.a.p. $\mathcal{A}$ och alla systemets kraftparsmoment.

Sats 2.10 (Förflyttningssatsen för momentsumma). För ett kraftsystem Γ, med beteckningar enligt def. 2.7, och två godtyckliga punkter $\mathcal{A}$ och $\mathcal{B}$ gäller

$$\Sigma\bar{M}_{\mathcal{B}} = \Sigma\bar{M}_{\mathcal{A}} + \overline{\mathcal{B}\mathcal{A}} \times \Sigma\bar{F}, \tag{2.11}$$

där $\Sigma\bar{M}_{\mathcal{A}}$ och $\Sigma\bar{M}_{\mathcal{B}}$ är momentsummor m.a.p. $\mathcal{A}$ respektive $\mathcal{B}$, och $\Sigma\bar{F}$ är systemets kraftsumma.

Bevis. Definition 2.9 ger

$$\begin{aligned}
\Sigma\bar{M}_{\mathcal{B}} &= \sum_{i=1}^{n} \overline{\mathcal{B}\mathcal{P}}_i \times \bar{F}_i + \sum_{j=1}^{m} \bar{C}_j = \{\text{parallellogramlagen}\} \\
&= \sum_{i=1}^{n} \left(\overline{\mathcal{B}\mathcal{A}} + \overline{\mathcal{A}\mathcal{P}}_i\right) \times \bar{F}_i + \sum_{j=1}^{m} \bar{C}_j = \{\text{ekv. (A.21b)}\} \\
&= \sum_{i=1}^{n} \overline{\mathcal{B}\mathcal{A}} \times \bar{F}_i + \underbrace{\sum_{i=1}^{n} \overline{\mathcal{A}\mathcal{P}}_i \times \bar{F}_i + \sum_{j=1}^{m} \bar{C}_j}_{=\Sigma\bar{M}_{\mathcal{A}}} = \{\text{sats 2.3}\} \\
&= \overline{\mathcal{B}\mathcal{A}} \times \Sigma\bar{F} + \Sigma\bar{M}_{\mathcal{A}}.
\end{aligned}$$

□

Reducerade kraftsystem

Definition 2.11 (Reducerat kraftsystem). Det *reducerade kraftsystemet* $\Gamma_{\mathcal{A}}$ till ett kraftsystem Γ m.a.p. en *reduceringspunkt* $\mathcal{A}$, består av Γ:s kraftsumma $\Sigma\bar{F}$, som verkar i $\mathcal{A}$, samt ett kraftparsmoment $\Sigma\bar{M}_{\mathcal{A}}$, som är Γ:s momentsumma m.a.p. $\mathcal{A}$ (fig. 2.12).

Det reducerade kraftsystemet $\Gamma_{\mathcal{A}}$ är ekvivalent med Γ ur kraft- och momentsynpunkt, och ger upphov till samma rörelse hos den stelkropp varpå Γ verkar.

Definition 2.12 (Nollsystem). Om ett kraftsystem har kraftsumman $\Sigma\bar{F} = \bar{0}$ och momentsumman $\Sigma\bar{M}_{\mathcal{A}} = \bar{0}$ m.a.p. någon punkt $\mathcal{A}$ är kraftsystemet ett *nollsystem*.

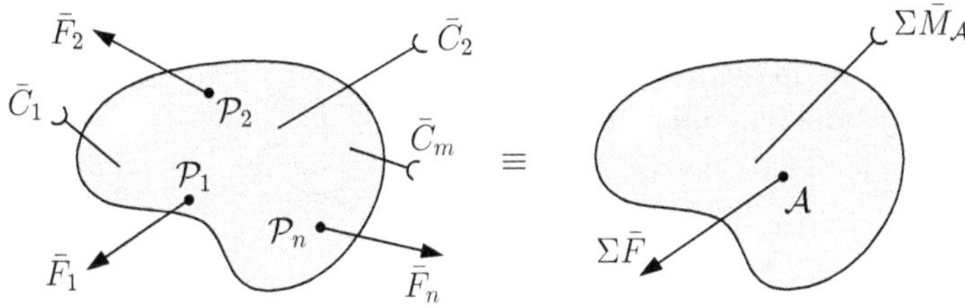

Figur 2.12: Ett kraftsystem Γ, med godtyckligt antal krafter och kraftparsmoment, är ekvivalent med sitt reducerade kraftsystem $\Gamma_{\mathcal{A}}$ m.a.p. en godtycklig punkt $\mathcal{A}$.

Sats 2.13. Om ett kraftsystem är ett nollsystem, så är dess momentsumma $\Sigma\bar{M}_{\mathcal{B}} = \bar{0}$ för varje punkt $\mathcal{B}$.

Bevis. Om ett kraftsystem, med beteckningar enligt def. 2.7, är ett nollsystem gäller $\Sigma\bar{F} = \bar{0}$ samt $\Sigma\bar{M}_{\mathcal{A}} = \bar{0}$ för någon punkt $\mathcal{A}$. Enligt sats 2.10 gäller

$$\begin{aligned}\Sigma\bar{M}_{\mathcal{B}} &= \Sigma\bar{M}_{\mathcal{A}} + \overline{\mathcal{B}\mathcal{A}} \times \Sigma\bar{F} \\ &= \bar{0} + \overline{\mathcal{B}\mathcal{A}} \times \bar{0} \\ &= \bar{0}.\end{aligned}$$

□

Sats 2.13 innebär att ett nollsystem alltid är ett nollsystem oberoende av valet av momentpunkt.

2.4 Plana kraftsystem

Definition 2.14 (Plant kraftsystem). Ett kraftsystem Γ, med beteckningar enligt def. 2.7, sägs vara *plant* om det existerar ett plan, benämnt *referensplanet*, sådant att alla krafternas angreppspunkter $\mathcal{P}_i$, $i = 1, \ldots, n$ ligger i referensplanet, och sådant att

$$\begin{aligned}\bar{F}_i &\perp \bar{e}_{\mathrm{n}}, \quad i = 1, \ldots, n, \\ \bar{C}_j &\parallel \bar{e}_{\mathrm{n}}, \quad j = 1, \ldots, m,\end{aligned}$$

där $\bar{e}_{\mathrm{n}}$ är referensplanets enhetsnormal (fig. 2.13).

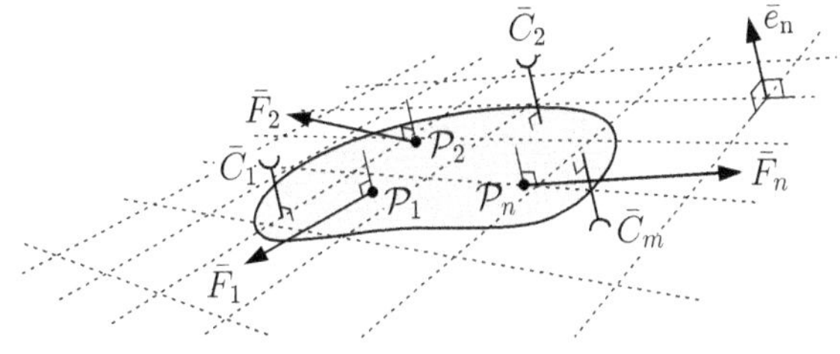

Figur 2.13: Plant kraftsystem vars referensplan har enhetsnormalen $\bar{e}_{\mathrm{n}}$.

För ett plant kraftsystem, och en momentpunkt $\mathcal{A}$ i referensplanet, är alla kraftmoment och kraftparsmoment riktade i $\pm\bar{e}_{\mathrm{n}}$-riktningen. Därmed kan alla kraftmoment och kraftparsmoment för ett plant kraftsystem beskrivas entydigt med en skalär: momentets komponent i referensplanets normalriktning. I fig. 2.14 illustreras ett plant kraftsystem med xy-planet som referensplan. Vektorrepresentationen av moment har ersatts med en skalär representation, vilket indikeras med krökta pilar för kraftparsmomenten $C_1, \ldots, C_m$. Pilarnas orientering motsvarar $\bar{e}_z$- respektive $-\bar{e}_z$-riktningen enligt högerhandsregeln (fig. 2.15).

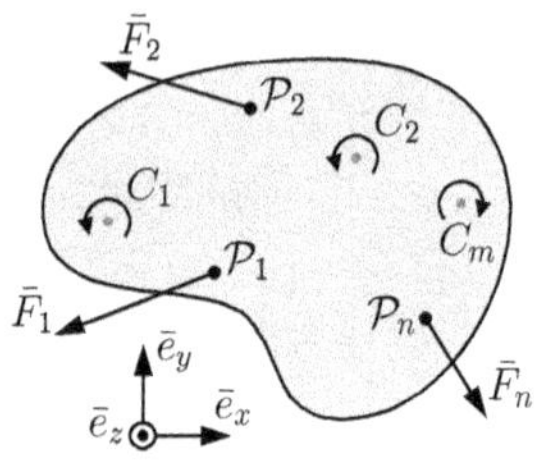

Figur 2.14: Ett plant kraftsystem med xy-planet som referensplan. Systemets kraftparsmoment kan därmed skrivas som skalärer.

Låt $\bar{F}$ beteckna en kraft med angreppspunkt $\mathcal{P}$, som tillhör ett plant kraftsystem (fig. 2.16). Dess kraftmoment $\bar{M}_\mathcal{A} = \overline{\mathcal{AP}} \times \bar{F}$ ligger i $\pm\bar{e}_\mathrm{n}$-riktningen, så att $\bar{M}_\mathcal{A} = M_\mathcal{A}\bar{e}_\mathrm{n}$ där

$$
\begin{aligned}
M_\mathcal{A} &= \pm|\bar{M}_\mathcal{A}| = \{\text{def. } 2.2\} \\
&= \pm|\overline{\mathcal{AP}} \times \bar{F}| = \{\text{ekv. (A.19)}\} \\
&= \pm|\overline{\mathcal{AP}}||\bar{F}| \sin\varphi.
\end{aligned}
$$

Här är φ vinkeln mellan $\overline{\mathcal{AP}}$ och $\bar{F}$. Eftersom avståndet från $\mathcal{A}$ till kraftens verkningslinje är $d_\perp = |\overline{\mathcal{AP}}| \sin\varphi$ följer det att

$$
M_\mathcal{A} = \pm F d_\perp. \tag{2.12}
$$

Kraftmomentets riktning ges som tidigare av högerhandsregeln. Det moturs vridande kraftmoment som avbildas i fig. 2.16 är riktat i $\bar{e}_z$-riktningen. Om vi väljer referensplanets normal som $\bar{e}_\mathrm{n} = \bar{e}_z$ kommer kraftmomentet $M_\mathcal{A}$ att ha ett positivt tecken i sin skalära representation. Medurs orienterade kraftmoment får negativt tecken. Det omvända gäller om vi skulle välja $\bar{e}_\mathrm{n} = -\bar{e}_z$.

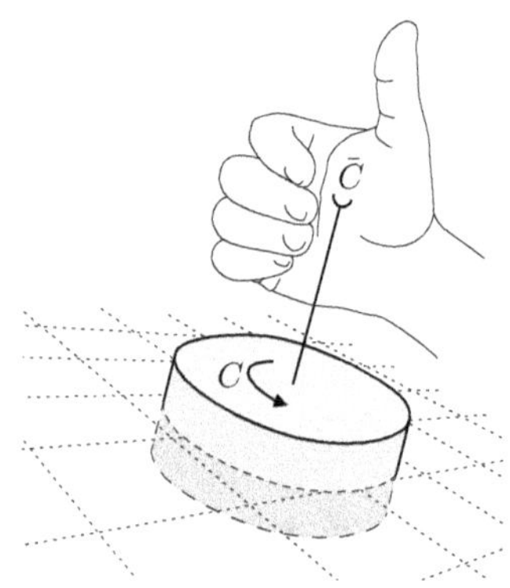

Figur 2.15: Vektorriktningen för ett kraftparsmoment C, var orientering angivits av en krökt pil, bestäms med högerhandsregeln. Linjera högerhandens fingrar, utm tummen, med pilen. Då kommer tummen att peka i kraftparsmomentvektorns riktning.

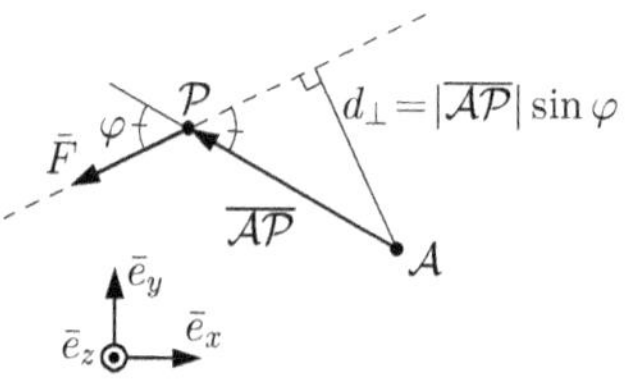

Figur 2.16: Geometri för kraftmoment i ett plant kraftsystem med xy-planet som referensplan. Hävarmen betecknas $d_\perp$.

3
Statisk jämvikt

3.1 Jämviktsekvationer

Definition 3.1 (Statisk jämvikt). En kropp är i *statisk jämvikt* om varje punkt i kroppen har samma konstanta hastighet relativt ett inertialsystem.

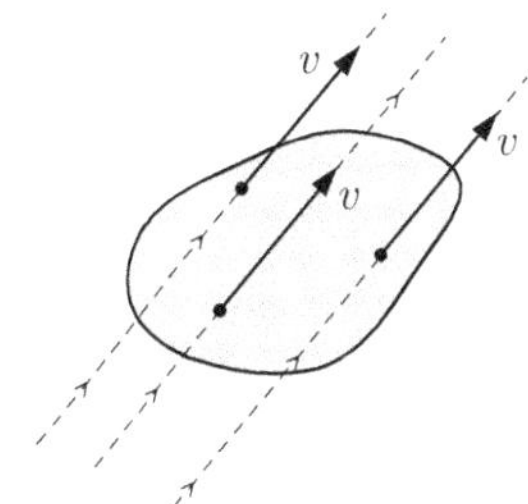

Figur 3.1: Vid statisk jämvikt beskriver en stelkropp rätlinjig translation, d.v.s. varje punkt rör sig med samma konstanta hastighet.

Eftersom def. 3.1 kräver att materiepunkternas hastigheter är lika och konstanta följer det att alla punkter i kroppen rör sig längs räta parallella banor. Detta kallas *rätlinjig translationsrörelse* (fig. 3.1). En stelkropp befinner sig i *vila* om kroppen är i statisk jämvikt och ett inertialsystem valts så att materiepunkternas hastighet är noll.

Statisk jämvikt definieras utifrån kroppens rörelse, inte utifrån vilka krafter som verkar på kroppen. För att kunna avgöra vilka kraftsystem som ger statiskt jämvikt för en stelkropp krävs ett postulat:

Postulat 3.2 (Jämviktsvillkor). En stelkropp i statisk jämvikt förblir i statisk jämvikt om kraftsystemet som verkar på stelkroppen är ett nollsystem

$$\Sigma\bar{F} = \bar{0}, \tag{3.1a}$$

$$\Sigma\bar{M}_{\mathcal{A}} = \bar{0}, \tag{3.1b}$$

där $\Sigma\bar{F}$ är kraftsystemets kraftsumma, och $\Sigma\bar{M}_{\mathcal{A}}$ är kraftsystemets momentsumma m.a.p. en godtycklig punkt $\mathcal{A}$.

Ekvation (3.1a) benämns *kraftjämvikt* och ekv. (3.1b) *momentjämvikt*. Enligt sats 2.13 kan momentpunkten i momentjämvikten väljas fritt.

Kraft- och momentjämvikterna är vektorekvationer, som enligt ekv. (A.11) kan skrivas på komponentform. De bildar då ett system av sex skalära ekvationer

$$\begin{cases} \Sigma F_x = 0, & \Sigma M_{\mathcal{A}x} = 0, \\ \Sigma F_y = 0, & \Sigma M_{\mathcal{A}y} = 0, \\ \Sigma F_z = 0, & \Sigma M_{\mathcal{A}z} = 0. \end{cases}$$

Jämvikt för plana kraftsystem

För ett plant kraftsystem förenklas jämviktsekvationerna genom att man väljer ett koordinatsystem så att två av koordinataxlarna ligger i referensplanet. Om vi placerar xy-planet i referensplanet (fig. 2.14), så att $\bar{e}_{\mathrm{n}} = \bar{e}_z$ i def. 2.14, erhåller vi

$$\bar{F}_i \perp \bar{e}_z \quad \Leftrightarrow \quad F_{iz} = 0, \qquad i = 1, 2, \ldots \qquad \Rightarrow$$
$$\Sigma F_z = 0.$$

Vidare är alla kraftmoment och kraftparsmoment riktade i z-riktningen så att

$$\Sigma M_{\mathcal{A}x} = \Sigma M_{\mathcal{A}y} = 0,$$

där $\mathcal{A}$ betecknar en momentpunkt i referensplanet. Därmed återstår endast tre skalära jämviktsekvationer för det plana kraftsystemet:

$$\begin{cases} \Sigma F_x = 0 \\ \Sigma F_y = 0 \\ \Sigma M_{\mathcal{A}z} = 0. \end{cases}$$

3.2 Friläggning

Ett *friläggningsdiagram* är ett hjälpmedel för att identifiera alla yttre krafter och kraftparsmoment, som verkar på ett mekaniskt system. Vid friläggning avskiljs kroppen från sin omgivning och omgivningens verkan på kroppen ersätts med krafter och kraftparsmoment. Arbetsgången vid friläggning är:

1. Bestäm vilken kropp som ska friläggas, här inom streckad linje.

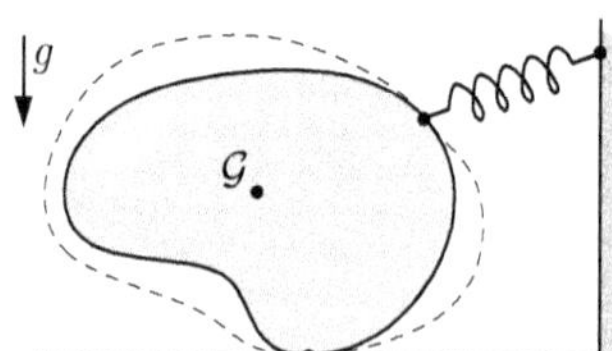

2. Rita ett diagram, som *endast* innehåller den frilagda kroppen.

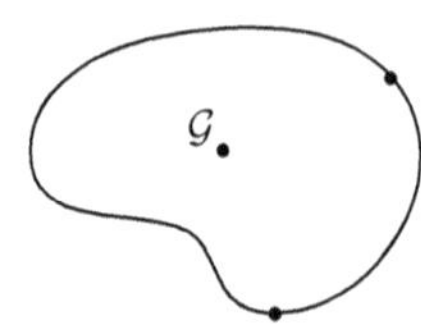

3. Ersätt omgivningens verkan på kroppen med krafter och kraftparsmoment.

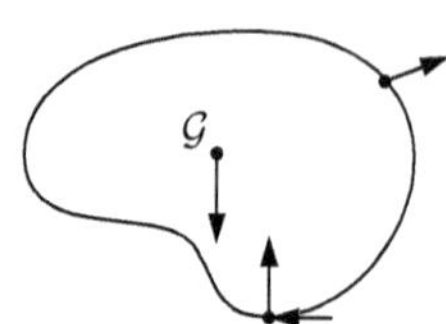

Omgivningens verkan på kroppen inbegriper krafter från kraftfält, t.ex. tyngdkraft, och kontaktkrafter som uppstår vid varje fysisk kontakt mellan den frilagda kroppens rand och omgivande föremål.

Tyngdkraft

Tyngdkraftens verkan på en stelkropp nära jordens yta modelleras med en kraft, *tyngdkraften*, som angriper i kroppens tyngdpunkt $\mathcal{G}$ (fig. 3.2). Tyngdkraften är riktad mot jordens centrum och har beloppet mg, där m är kroppens massa och g är tyngdkraftskonstanten. Gravitationens verkan på stelkroppar kommer att studeras noggrannare i kap. 4.

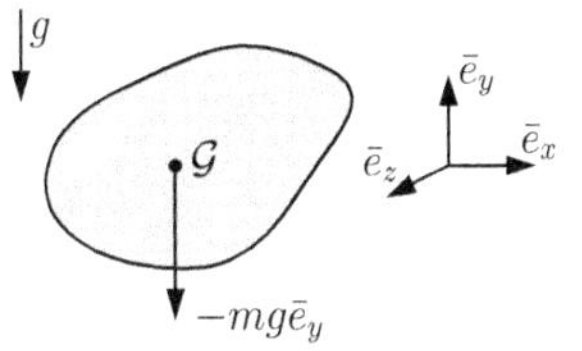

Figur 3.2: En stelkropp som påverkas av tyngdkraftsfältet vid jordens yta. Tyngdkraften har beloppet mg och angriper i tyngdpunkten $\mathcal{G}$.

Tvångskrafter och -moment

Om en stelkropp står i fysisk kontakt med omgivande föremål, så att den därför hindras från att fritt förflyttas eller rotera, kan *tvångskrafter* eller *tvångsmoment* uppstå vid kontakten.

Vi studerar först en *punktkontakt* mellan två kroppar, Ω_1 och Ω_2. Kropparna är i kontakt med varandra i den gemensamma punkten $\mathcal{P}$. Denna kontakt ger i allmänhet upphov till ett kraftparsmoment $\bar{C}_\mathcal{P}$ och en kraft $\bar{F}_\mathcal{P}$, som verkar i $\mathcal{P}$ på kroppen Ω_1. Enligt en utvidgning av reaktionslagen ger kontakten också upphov till ett kraftparsmoment $-\bar{C}_\mathcal{P}$ och en kraft $-\bar{F}_\mathcal{P}$, som verkar i $\mathcal{P}$ på kroppen Ω_2 (fig. 3.3).

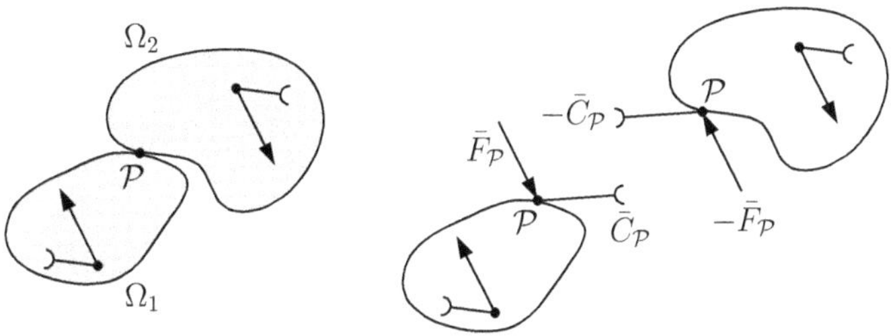

Figur 3.3: Två kroppar, Ω_1 och Ω_2, med en punktkontakt vid $\mathcal{P}$. Friläggningen illustrerar kontaktkrafterna och kraftparsmomenten mellan kropparna.

Punktkontakten används som modell för olika typer av mekaniska infästningar och anordningar mellan kroppar, såsom svetsar, gångjärn, lager o.s.v. Infästningens typ påverkar riktningarna hos tvångskrafter och -moment enligt följande två principer:

1. Om en infästning medger att Ω_1 kan förskjutas fritt relativt Ω_2 i en riktning $\bar{e}_\lambda$ vid $\mathcal{P}$ gäller

   $$\bar{F}_\mathcal{P} \cdot \bar{e}_\lambda = 0.$$

   Ett exempel är y-riktningen i fig. 3.4d där $F_y = 0$.

2. Om en infästning medger att Ω_1 kan vridas fritt relativt Ω_2 kring

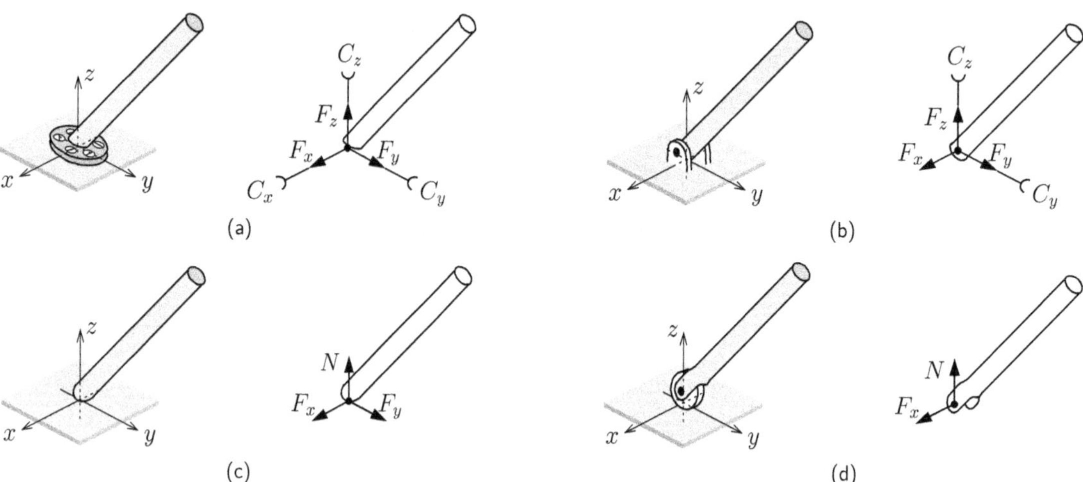

Figur 3.4: Friläggning för olika typer av kontakter. (a) Fast inspänning, t.ex. svetsar, skruvförband och limförband, där krafter och kraftparsmoment kan uppstå i varje riktning. (b) För en gångjärnsled tillåter en sprint vridning kring x-axeln så att $C_x = 0$. (c) Vid friktionskontakt för en rundad kropp är vridningar tillåtna genom rullning mot underlaget så att $C_x = C_y = 0$. Utan friktionsmoment kring normalaxeln har vi $C_z = 0$. (d) Ett hjul eliminerar en av friktionskomponenterna, $F_y = 0$, och vridning medges kring varje axel: $C_x = C_y = C_z = 0$.

en axel med riktningsvektorn $\bar{e}_\lambda$ genom $\mathcal{P}$ gäller

$$\bar{C}_\mathcal{P} \cdot \bar{e}_\lambda = 0.$$

Ett exempel är x-riktningen i fig. 3.4b där $C_x = 0$.

Tvångskrafter kan alltså bara uppstå i de riktningar där relativ förskjutning är förhindrad. På samma sätt kan tvångsmoment bara uppstå i de riktningar kring vilka relativ vridning är förhindrad.

Det finns ändlöst många typer av infästningar och i varje fall måste en lämplig punktkontaktmodell införas. Några exempel ges i fig. 3.4. När en ny typ av infästning påträffas är det lämpligt att utgå från att alla kraft- och kraftparsmomentkomponenter är nollskilda, och därefter metodiskt eliminera de komponenter som saknar tvång.

Snören och trissor

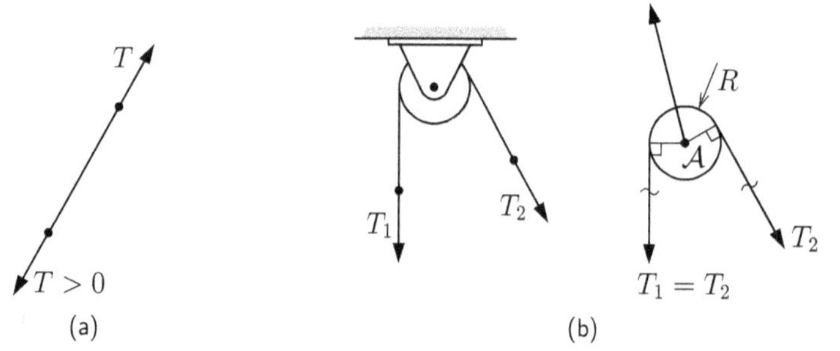

Figur 3.5: (a) Ett sträckt snöre belastas av två motriktade krafter, parallella med snöret. (b) Snöre som löper över en friktionsfritt lagrad trissa. En momentjämvikt för trissan kring $\mathcal{A}$ ger $RT_1 - RT_2 = 0$, och visar att $T_1 = T_2$.

Ett *snöre* är en idealiserad lina, vajer eller liknande, som anses vara masslös och otänjbar. Ett sträckt snöre belastas endast av en dragkraft $T > 0$ i snörets längsriktning. Detta representeras av två krafter, $\bar{T}$ och $-\bar{T}$, som verkar i vardera änden och är parallella med snöret (fig. 3.5a).

När ett snöre löper kring en friktionsfritt lagrad masslös *trissa*, kommer dragkraften att vara densamma i de två utgående tamparna. Detta framgår om man tecknar momentjämvikt kring trissans nav (fig. 3.5b).

Tvåkraftsystem

Ett viktigt specialfall för jämvikt är när exakt två krafter, ett *tvåkraftsystem*, verkar på en stelkropp.

Sats 3.3 (Tvåkraftsystem). Om exakt två nollskilda krafter, och inget kraftparsmoment, verkar på en stelkropp i statisk jämvikt, är dessa krafter lika stora, motriktade och har sammanfallande verkningslinjer (fig. 3.6).

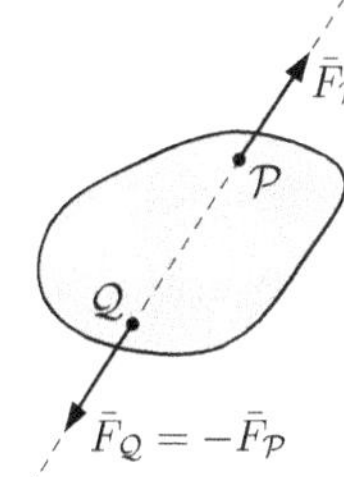

Figur 3.6: Ett tvåkraftsystem i statisk jämvikt. Krafternas verkningslinjer sammanfaller.

Bevis. Låt två godtyckliga krafter, $\bar{F}_\mathcal{P}$ med angreppspunkt $\mathcal{P}$ och $\bar{F}_\mathcal{Q}$ med angreppspunkt $\mathcal{Q}$, verka på en kropp i statisk jämvikt. Kraftjämvikt ger

$$\bar{F}_\mathcal{P} + \bar{F}_\mathcal{Q} = \bar{0},$$

så att $\bar{F}_\mathcal{P} = -\bar{F}_\mathcal{Q}$ och krafterna är lika stora och motriktade. Därmed är också deras verkningslinjer parallella.

Momentjämvikt m.a.p. $\mathcal{P}$ ger (fig. 3.7)

$$\begin{aligned} \overline{\mathcal{PQ}} \times \bar{F}_\mathcal{Q} = \bar{0} \quad &\Leftrightarrow \quad \{\text{ekv. (A.19)}\} \quad \Leftrightarrow \\ |\overline{\mathcal{PQ}}||\bar{F}_\mathcal{Q}| \sin\varphi = 0 \quad &\Leftrightarrow \quad \{\bar{F}_\mathcal{Q} \neq \bar{0}\} \quad \Leftrightarrow \\ |\overline{\mathcal{PQ}}| \sin\varphi = 0, & \end{aligned}$$

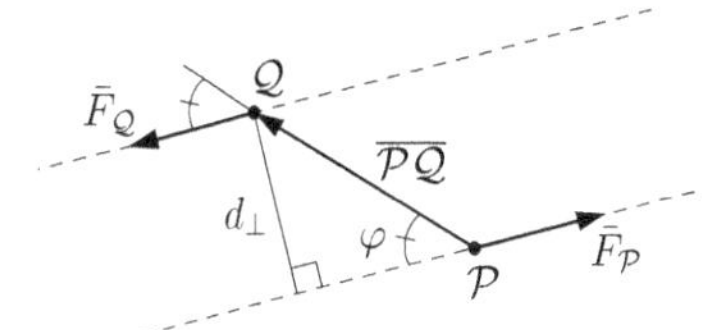

Figur 3.7: Geometri för beviset till sats 3.3.

där φ är vinkeln mellan $\overline{\mathcal{PQ}}$ och $\bar{F}_\mathcal{Q}$. Enligt fig. 3.7 är det vinkelräta avståndet mellan verkningslinjerna just

$$d_\perp = |\overline{\mathcal{PQ}}| \sin\varphi = 0,$$

så att verkningslinjerna måste sammanfalla. □

Masslösa stänger fästa i gångjärnsleder är typiska tvåkraftsystem (fig. 3.8). Analysen av mekaniska system med flera kroppar kan ibland förenklas avsevärt om man utnyttjar denna egenskap.

3.3 Flerkroppssystem

När en konstruktion innehåller flera delar, som alla är i statisk jämvikt, måste kraftsystemet på var och en av delarna vara ett nollsystem. Det är ett nödvändigt villkor för statisk jämvikt att hela systemet också påverkas av ett nollsystem av yttre krafter och kraftparsmoment.

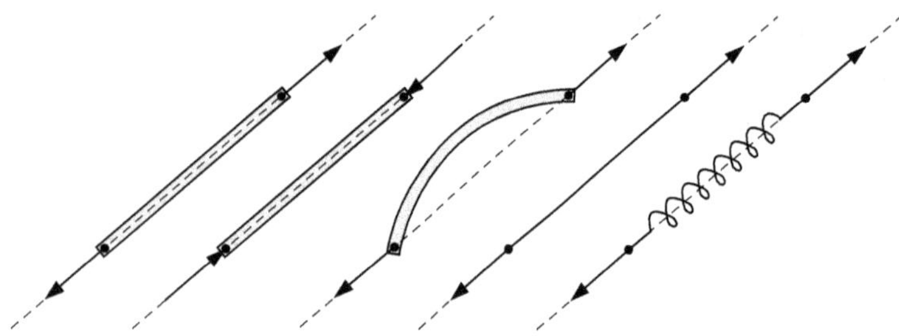

Figur 3.8: Masslösa stänger som är momentfria i sina infästningspunkter påverkas under drag eller tryck av tvåkraftsystem. Även snören och fjädrar påverkas av tvåkraftsystem.

Vid problemlösning kan man välja att frilägga flera sammankopplade stelkroppar åt gången. Betrakta t.ex. schaktmaskinen i fig. 3.9a. Beroende på frågeställningen kan det vara lämpligt att antingen frilägga schaktmaskinen i sin helhet (fig. 3.9b), eller att frilägga varje del för sig (fig. 3.9c). Det senare alternativet är lämpligt om frågeställningen rör krafter mellan konstruktionens delar.

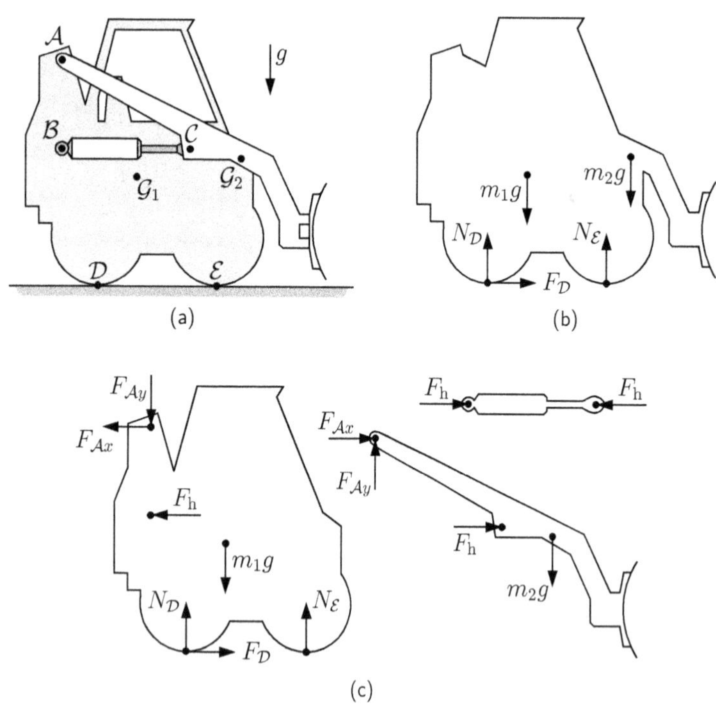

Figur 3.9: (a) Schaktmaskin bestående av fordon med masscentrum $\mathcal{G}_1$ och massan m_1, en masslös hydraulcylinder $\mathcal{BC}$ och en schaktbladsarm med masscentrum $\mathcal{G}_2$ och massan m_2. Framhjulen är frikopplade. (b) Friläggning av hela konstruktionen. (c) Friläggning av konstruktionens delar, där hydraulcylindern är en tvåkraftsdel.

Friläggningen av schaktmaskinens delar i fig. 3.9c visar på några viktiga principer: I kontaktpunkten mellan två delar uppstår krafter och reaktionskrafter, som enligt reaktionslagen är lika stora och motriktade. Hydraulcylindern antas vara masslös och är därför en tvåkraftsdel. Därför är krafterna som angriper i dess ändar lika stora, motriktade och har sammanfallande verkningslinjer (sats 3.3). Kraft- och momentjämvikt kan tecknas för varje frilagd del, eller för hela det mekaniska systemet.

4
Masscentrum och tyngdpunkt

4.1 Densitet

Densiteten ϱ hos ett material är ett mått på materialets täthet, och definieras som massa per volymsenhet med SI-enheten kg/m^3. Eftersom en kropp kan bestå av flera olika material kan densiteten variera i rummet: $\varrho = \varrho(\bar{r})$. En kropp Ω har därmed massan

$$m = \int_\Omega \mathrm{d}m = \int_\Omega \varrho(\bar{r})\mathrm{d}V, \tag{4.1}$$

där $\mathrm{d}V$ är ett infinitesimalt volymselement, $\mathrm{d}m = \varrho \mathrm{d}V$ är ett masselement och $\bar{r}$ är masselementets lägesvektor (fig. 4.1).

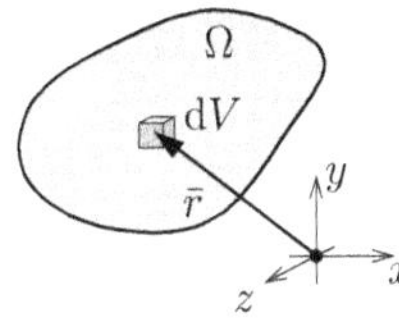

Figur 4.1: Geometri för integraluttrycket för massa.

4.2 Masscentrum

Betrakta en stelkropp nära jordens yta. Om kroppen hängs upp i ett snöre anslutet till en punkt $\mathcal{P}_1$ på kroppens yta, kommer snörets längsriktning definiera en lodlinje genom kroppen vid statisk jämvikt. Om förfarandet upprepas för flera olika punkter, $\mathcal{P}_1, \mathcal{P}_2, \ldots$, på kroppens yta är det ett experimentellt faktum att samtliga motsvarande lodlinjer skär en gemensam kroppsfix punkt, som kallas kroppens *tyngdpunkt* (fig. 4.2).

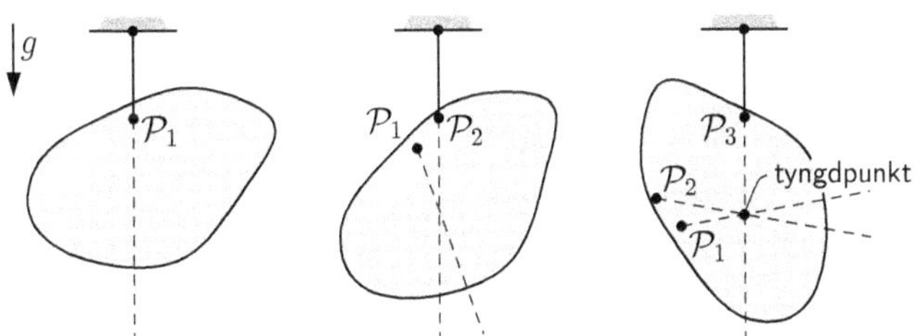

Figur 4.2: Lodlinjerna för olika upphängningspunkter $\mathcal{P}_1, \mathcal{P}_2, \ldots$ på kroppen skär en gemensam punkt, som är kroppens tyngdpunkt.

I det följande ges en formell definition av en kropps masscentrum $\mathcal{G}$, och senare visas att masscentrum sammanfaller med kroppens tyngdpunkt.

Definition 4.1 (Masscentrum). För en kropp Ω med massan m och densiteten $\varrho(\bar{r})$ definieras kroppens *masscentrum* $\mathcal{G}$ av lägesvektorn

$$\bar{r}_{\mathcal{G}} \equiv \frac{1}{m}\int_{\Omega} \bar{r}\mathrm{d}m = \frac{1}{m}\int_{\Omega} \bar{r}\varrho(\bar{r})\mathrm{d}V. \tag{4.2}$$

Detta betyder att om $\bar{r}_{\mathcal{G}} = x_{\mathcal{G}}\bar{e}_x + y_{\mathcal{G}}\bar{e}_y + z_{\mathcal{G}}\bar{e}_z$,så ges masscentrums x-koordinat av

$$x_{\mathcal{G}} = \frac{1}{m}\int_{\Omega} x\varrho(x,y,z)\mathrm{d}x\mathrm{d}y\mathrm{d}z, \tag{4.3}$$

med analoga uttryck för $y_{\mathcal{G}}$ och $z_{\mathcal{G}}$.

Sats 4.2 (Masscentrum för sammansatt kropp). Om en kropp Ω med massan m är sammansatt av n delkroppar $\Omega_1, \ldots, \Omega_n$, ges den sammansatta kroppens masscentrum av

$$\bar{r}_{\mathcal{G}} = \frac{1}{m}\sum_{i=1}^{n} m_i \bar{r}_{\mathcal{G}i}, \tag{4.4}$$

där m_i är massan och $\bar{r}_{\mathcal{G}i}$ är masscentrums lägesvektor för Ω_i (fig. 4.3).

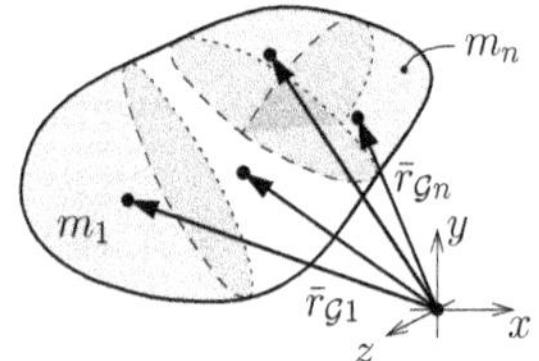

Figur 4.3: En kropp sammansatt av delkroppar Ω_i, $i = 1, \ldots, n$, vardera med massan m_i och masscentrum $\mathcal{G}_i$.

Bevis. Enligt def. 4.1 för masscentrum har vi

$$\begin{aligned}\bar{r}_{\mathcal{G}} &= \frac{1}{m}\int_{\Omega} \bar{r}\mathrm{d}m = \{\text{En integral för varje delområde}\}\\ &= \frac{1}{m}\left(\int_{\Omega_1} \bar{r}\mathrm{d}m + \cdots + \int_{\Omega_n} \bar{r}\mathrm{d}m\right)\\ &= \frac{1}{m}\Bigg(m_1 \underbrace{\frac{1}{m_1}\int_{\Omega_1} \bar{r}\mathrm{d}m}_{=\bar{r}_{\mathcal{G}1}} + \cdots + m_n \underbrace{\frac{1}{m_n}\int_{\Omega_n} \bar{r}\mathrm{d}m}_{=\bar{r}_{\mathcal{G}n}}\Bigg)\\ &= \frac{1}{m}\sum_{i=1}^{n} m_i \bar{r}_{\mathcal{G}i}.\end{aligned}$$

□

Definition 4.3 (Geometriskt centrum). För en kropp Ω definieras kroppens *geometriska centrum*[9] $\mathcal{C}$ av lägesvektorn

$$\bar{r}_{\mathcal{C}} \equiv \frac{1}{V}\int_{\Omega} \bar{r}\mathrm{d}V, \tag{4.5}$$

där $V = \int_{\Omega} \mathrm{d}V$ är kroppens volym.

[9] Benämns även *centroid*.

Det är vanligt att en kropp Ω består av ett och samma material, så att densiteten är oberoende av läget i kroppen, d.v.s. ϱ är konstant. En sådan kropp kallas *homogen* och har massan $m = \varrho V$. Kroppens masscentrum blir då, enligt ekv. (4.2),

$$\bar{r}_{\mathcal{G}} = \frac{1}{m}\int_{\Omega} \bar{r}\varrho\mathrm{d}V = \frac{1}{\varrho V}\varrho\int_{\Omega} \bar{r}\mathrm{d}V = \frac{1}{V}\int_{\Omega} \bar{r}\mathrm{d}V = \bar{r}_{\mathcal{C}}.$$

För homogena kroppar sammanfaller alltså masscentrum med geometriskt centrum.

4.3 Masscentrum för tunna kroppar

För ett tunt skal Π i rymden definieras *ytdensiteten* ϱ_A som skalets massa per areaenhet [kg/m^2]. Ytdensiteten kan variera över skalet, $\varrho_A = \varrho_A(\bar{r})$, där $\bar{r}$ är lägesvektorn för en punkt på skalet. Låt $\mathrm{d}A$ vara ett infinitesimalt ytelement på Π. Motsvarande masselement blir $\mathrm{d}m = \varrho_A \mathrm{d}A$, så att lägesvektorn för skalets masscentrum $\mathcal{G}$ blir

$$\bar{r}_\mathcal{G} = \frac{1}{m}\int_\Pi \bar{r}\mathrm{d}m = \frac{1}{m}\int_\Pi \bar{r}\varrho_A \mathrm{d}A, \tag{4.6}$$

enligt ekv. (4.2) (fig. 4.4). På motsvarande sätt generaliseras ekv. (4.5) för geometriskt centrum till

$$\bar{r}_\mathcal{C} = \frac{1}{A}\int_\Pi \bar{r}\mathrm{d}A, \tag{4.7}$$

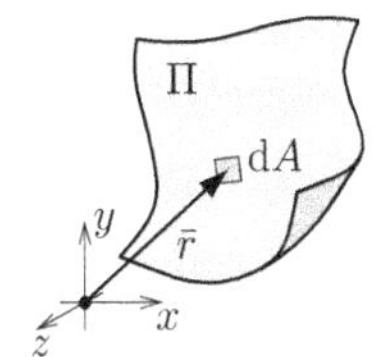

Figur 4.4: Geometri för definition av masscentrum för ett tunt skal Π.

där $A = \int_\Pi \mathrm{d}A$ är skalets area.

För en krökt tunn stång, som följer kurvan Λ från $\mathcal{P}$ till $\mathcal{Q}$, definieras *linjedensiteten* ϱ_ℓ som stångens massa per längdenhet. Låt $\mathrm{d}s$ beteckna ett infinitesimalt linjeelement på kurvan Λ, så att motsvarande masselement är $\mathrm{d}m = \varrho_\ell \mathrm{d}s$. Stångens masscentrum $\mathcal{G}$ ges då av

$$\bar{r}_\mathcal{G} = \frac{1}{m}\int_\Lambda \bar{r}\mathrm{d}m = \frac{1}{m}\int_\Lambda \bar{r}\varrho_\ell \mathrm{d}s, \tag{4.8}$$

enligt ekv. (4.2) (fig. 4.5). Ekvation (4.5) specialiseras här till

$$\bar{r}_\mathcal{C} = \frac{1}{\ell}\int_\Lambda \bar{r}\mathrm{d}s, \tag{4.9}$$

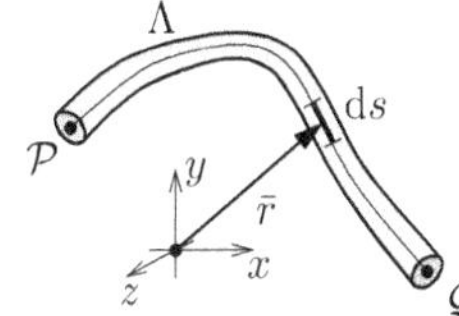

Figur 4.5: Geometri för definition av masscentrum för en tunn stång längs kurvan Λ.

där $\ell = \int_\Lambda \mathrm{d}s$ betecknar kurvan Λ:s båglängd.

4.4 Tyngdpunkt

Gravitationen är en volymskraft, som verkar över en kropps hela område i rummet. Betrakta en kropp med densiteten $\varrho = \varrho(\bar{r})$. Kroppen påverkas då av en volymskraft $\varrho(\bar{r})\bar{g}$, där $\bar{g}$ betecknar det nedåtriktade konstanta tyngdkraftsfältet nära jordens yta.

Sats 4.4 (Tyngdkraft och tyngdpunkt)**.** För en stelkropp med massan m och densiteten $\varrho = \varrho(\bar{r})$ i ett konstant tyngdkraftsfält $\bar{g}$ ges kraftsumman av volymskraften $\varrho(\bar{r})\bar{g}$ av *tyngdkraften*

$$\bar{F}_\mathrm{g} = m\bar{g}, \tag{4.10}$$

och momentsumman för $\varrho(\bar{r})\bar{g}$ m.a.p. kroppens masscentrum $\mathcal{G}$ är $\Sigma\bar{M}_\mathcal{G} = \bar{0}$.

Bevis. Betrakta ett godtyckligt volymselement $\mathrm{d}V$ med massan $\mathrm{d}m = \varrho \mathrm{d}V$ och lägesvektorn $\bar{r}$. Kraften på volymselementet är $\mathrm{d}\bar{F} = \bar{g}\mathrm{d}m$ (fig. 4.6), så att kraftsumman över alla volymselement i kroppen Ω ges av

$$\begin{aligned}\bar{F}_{\mathrm{g}} &= \int_\Omega \mathrm{d}\bar{F} \\ &= \int_\Omega \bar{g}\mathrm{d}m = \{\bar{g} \text{ konstant}\} \\ &= \bar{g}\int_\Omega \mathrm{d}m \\ &= m\bar{g}.\end{aligned}$$

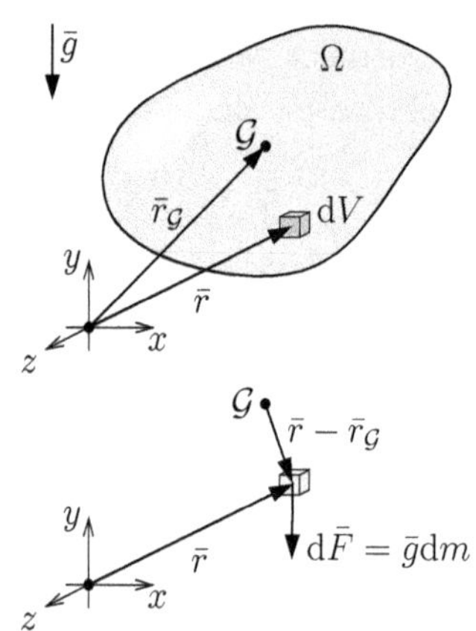

Figur 4.6: Geometri för tyngkraftens verkan på en stelkropp, samt för tyngdkraftens verkan på ett volymselement.

Volymselementet betraktas som en partikel (postulat 1.2), d.v.s. kraftparsmomentet på $\mathrm{d}m$ antas vara $\bar{0}$. Momentsumman m.a.p. $\mathcal{G}$ är

$$\begin{aligned}\Sigma\bar{M}_\mathcal{G} &= \int_\Omega (\bar{r} - \bar{r}_\mathcal{G}) \times \mathrm{d}\bar{F} \\ &= \int_\Omega (\bar{r} - \bar{r}_\mathcal{G}) \times \bar{g}\mathrm{d}m = \{\bar{g} \text{ konstant}\} \\ &= \left[\int_\Omega (\bar{r} - \bar{r}_\mathcal{G})\mathrm{d}m\right] \times \bar{g} \\ &= \left(\int_\Omega \bar{r}\mathrm{d}m - \int_\Omega \bar{r}_\mathcal{G}\mathrm{d}m\right) \times \bar{g} = \{\bar{r}_\mathcal{G} \text{ konstant}\} \\ &= \Bigg(m\underbrace{\frac{1}{m}\int_\Omega \bar{r}\mathrm{d}m}_{=\bar{r}_\mathcal{G}} - \bar{r}_\mathcal{G}\underbrace{\int_\Omega \mathrm{d}m}_{=m}\Bigg) \times \bar{g} = \{\text{def. 4.1 och ekv. (4.1)}\} \\ &= (m\bar{r}_\mathcal{G} - m\bar{r}_\mathcal{G}) \times \bar{g} \\ &= \bar{0}.\end{aligned}$$

□

Enligt sats 4.4 är det möjligt att reducera tyngdkraften på en stelkropp till en enda kraft $m\bar{g}$, som verkar i kroppens masscentrum. På den upphängda kropp vars tyngdpunkt vi identifierade i fig. 4.2 verkar således endast två krafter: snörkraften och tyngdkraften (fig. 4.7). Enligt sats 3.3 för tvåkraftsdelar, måste $\mathcal{G}$ vara beläget på lodlinjen från varje möjlig upphängningspunkt. Därför är tyngdpunkten identisk med masscentrum.

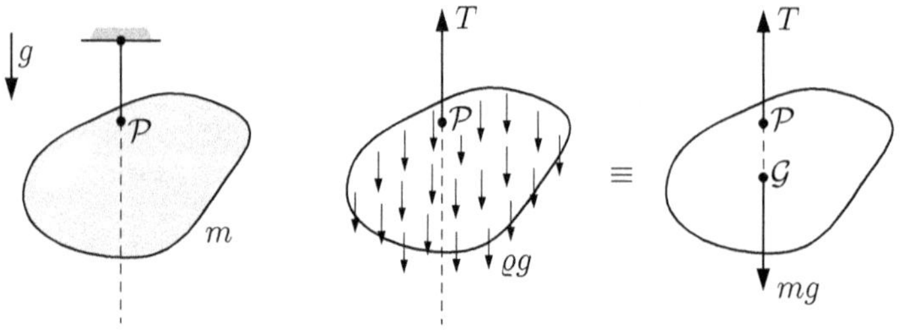

Figur 4.7: Tyngdkraftsfältet $\bar{g}$ verkar på en stelkropp upphängd nära jordens yta. Kraftfältet reduceras till en kraft med beloppet mg och angreppspunkt i masscentrum $\mathcal{G}$.

5
Utbredda laster

5.1 Yt- och linjelast

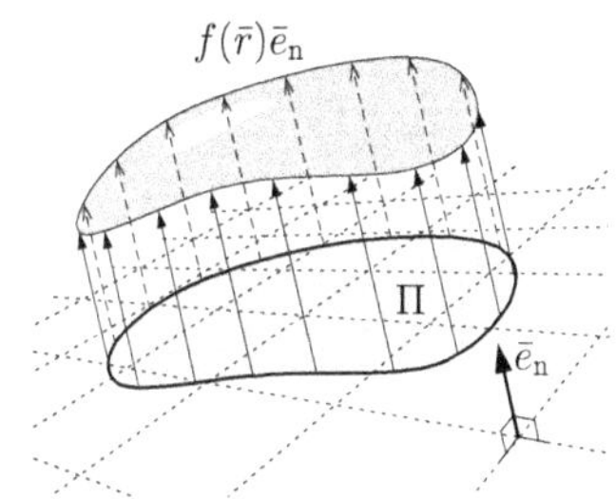

Figur 5.1: En normalriktad ytlast $\bar{f}(\bar{r}) = f(\bar{r})\bar{e}_{\mathrm{n}}$, $\bar{r} \in \Pi$ på en plan yta Π.

En normalriktad ytlast på en yta Π med normalen $\bar{e}_{\mathrm{n}}$ är en vektorvärd funktion $\bar{f}(\bar{r}) = f(\bar{r})\bar{e}_{\mathrm{n}}$ [N/m^2], där $\bar{r} \in \Pi$ betecknar lägesvektorn (fig. 5.1). För enkelhets skull nöjer vi oss med att betrakta plana ytor.

Definition 5.1 (Lastresultant och lastcentrum)**.** För en plan yta Π med enhetsnormalen $\bar{e}_{\mathrm{n}}$ är *lastresultanten* för den normalriktade ytlasten $f(\bar{r})\bar{e}_{\mathrm{n}}$ en kraft

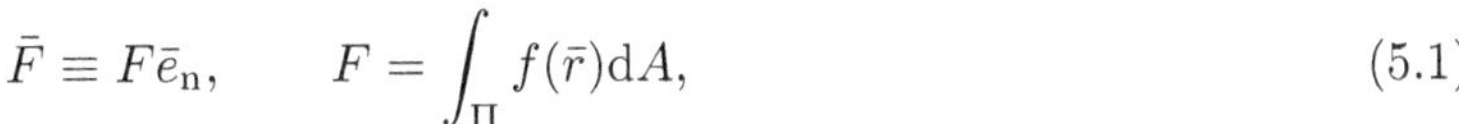

$$\bar{F} \equiv F\bar{e}_{\mathrm{n}}, \qquad F = \int_{\Pi} f(\bar{r})\mathrm{d}A, \tag{5.1}$$

med angrepps punkt i *lastcentrum* $\mathcal{C}$ med lägesvektorn

$$\bar{r}_{\mathcal{C}} \equiv \frac{1}{F}\int_{\Pi} \bar{r}f(\bar{r})\mathrm{d}A, \tag{5.2}$$

när $F \neq 0$, annars är $\mathcal{C}$ odefinierad.

Lastresultantens kraftvektor är ytlastens kraftsumma, och lastcentrum $\mathcal{C}$ är definierat så att ytlastens momentsumma m.a.p. $\mathcal{C}$ blir noll.

Sats 5.2. För en plan yta Π med enhetsnormalen $\bar{e}_{\mathrm{n}}$, och en normalriktad ytlast $f(\bar{r})\bar{e}_{\mathrm{n}}$, gäller att momentsumman för ytlasten m.a.p. sitt lastcentrum $\mathcal{C}$ är $\Sigma\bar{M}_{\mathcal{C}} = \bar{0}$.

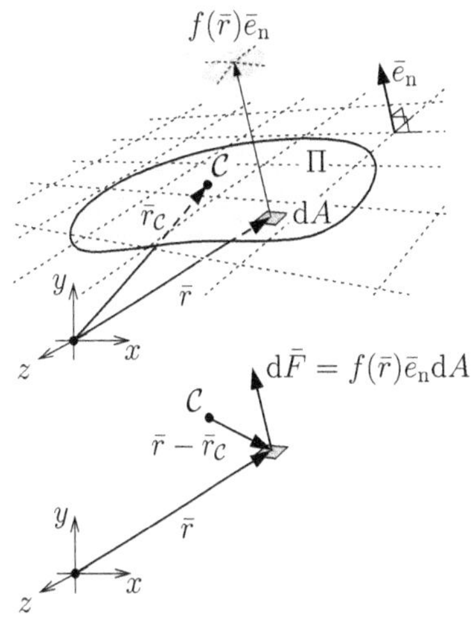

Figur 5.2: Geometri för sats 5.2.

Bevis. Betrakta ett ytelement dA med lasten $\mathrm{d}\bar{F} = f\bar{e}_{\mathrm{n}}\mathrm{d}A$ och lägesvektorn $\bar{r}$ (fig. 5.2). Kraftparsmomentet på varje ytelement antas vara $\bar{0}$. Momentsumman m.a.p. $\mathcal{C}$ ges därmed av

$$\begin{aligned}\Sigma\bar{M}_{\mathcal{C}} &= \int_{\Pi}(\bar{r} - \bar{r}_{\mathcal{C}}) \times \mathrm{d}\bar{F} = \{\bar{e}_{\mathrm{n}} \text{ konstant}\} \\ &= \left[\int_{\Pi}(\bar{r} - \bar{r}_{\mathcal{C}})f\mathrm{d}A\right] \times \bar{e}_{\mathrm{n}}\end{aligned}$$

$$
\begin{aligned}
&= \left[\int_\Pi \bar{r} f \mathrm{d}A - \int_\Pi \bar{r}_C f \mathrm{d}A\right] \times \bar{e}_\mathrm{n} = \{\bar{r}_C \text{ konstant}\} \\
&= \Big[F \underbrace{\frac{1}{F}\int_\Pi \bar{r} f \mathrm{d}A}_{=\bar{r}_C} - \bar{r}_C \underbrace{\int_\Pi f \mathrm{d}A}_{=F}\Big] \times \bar{e}_\mathrm{n} \\
&= (F\bar{r}_C - F\bar{r}_C) \times \bar{e}_\mathrm{n} \\
&= \bar{0}. \qquad \square
\end{aligned}
$$

Sats 5.2 visar att den normalriktade ytlasten kan representeras av en enda kraft, lastresultanten $\bar{F}$, som angriper i lastcentrum $\mathcal{C}$ (fig. 5.3). Att en kraft, lastresultanten, kan användas för att representera en ytlast visar hur generellt användbart kraftbegreppet från postulat 2.1 är.

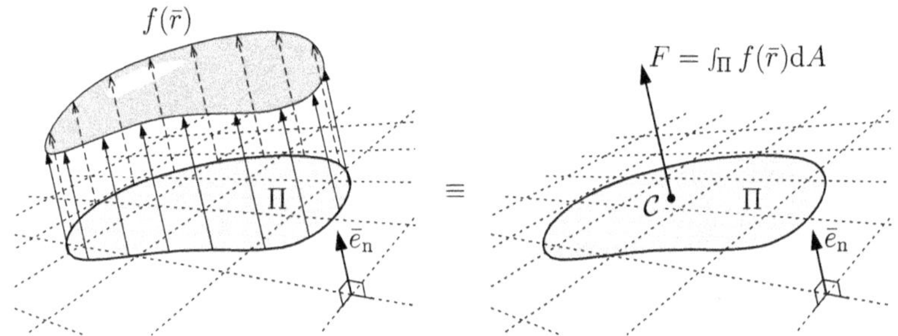

Figur 5.3: En ytlast på en plan yta kan representeras av en kraft som angriper i en punkt på den belastade ytan.

Välj ett rektangulärt koordinatsystem xyz så att det belastade området Π ligger i xy-planet. Om $\Pi = [x_0, x_1] \times [-b/2, b/2]$, d.v.s. om Π är ett band med bredden b, kan vi tolka den normalriktade ytlasten $f(x, y)$ som en *linjelast*

$$
q(x) = \int_{-b/2}^{b/2} f(x, y)\mathrm{d}y, \qquad x \in [x_0, x_1], \tag{5.3}
$$

med enheten N/m (fig. 5.4).

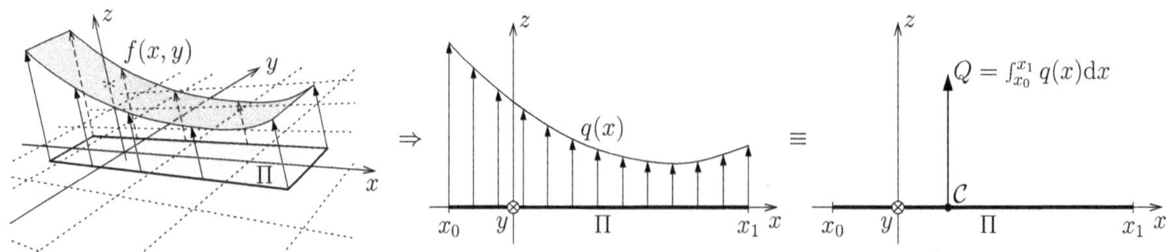

Figur 5.4: En ytlast f, som verkar på ett band Π, kan representeras av en linjelast q, som i sin tur representeras av lastresultanten Q med angreppspunkt i lastcentrum $\mathcal{C}$.

Lastresultanten $\bar{Q} = Q\bar{e}_z$ för linjelasten $q(x)$ följer av ekv. (5.1), och vi erhåller

$$
Q = \int_{x_0}^{x_1} q(x)\mathrm{d}x, \tag{5.4}
$$

medan lastcentrums läge på x-axeln följer av ekv. (5.2):

$$x_{\mathcal{C}} = \frac{1}{Q}\int_{x_0}^{x_1} x q(x)\mathrm{d}x, \qquad Q \neq 0. \tag{5.5}$$

Notera att gemener betecknar fördelade laster, t.ex. f [N/m^2] och q [N/m], medan versaler betecknar motsvarande lastresultanter, $\bar{F}$ [N] och $\bar{Q}$ [N].

Om $q(x) \geq 0, \forall x$, eller om $q(x) \leq 0, \forall x$, kommer lastcentrums läge på x-axeln att vara samma som det geometriska centrumet för ytan under funktionsgrafen till $q(x)$ (fig. 5.5).

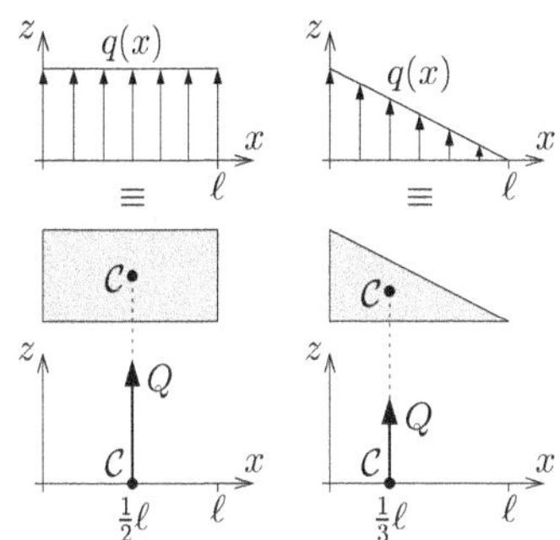

Figur 5.5: Lastcentrums läge är det samma som det geometriska centrumet för ytan under funktionsgrafen till $q(x)$.

5.2 *Snittstorheter*

Definition 5.3 (Plant snitt). Ett *plant snitt* genom en kropp Ω är en plan yta Π_λ med normalriktningen $\bar{e}_\lambda$ i det inre av Ω (fig. 5.6a).

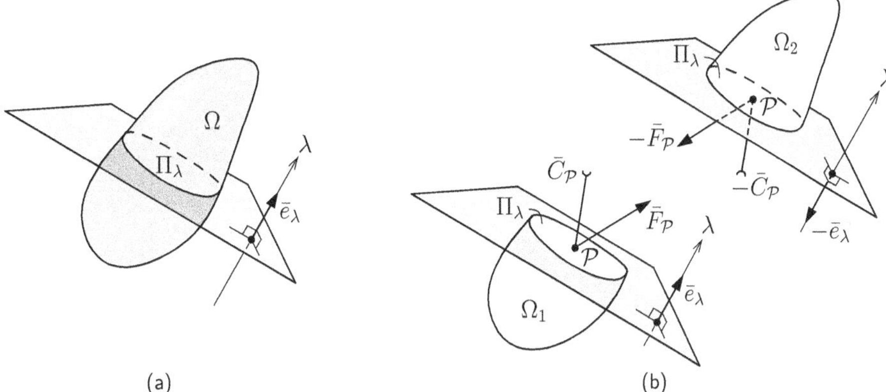

Figur 5.6: (a) Ett plant snitt Π_λ genom en kropp Ω. (b) Friläggning av de delkroppar som bildas av snittet Π_λ, med en punktkontaktmodell för delkropparnas växelverkan.

För att undersöka hur stora de inre krafterna är i en kropp Ω väljer man att placera ett plant snitt Π_λ, som delar Ω i två delkroppar: Ω_1 med utåtriktad normal $\bar{e}_\lambda$, och Ω_2 med utåtriktad normal $-\bar{e}_\lambda$ vid snittytan. Växelverkan mellan delkropparna modelleras som en punktkontakt vid en punkt $\mathcal{P}$ på Π_λ. Därvid kommer en *snittkraft* $\bar{F}_{\mathcal{P}}$ och ett *snittmoment* $\bar{C}_{\mathcal{P}}$ att verka i $\mathcal{P}$ på Ω_1, medan $-\bar{F}_{\mathcal{P}}$ och $-\bar{C}_{\mathcal{P}}$ verkar i $\mathcal{P}$ på Ω_2 (fig. 5.6b).

Fortsättningsvis kommer vi att betrakta långsmala räta kroppar, som kallas *balkar*. Vi inför ett rektangulärt koordinatsystem xyz, där x-riktningen är parallell med balkens längsriktning. Balkens tvärsnitt Π_x med normalriktningen $\bar{e}_x$ antas vara oföränderligt utmed balkens längd, och vara spegelsymmetriskt[10] m.a.p. xz-planet. Balken belastas av en linjelast $\bar{q}(x) = q(x)\bar{e}_z$ [N/m] i balkens tvärriktning (fig. 5.7).

[10] *spegelsymmetrisk* – bestående av två delar som är varandras spegelbilder.

Placera ett snitt Π_x genom en punkt $\mathcal{P}$ vid läget x längs en balk. För denna plana geometri kan snittkraften och snittmomentet, som verkar

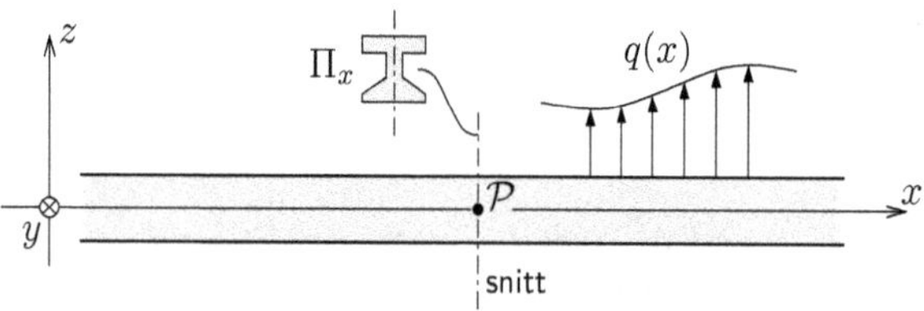

Figur 5.7: Geometri och last för en plan balk. Balkens tvärsnitt Π_x är spegelsymmetriskt m.a.p. xz-planet.

i $\mathcal{P}$, skrivas

$$\bar{F}_{\mathcal{P}}(x) = N(x)\bar{e}_x + T(x)\bar{e}_z,$$
$$\bar{C}_{\mathcal{P}}(x) = M(x)\bar{e}_y,$$

där komponenterna benämns *normalkraft* $N(x)$, *tvärkraft* $T(x)$ och *böjmoment* $M(x)$. Dessa snittstorheter är definierade som positiva i koordinatriktningarna på snittytor med normalen $\bar{e}_x$. Från reaktionslagen följer att snittstorheterna är definierade som negativa i koordinatriktningarna på snittytor med normalen $-\bar{e}_x$ (fig. 5.8).

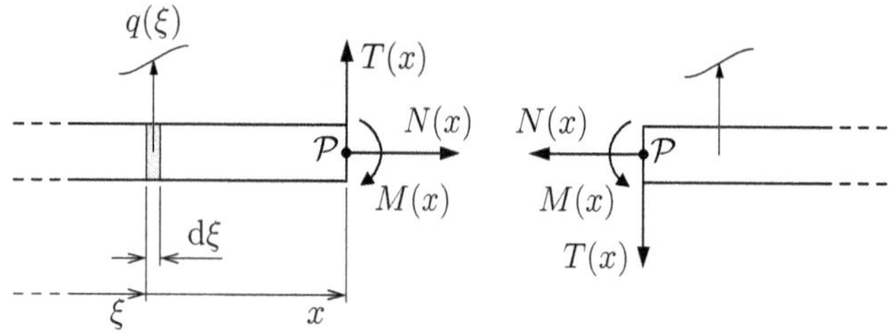

Figur 5.8: Friläggningsdiagram vid ett snitt. Snittets läge är x, medan linjelasten parametriseras med en koordinat ξ längsmed x-axeln.

Snittstorheterna $N(x)$, $T(x)$ och $M(x)$ beskriver hur de inre krafterna i balken varierar. Kännedom om dessa inre krafter är avgörande vid dimensionering[11] av balkar.

[11] *dimensionering* – val av geometri för att uppfylla krav på t.ex. hållfasthet.

Statisk jämvikt för plana balkar

Om en balk är upplagd på stöd och belastas av en given linjelast $q(x)$, kan tvärkraften och böjmomentet längs balken bestämmas enligt följande metod:

1. Placera ett snitt i ett godtyckligt läge x längs balken.

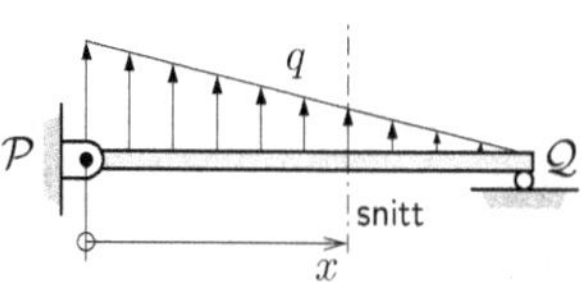

2. Frilägg hela balken. Statisk jämvikt ger krafter och kraftparsmoment vid stöden.

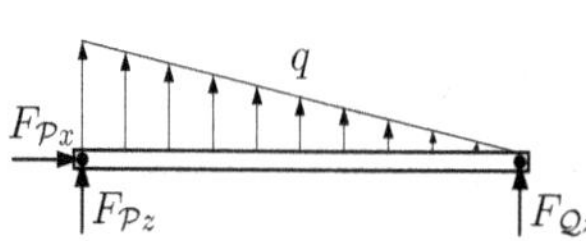

3. Frilägg ett balkstycke. Statisk jämvikt ger snittstorheterna.

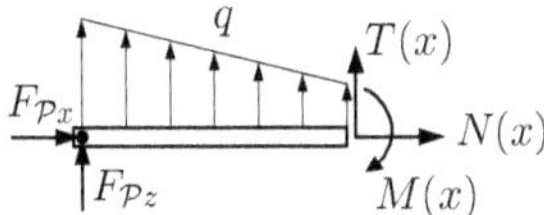

En alternativ metod för att bestämma tvärkraft och böjmoment baseras på differentialekvationer som kopplar $T(x)$ och $M(x)$ till $q(x)$.

Sats 5.4 (Jämvikt för balkar)**.** För en balk som är parallell med x-axeln och belastad med linjelasten $\bar{q}(x) = q(x)\bar{e}_z$ gäller

$$\frac{\mathrm{d}T}{\mathrm{d}x} = -q(x), \tag{5.6a}$$

$$\frac{\mathrm{d}M}{\mathrm{d}x} = T(x), \tag{5.6b}$$

där $T(x)$ är tvärkraften och $M(x)$ är böjmoment för balkens tvärsnitt.

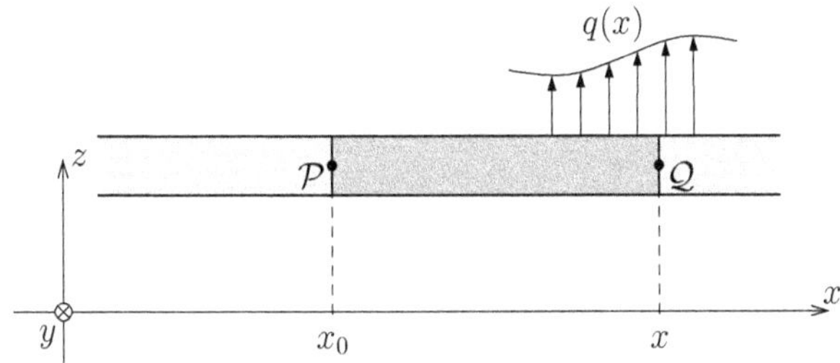

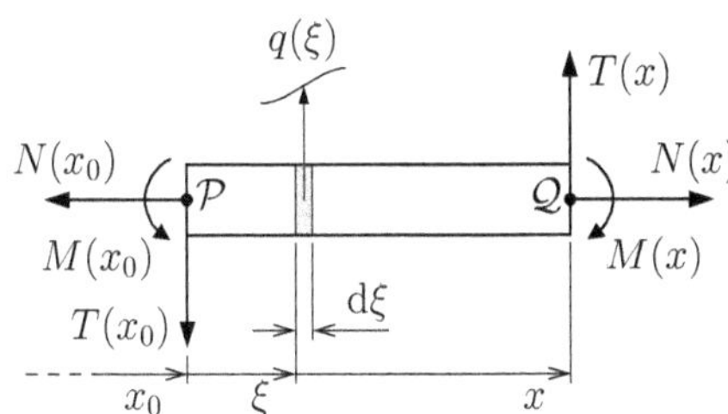

Figur 5.9: Friläggningsdiagram för balksegmentet $\mathcal{PQ}$ från x_0 till x.

Bevis. Betrakta balksegmentet $\mathcal{PQ}$ från x_0 till x, som frilagts i fig. 5.9. Kraftjämvikt för $\mathcal{PQ}$ i z-riktningen ger

$$T(x) - T(x_0) + \int_{x_0}^{x} q(\xi)\mathrm{d}\xi = 0 \quad \Leftrightarrow \quad \left\{\frac{\mathrm{d}}{\mathrm{d}x}, \text{ ekv. (A.37)}\right\} \quad \Leftrightarrow$$

$$\frac{\mathrm{d}T}{\mathrm{d}x} + q(x) = 0. \tag{5.7}$$

Momentjämvikt för $\mathcal{PQ}$ m.a.p. punkten $\mathcal{P}$ ger

$$(x - x_0)T(x) - M(x) + M(x_0) + \int_{x_0}^{x} (\xi - x_0)q(\xi)\mathrm{d}\xi = 0 \quad \Leftrightarrow \quad \left\{\frac{\mathrm{d}}{\mathrm{d}x}, \text{ ekv. (A.37)}\right\} \quad \Leftrightarrow$$

$$T(x) + (x - x_0)\frac{\mathrm{d}T}{\mathrm{d}x} - \frac{\mathrm{d}M}{\mathrm{d}x} + (x - x_0)q(x) = 0, \quad \Leftrightarrow \quad \{\text{ekv. (5.7)}\} \quad \Leftrightarrow$$

$$T(x) - \frac{\mathrm{d}M}{\mathrm{d}x} = 0. \qquad \square$$

Ytterligare en differentialekvation erhålles genom derivering av ekv. (5.6b) m.a.p. x, samt insättning av ekv. (5.6a):

$$\frac{\mathrm{d}^2M}{\mathrm{d}x^2} = -q(x). \tag{5.8}$$

För att lösa differentialekvationerna (5.6a), (5.6b) eller (5.8) krävs även randvillkor. Om en balk $\mathcal{PQ}$ i intervallet $x \in [x_0, x_1]$ belastas av krafter och kraftparsmoment i sina ändpunkter, blir randvillkoren (fig. 5.10)

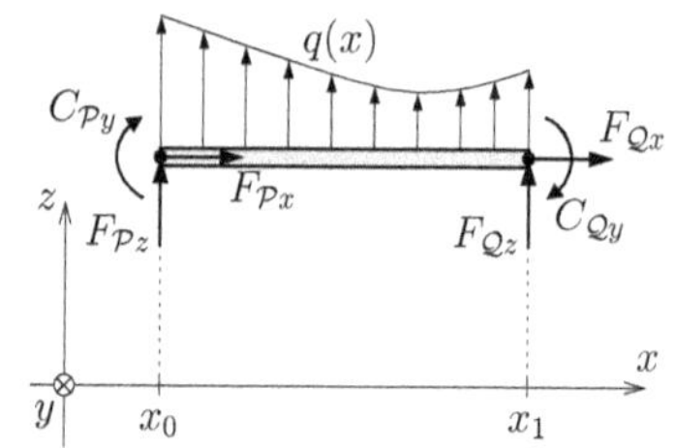

Figur 5.10: Geometri för randvillkor för snittstorheternas differentialekvationer.

$$\begin{cases} T(x_1) = +F_{\mathcal{Q}z}, \\ M(x_1) = +C_{\mathcal{Q}y}, \end{cases} \qquad \begin{cases} T(x_0) = -F_{\mathcal{P}z}, \\ M(x_0) = -C_{\mathcal{P}y}. \end{cases}$$

Alltså, tvärkraftens randvärden är lika med de yttre krafternas tvärkomponenter i ändpunkterna, enligt fastställd teckenkonvention (fig. 5.8). På samma sätt är böjmomentet lika med de yttre kraftparsmomenten.

5.3 Vätskestatik

Vätskor och gaser saknar förmåga att bevara sin form. En kropp som består av en vätska eller gas kan därför, enligt def. 1.1, inte vara en stelkropp. En *fluid* är ett idealiserat material som kan användas som modell för vätskor och gaser.

Definition 5.5 (Fluid). En *fluid* är ett kontinuerligt material, sådant att den tangentiell ytlasten på varje snittyta genom fluiden är noll vid statisk jämvikt.

Vätskestatik behandlar fluider som befinner sig i statisk jämvikt (def. 3.1). Dess inre krafter beskrivs då av en skalärvärd funktion, som kallas *tryck*.

Definition 5.6 (Tryck). För en fluid i statisk jämvikt ges ytlasten på ett plant snitt Π_λ av $-p(\bar{r}, \bar{e}_\lambda)\bar{e}_\lambda$, där $\bar{e}_\lambda$ är snittets normalriktningen och $\bar{r}$ är en lägesvektor (fig. 5.11). *Trycket* är den skalärvärda funktionen $p(\bar{r}, \bar{e}_\lambda)$.

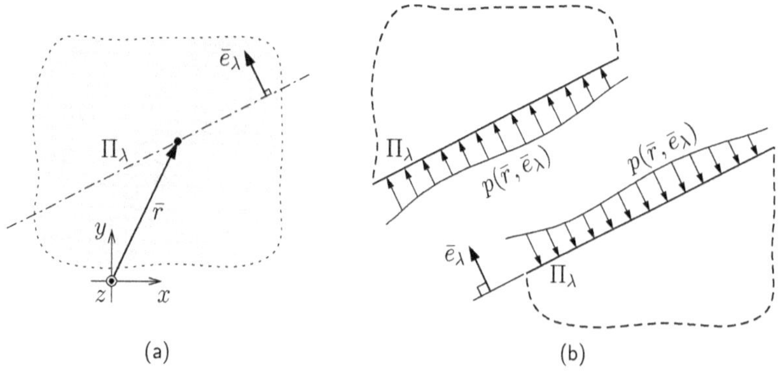

Figur 5.11: (a) Ett plant snitt Π_λ skär genom en fluid, som är i statisk jämvikt. (b) Snittet Π_λ belastas av en inåtriktad ytlast $-p(\bar{r}, \bar{e}_\lambda)\bar{e}_\lambda$ vinkelrät mot snittytan.

Tryck har SI-enheten pascal (Pa), och det gäller att

$$1\,\mathrm{Pa} = 1\,\frac{\mathrm{N}}{\mathrm{m}^2} = 1\,\frac{\mathrm{kg}}{\mathrm{m}\cdot\mathrm{s}^2}.$$

Enligt reaktionslagen är trycket lika stort, men motsatt riktat på motstående snittytor (fig. 5.11b). I def. 5.6 beror trycket på snittets orientering $\bar{e}_\lambda$. Det visar sig dock att trycket är oberoende av snittytans orientering, men för att visa det behöver vi en hjälpsats.

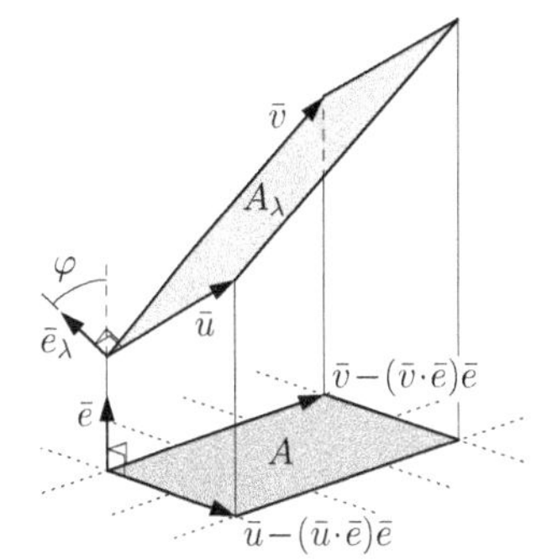

Figur 5.12: Geometri för hjälpsats 5.7.

Hjälpsats 5.7 (Projektionsarea för parallellogram). Projektionsarean av ett parallellogram med enhetsnormalen $\bar{e}_\lambda$ och arean $A_\lambda > 0$ på ett plan med enhetsnormalen $\bar{e}$ är

$$A = A_\lambda|\bar{e}_\lambda \cdot \bar{e}| = A_\lambda|\cos\varphi|, \tag{5.9}$$

där φ är vinkeln mellan parallellogrammet och planet (fig. 5.12).

Bevis. Låt $\bar{u}$ och $\bar{v}$ vara de geometriska vektorer som definierar parallellogrammmets sidor, så att

$$\bar{u} \times \bar{v} = A_\lambda \bar{e}_\lambda. \tag{5.10}$$

Vektorernas projektion på planet är $\bar{u} - (\bar{u}\cdot\bar{e})\bar{e}$ respektive $\bar{v} - (\bar{v}\cdot\bar{e})\bar{e}$, så att det projicerade parallellogrammets area är

$$\begin{aligned}
A &= \big|[\bar{u} - (\bar{u}\cdot\bar{e})\bar{e}] \times [\bar{v} - (\bar{v}\cdot\bar{e})\bar{e}]\big| \\
&= \big|\bar{u}\times\bar{v} - (\bar{u}\cdot\bar{e})\bar{e}\times\bar{v} - \bar{u}\times(\bar{v}\cdot\bar{e})\bar{e} + (\bar{u}\cdot\bar{e})(\bar{v}\cdot\bar{e})\bar{e}\times\bar{e}\big| = \big\{\bar{e}\times\bar{e} = \bar{0}\big\} \\
&= \big|\bar{u}\times\bar{v} + (\bar{u}\cdot\bar{e})\bar{v}\times\bar{e} - (\bar{v}\cdot\bar{e})\bar{u}\times\bar{e}\big| \\
&= \big|\bar{u}\times\bar{v} - [(\bar{e}\cdot\bar{v})\bar{u} - (\bar{e}\cdot\bar{u})\bar{v}]\times\bar{e}\big| = \big\{\text{ekv. (A.22a)}\big\} \\
&= \big|\bar{u}\times\bar{v} - [\bar{e}\times(\bar{u}\times\bar{v})]\times\bar{e}\big| = \big\{\text{ekv. (A.22a)}\big\} \\
&= \big|\bar{u}\times\bar{v} - \{(\bar{e}\cdot\bar{e})(\bar{u}\times\bar{v}) - [\bar{e}\cdot(\bar{u}\times\bar{v})]\bar{e}\}\big| = \big\{\bar{e}\cdot\bar{e} = 1\big\} \\
&= \big|(\bar{u}\times\bar{v})\cdot\bar{e}\big|\big|\bar{e}\big| = \big\{\text{ekv. (5.10)}\big\} \\
&= A_\lambda\big|\bar{e}_\lambda\cdot\bar{e}\big|
\end{aligned}$$

□

Sats 5.8 (Pascals princip). För en fluid i statisk jämvikt i ett konstant tyngdkraftsfält $\bar{g}$ gäller att trycket $p(\bar{r}, \bar{e}_\lambda) = p(\bar{r})$ på ett snitt Π_λ är oberoende av orienteringen $\bar{e}_\lambda$ för snittytan.

Bevis. Välj en godtycklig punkt $\mathcal{P}$ och en godtycklig riktning $\bar{e}_\lambda$. Välj ett koordinatsystem xyz så att $\bar{g} = -g\bar{e}_y$ och $\mathcal{P}$ är belägen på positiva z-axeln. Låt Ω vara ett godtyckligt öppet område i xy-planet. Betrakta kroppen

$$\{(x, y, z) : (x, y) \in \Omega,\ 0 \le z \le z_\lambda(x, y)\},$$

där $z = z_\lambda(x, y)$ är ekvationen för den plana snittyta Π_λ som skär $\mathcal{P}$ (fig. 5.13).

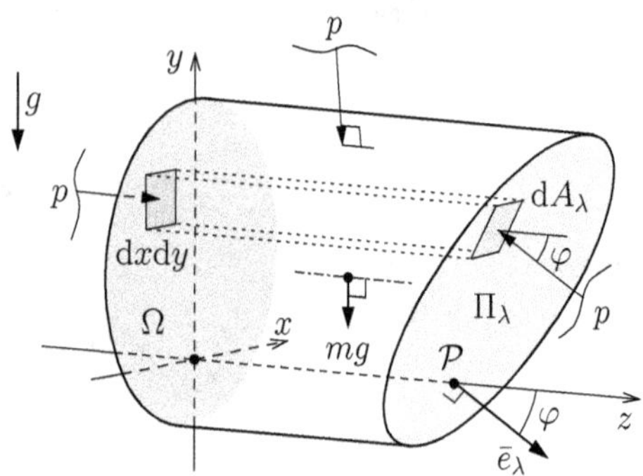

Figur 5.13: Geometri för sats 5.8. Eftersom tyngdkraften och trycket på mantelytan är vinkelräta mot $\bar{e}_z$ ger de inget bidrag till kraftjämvikten i z-riktningen.

Kraftjämvikt i z-riktningen för denna kropp ger

$$\int_\Omega p(x,y,0,\bar{e}_z)\mathrm{d}x\mathrm{d}y - \int_\Omega p[x,y,z_\lambda(x,y),\bar{e}_\lambda]\cos\varphi \mathrm{d}A_\lambda = 0, \quad \forall\Omega, \quad \Leftrightarrow \quad \left\{ \begin{array}{c} \text{hjälpsats 5.7,} \\ \cos\varphi\mathrm{d}A_\lambda = \mathrm{d}x\mathrm{d}y \end{array} \right\} \quad \Leftrightarrow$$

$$\int_\Omega \{p(x,y,0,\bar{e}_z) - p[x,y,z_\lambda(x,y),\bar{e}_\lambda]\}\,\mathrm{d}x\mathrm{d}y = 0, \quad \forall\Omega \quad \Leftrightarrow \quad \{\text{lokalisering, sats A.6}\} \quad \Leftrightarrow$$

$$p(x,y,0,\bar{e}_z) - p[x,y,z_\lambda(x,y),\bar{e}_\lambda] = 0.$$

Speciellt väljer vi $x = y = 0$, och använder att $z_\lambda(0,0) = z_\mathcal{P}$, vilket ger

$$p(0,0,z_\mathcal{P},\bar{e}_\lambda) = p(0,0,0,\bar{e}_z).$$

Trycket i den godtyckliga punkten $\mathcal{P}$ är alltså oberoende av snittytans orientering $\bar{e}_\lambda$. □

Enligt Pascals princip 5.8 beror trycket vid statisk jämvikt endast av läget. *Pascals lag* fastställer *hur* trycket varierar med läget i ett konstant gravitationsfält.

Sats 5.9 (Pascals lag). För en fluid med konstant densitet ϱ i statisk jämvikt, som påverkas av ett konstant tyngdkraftsfält $\bar{g}$, gäller att

$$p_\mathcal{Q} = p_\mathcal{P} + \varrho\bar{g}\cdot\overline{\mathcal{P}\mathcal{Q}}. \tag{5.11}$$

där $\mathcal{P}$ och $\mathcal{Q}$ är två materiepunkter, och $p_\mathcal{P}$ och $p_\mathcal{Q}$ är trycket i respektive punkt.

Bevis. Inför ett rektangulärt koordinatsystem xyz med origo i $\mathcal{P}$, sådant att $\mathcal{Q}$ har koordinaterna $(0,0,\ell)$. Låt Ω vara ett godtyckligt öppet område i xy-planet. Betrakta den rätvinkliga cylindern

$$\{(x,y,z) : (x,y) \in \Omega,\ 0 \le z \le \ell\},$$

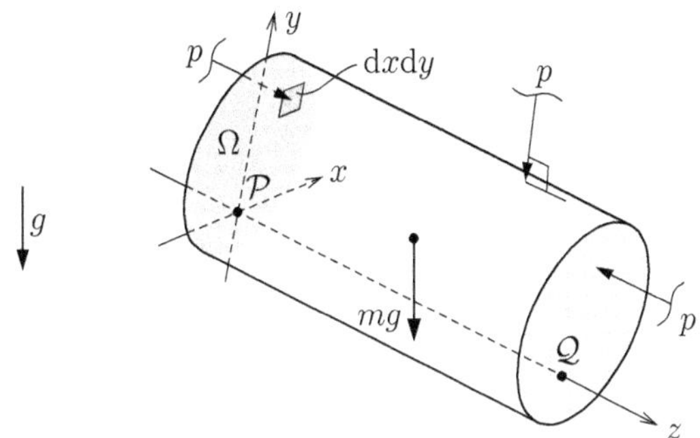

Figur 5.14: Geometri för sats 5.9. Cylinderns mantelyta är inte nödvändigtvis cirkulär.

vars massa betecknas m (fig. 5.14). Kraftjämvikt i z-riktningen för cylindern ger

$$
\begin{aligned}
\int_\Omega p(x,y,0)\mathrm{d}x\mathrm{d}y - \int_\Omega p(x,y,\ell)\mathrm{d}x\mathrm{d}y + m\bar{g}\cdot\bar{e}_z = 0, \quad \forall\Omega \quad &\Leftrightarrow \quad \left\{m = \varrho\ell\int_\Omega \mathrm{d}x\mathrm{d}y\right\} \quad \Leftrightarrow \\
\int_\Omega [p(x,y,0) - p(x,y,\ell)]\,\mathrm{d}x\mathrm{d}y + \varrho\bar{g}\cdot\ell\bar{e}_z\int_\Omega \mathrm{d}x\mathrm{d}y = 0, \quad \forall\Omega \quad &\Leftrightarrow \quad \{\ell\bar{e}_z = \overline{\mathcal{PQ}}\} \quad \Leftrightarrow \\
\int_\Omega \left[p(x,y,0) - p(x,y,\ell) + \varrho\bar{g}\cdot\overline{\mathcal{PQ}}\right]\mathrm{d}x\mathrm{d}y = 0, \quad \forall\Omega \quad &\Leftrightarrow \quad \{\text{lokalisering, sats A.6}\} \quad \Leftrightarrow \\
p(x,y,0) - p(x,y,\ell) + \varrho\bar{g}\cdot\overline{\mathcal{PQ}} = 0.&
\end{aligned}
$$

Speciellt, genom att välja $x = y = 0$, får vi

$$
\begin{aligned}
p(0,0,0) - p(0,0,\ell) + \varrho\bar{g}\cdot\overline{\mathcal{PQ}} = 0 \quad &\Leftrightarrow \\
p_\mathcal{P} - p_\mathcal{Q} + \varrho\bar{g}\cdot\overline{\mathcal{PQ}} = 0.&
\end{aligned}
$$

□

Pascals lag 5.9 visades för en situation då linjesegmentet $\mathcal{PQ}$ är inbäddat i fluid. Om det finns ett hinder mellan $\mathcal{P}$ och $\mathcal{Q}$, men fluiden ändå upptar ett sammanhängande område, kan ett polygontåg $\mathcal{P}\mathcal{A}_1\mathcal{A}_2\cdots\mathcal{A}_n\mathcal{Q}$ konstrueras inom fluiden (fig. 5.15), så att

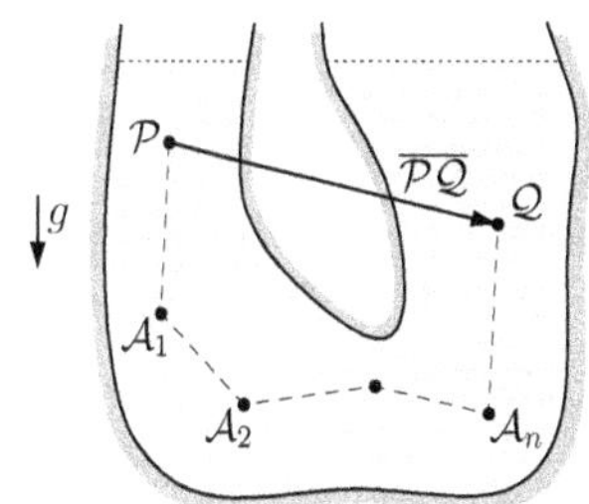

Figur 5.15: Ett polygontåg kan konstrueras i det inre av fluiden.

$$
\begin{aligned}
p_{\mathcal{A}_1} &= p_\mathcal{P} + \varrho\bar{g}\cdot\overline{\mathcal{P}\mathcal{A}_1} \\
p_{\mathcal{A}_2} &= p_{\mathcal{A}_1} + \varrho\bar{g}\cdot\overline{\mathcal{A}_1\mathcal{A}_2} \\
&\vdots \\
p_\mathcal{Q} &= p_{\mathcal{A}_n} + \varrho\bar{g}\cdot\overline{\mathcal{A}_n\mathcal{Q}}.
\end{aligned}
$$

Summering av dessa ekvationer återskapar Pascals lag:

$$
\begin{aligned}
p_\mathcal{Q} + \sum_{i=1}^n p_{\mathcal{A}_i} = p_\mathcal{P} + \sum_{i=1}^n p_{\mathcal{A}_i} + \varrho\bar{g}\cdot(\overline{\mathcal{P}\mathcal{A}_1}+\overline{\mathcal{A}_1\mathcal{A}_2}+\cdots+\overline{\mathcal{A}_n\mathcal{Q}}) \quad &\Leftrightarrow \\
p_\mathcal{Q} = p_\mathcal{P} + \varrho\bar{g}\cdot\overline{\mathcal{PQ}}.&
\end{aligned}
$$

□

För en vätska i kontakt med atmosfärstryck p_0 kan en *djupkoordinat* h införas i tyngdkraftsfältets riktning, med origo vid vätskeytan (fig. 5.16).

Pascals lag 5.9 kan då skrivas

$$p(h) = p_0 + \varrho g h. \tag{5.12}$$

En följd av ekv. (5.12) är att i en sammanhängande vätska i statisk jämvikt har alla ytor vid atmosfärstryck samma djupkoordinat $h = 0$ (fig. 5.16).

Trycket på ytan till ett område inom en fluid kan representeras av en *lyftkraft*[12], som verkar i en punkt. Denna lyftkraft är i balans med den tyngdkraft, som verkar på området.

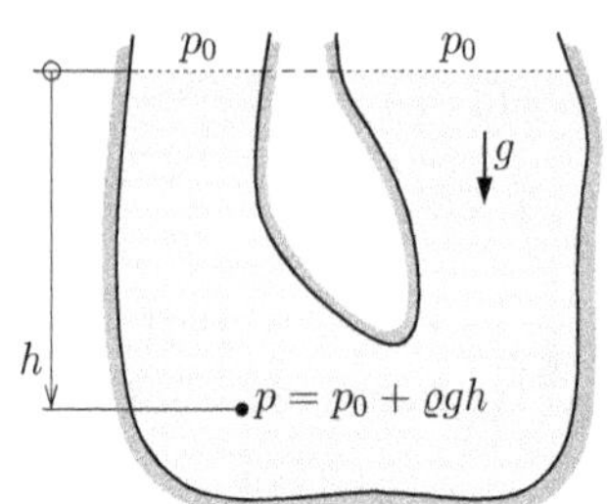

Figur 5.16: Djupkoordinaten h i tyngdkraftsfältets riktning med origo vid en vätskeyta. Alla vätskeytor vid samma tryck p_0 har samma djup $h = 0$, om vätskan är sammanhängande.

[12] Benämns även *flytkraft*.

Sats 5.10. Trycket på ytan till ett område Ω inom en fluid med konstant densitet ϱ i statisk jämvikt kan representeras av en kraft

$$\bar{F}_C = -\varrho V \bar{g}, \tag{5.13}$$

som verkar på Ω i dess geometriska centrum C. Här är $\bar{g}$ tyngdkraftsfältet och V volymen för Ω.

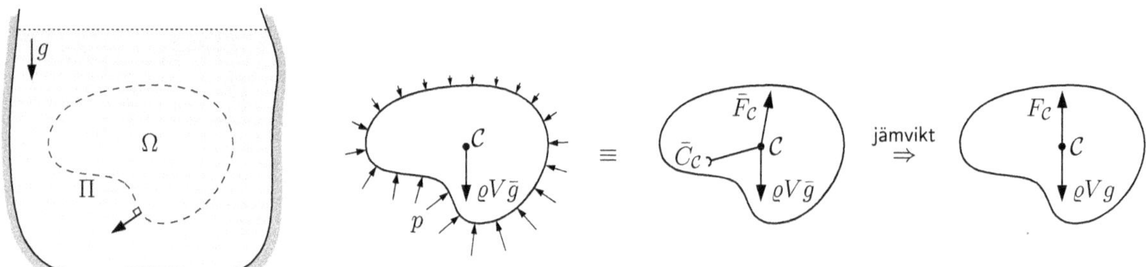

Figur 5.17: Ett område Ω friläggs, och trycket reduceras m.a.p. det geometriska centrumet C för Ω.

Bevis. Placera ett snitt $\Pi = \partial\Omega$ med utåtriktad normal på randen till Ω. Trycket på Π kan reduceras till en kraft $\bar{F}_C$ och ett kraftparsmoment $\bar{C}_C$, som verkar i Ω:s geometriska centrum C (fig. 5.17). Därutöver verkar endast tyngdkraften $\varrho V \bar{g}$ på Ω i punkten C. Momentjämvikt för Ω m.a.p. C ger

$$\bar{C}_C = \bar{0},$$

medan kraftjämvikt ger

$$\bar{F}_C + \varrho V \bar{g} = \bar{0}.$$ □

Sats 5.11 (Archimedes princip). Trycket på ytan av en kropp Ω, nedsänkt i en fluid med konstant densitet ϱ i statisk jämvikt, kan representeras av en kraft

$$\bar{F}_C = -\varrho V \bar{g}, \tag{5.14}$$

som verkar på kroppen i dess geometriska centrum C. Här är $\bar{g}$ tyngdkraftsfältet och V volymen för Ω.

Bevis. Från Pascals lag 5.9 följer att trycket i varje punkt på kroppens rand $\partial\Omega$ är oberoende av vilket material Ω består av. Således kan materien inom Ω bytas ut mot fluid utan att trycket på $\partial\Omega$ påverkas. Sats 5.10 visar sedan att trycket på $\partial\Omega$ kan representeras av en kraft $\bar{F}_{\mathcal{C}} = -\varrho V \bar{g}$, som verkar i Ω:s geometriska centrum $\mathcal{C}$. □

När en kropp Ω med massan m nedsänks i en fluid kommer tyngdkraften $m\bar{g}$ att verka i masscentrum $\mathcal{G}$. På grund av fluidens tryck kommer samtidigt en lyftkraft $-\varrho V \bar{g}$ att verka i kroppens geometriska centrum $\mathcal{C}$. Notera att ϱV är den undanträngda fluidens massa. Därutöver verkar, som vanligt, eventuella kontaktkrafter (fig. 5.18).

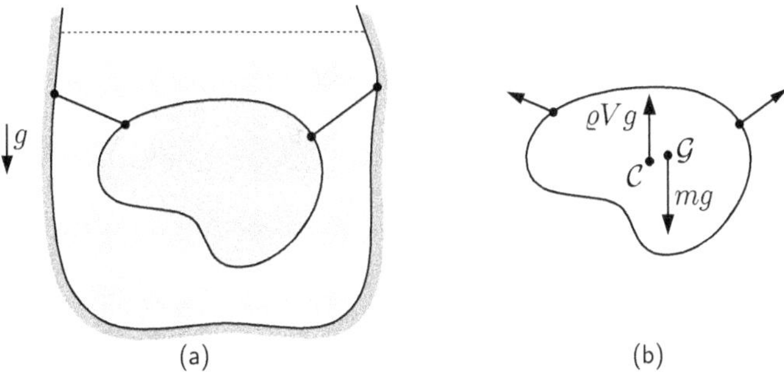

Figur 5.18: (a) Kropp med ojämnt fördelad massa, som är nedsänkt i en fluid. (b) Friläggningsdiagram för kroppen.

6 Friktion

Vid en kontakt mellan två kroppar uppstår *friktionskrafter* på respektive kropp, som motverkar glidning.[13] Betrakta två kroppar Ω_1 och Ω_2, som är i fysisk kontakt vid den för kropparna gemensamma punkten $\mathcal{P}$ (fig. 6.1). Vid kontaktpunkten $\mathcal{P}$ definieras ett *tangentplan* till kropparna, med normalvektorn $\bar{e}_\text{n}$. På kropp Ω_1 verkar en normalkraft $\bar{N} = N\bar{e}_\text{n}$ och en friktionskraft $\bar{F}_\text{f} \perp \bar{e}_\text{n}$. På kropp Ω_2 verkar $-\bar{N}$ och $-\bar{F}_\text{f}$ enligt reaktionslagen.

[13] Även kraftparsmoment kan uppstå för att motverka vridning kring en normal till kontaktytan.

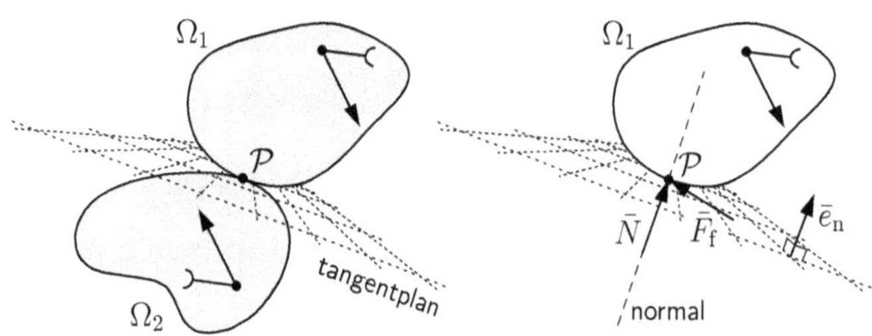

Figur 6.1: Två stelkroppar är i kontakt vid punkten $\mathcal{P}$. Kroppen Ω_1 har frilagts, med friktionskraften $\bar{F}_\text{f}$ i tangentplanet, och normalkraften $\bar{N}$ i planets normalriktning.

Alla material uppvisar friktion mot varandra, men när friktionen mellan två kroppar bedöms vara försumbar sägs kontaktstället vara *friktionsfritt* med friktionskraften $\bar{F}_\text{f} = \bar{0}$. Med en *friktionsfri yta*,[14] menas att alla ytans kontaktställen är friktionsfria.

[14] Benämns även *glatt yta*.

6.1 Ett friktionsexperiment

Betrakta experimentuppställningen i fig. 6.2. En låda vilar på en vagn, som befinner sig på ett plant underlag. Lådan påverkas av en variabel horisontell kraft P vars storlek mäts med en givare. En friläggning av lådan återfinns också i fig. 6.2. Vagnen hålls på plats av en anordning som mäter beloppet F av den horisontella kraften på vagnen. Från ett friläggningsdiagram och en kraftjämvikt får vi beloppet av friktionskraften $F_\text{f} = F$, som verkar på lådan.

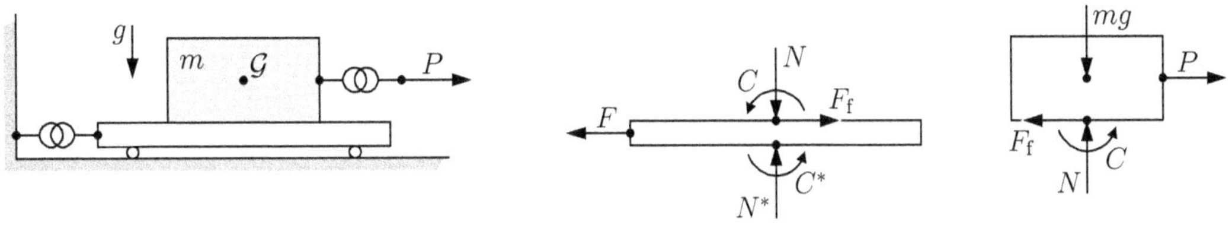

Figur 6.2: Experimentuppställning för friktionsmätning där kraftgivare har indikerats med dubbelcirkelsymbol. Friläggningsdiagram visar vagnen och lådan.

I ett experiment låter man först kraften $P = 0$ verka på lådan. Därefter ökas P långsamt. I ett första skede glider inte lådan mot vagnen. Den hålls på plats av *statisk friktion*. Så länge ingen glidning uppstår råder kraftjämvikt, vilket ger $F_\mathrm{f} = P$. När man ökat P tillräckligt mycket börjar dock lådan glida mot vagnen och accelerera. I samma ögonblick sjunker friktionskraften något och behåller ett konstant värde även om vi ökar P ytterligare under rörelsen (fig. 6.3). Friktionskraften vid glidning kallas *kinetisk friktion*.

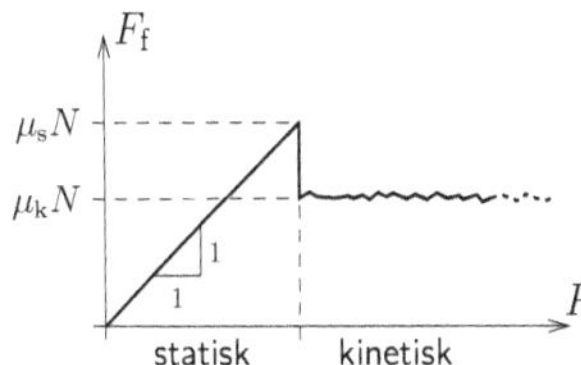

Figur 6.3: Friktionskraft ritad som funktion av pålagd kraft P för experimentet i fig. 6.2.

Beteendet i tankeexperimentet ovan är typiskt för *torr friktion*, där kontaktstället utgörs av rena torra ytor. Fukt, partiklar och oxidlager på kropparnas ytor påverkar annars friktionskraften. Även temperatur och kropparnas mekaniska egenskaper påverkar friktionen.

6.2 Coulombfriktion

Om vi begränsar oss till torr friktion mellan rena ytor, gäller följande empiriska samband[15] approximativt.

[15] *empiriskt samband* – ekvation eller lag som påvisats experimentellt.

Empiriskt samband 6.1 (Coulombs friktionslag)**.** Om statisk friktion råder vid ett kontaktställe, fortgår statisk friktion så länge det *statiska friktionsvillkoret*

$$\frac{|\bar{F}_\mathrm{f}|}{N} < \mu_\mathrm{s}, \tag{6.1}$$

är uppfyllt. Om glidning föreligger vid ett kontaktställe gäller

$$|\bar{F}_\mathrm{f}| = \mu_\mathrm{k} N. \tag{6.2}$$

Här är $\bar{F}_\mathrm{f}$ friktionskraften, N normalkraftens belopp, μ_s den statiska friktionskoefficienten och μ_k den kinetiska friktionskoefficienten, där $0 \leq \mu_\mathrm{k} \leq \mu_\mathrm{s}$.

Vid glidning motverkar $\bar{F}_\mathrm{f}$ glidrörelsen vid kontaktstället. Tankeexperimentet från stycke 6.1 (fig. 6.2 och 6.3) är ett exempel på Coulombfriktion.

Om glidning ej föreligger i utgångsläget är det ofta relevant att undersöka *gränsfallet för begynnande glidning*. För detta sätter man friktionskraften till det instabila gränsfall där glidning är förestående:

$$|\bar{F}_\mathrm{f}| = \mu_\mathrm{s} N. \tag{6.3}$$

Detta motsvarar friktionskraftens maximum i fig. 6.3.

Vid problemlösning är det ibland inte känt huruvida glidning föreligger vid kontaktstället. I sådana fall antar man först att friktionen är statisk och använder jämviktsekvationerna, ekv. (3.1a) och ekv. (3.1b) för att bestämma friktionskraften $\bar{F}_{\mathrm{f}}$ och normalkraftens belopp N. Om detta leder till att ekv. (6.1) ej är uppfylld måste glidning föreligga, och friktionskraften ges i stället av ekv. (6.2).

6.3 Friktion i ett system av kroppar

Om det finns flera kontaktställen med Coulumbfriktion i ett flerkroppsproblem gäller det empiriska sambandet 6.1 vid varje kontaktställe. Om vi t.ex. har två kontaktställen, vid punkterna $\mathcal{P}$ och $\mathcal{Q}$, är följande fall tänkbara:

- Ingen glidning vid något av kontaktställena $\mathcal{P}$ eller $\mathcal{Q}$.
- Glidning vid $\mathcal{P}$ men ej vid $\mathcal{Q}$.
- Glidning vid $\mathcal{Q}$ men ej vid $\mathcal{P}$.
- Glidning vid både $\mathcal{P}$ och $\mathcal{Q}$.

Dessa fall är avbildade i fig. 6.4. Om ett flerkroppsproblem innehåller n kontaktställen finns det maximalt 2^n tänkbara kombinationer av glidning och statisk friktion.

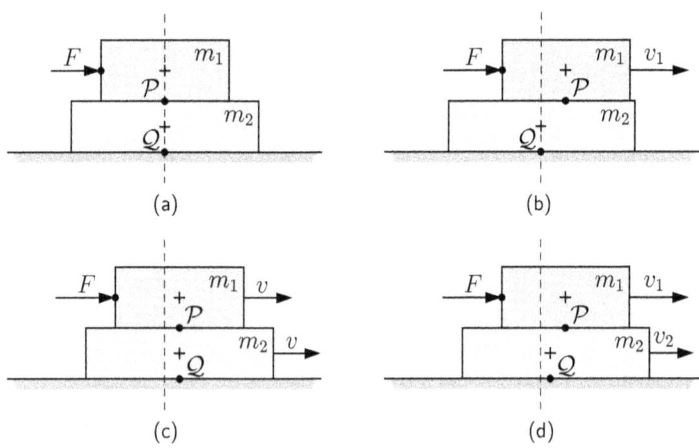

Figur 6.4: Exempel på friktion vid flera kontaktställen. Tänkbara utfall är (a) ingen glidning, (b) endast glidning vid $\mathcal{P}$, (c) endast glidning vid $\mathcal{Q}$, och (d) glidning vid både $\mathcal{P}$ och $\mathcal{Q}$.

Ibland medför problemets geometri att vissa kombinationer av glidning och statisk friktion kan uteslutas. En kil har t.ex. två kontaktställen (fig. 6.5). Glidning måste uppstå vid båda kontaktställena för att kilen ska kunna förflyttas. Således existerar bara två tänkbara fall: antingen glidning vid båda kontaktställena, eller ingen glidning vid något kontaktställe.

Figur 6.5: För att en kil ska drivas in krävs glidning vid båda dess kontaktställen.

6.4 Remfriktion

Då en rem lindas kring en cylindrisk yta motverkas glidning av friktionen mellan remmen och cylinderytan. Detta gör att dragkraften T i remmen kan vara olika vid den ingående respektive utgående remänden (fig. 6.6).

Figur 6.6: Om en rem lindas kring en påle medför friktionen att dragkraften på respektive remände skiljer sig åt.

Sats 6.2 (Remfriktion). För en masslös rem, som glider mot en cylindrisk yta med den kinetiska friktionskoefficienten μ_{k}, är dragkraften i remmen

$$T(\theta) = T_0 e^{-\mu_{\mathrm{k}}\theta}, \tag{6.4}$$

där $\theta \geq 0$ är den polära vinkeln, $T_0 = T(0)$, och glidriktningen är motsatt den polära vinkelns riktning (fig. 6.7).

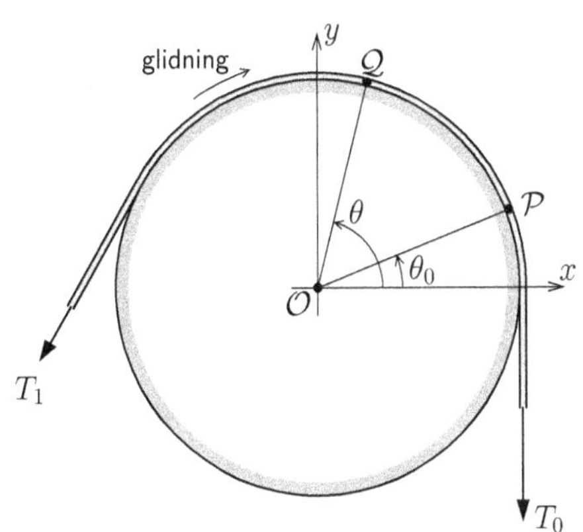

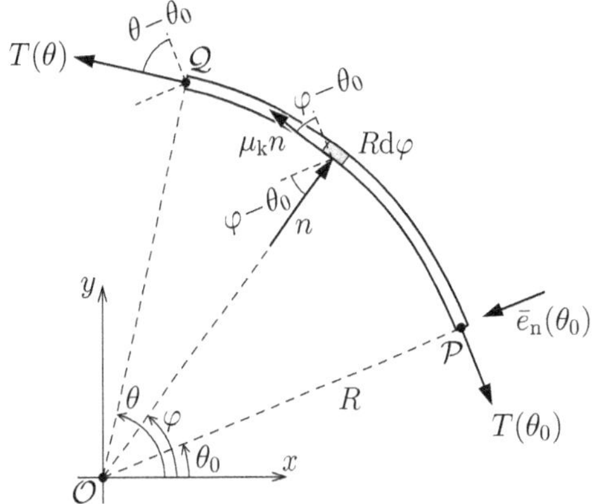

Figur 6.7: En rem ligger an mot en cirkulär cylinder. Ett stycke $\mathcal{PQ}$ av remmen är frilagd och den friktionskraften motsatt glidriktningen är $\mu_{\mathrm{k}}n$.

Bevis. Låt R beteckna cylinderytans radie. Normalkraften på remmen är en linjelast $n(\theta)$ [N/m], och friktionskraften är $\mu_{\mathrm{k}}n(\theta)$ [N/m]. Betrakta remstycket $\mathcal{PQ}$ mellan θ_0 och θ, som frilagts i fig. 6.7. Kraftjämvikt i $\bar{e}_{\mathrm{n}}(\theta_0)$-riktningen för detta remstycke ger

$$T(\theta)\sin(\theta-\theta_0) + \int_{\theta_0}^{\theta} \left[\mu_{\mathrm{k}}n(\varphi)\sin(\varphi-\theta_0) - n(\varphi)\cos(\varphi-\theta_0)\right] R\mathrm{d}\varphi = 0, \quad \forall\theta_0,\theta \quad \Leftrightarrow \quad \left\{\frac{\mathrm{d}}{\mathrm{d}\theta}, \text{ ekv. (A.37)}\right\} \quad \Leftrightarrow$$

$$\frac{\mathrm{d}T}{\mathrm{d}\theta}\sin(\theta-\theta_0) + T(\theta)\cos(\theta-\theta_0) + \mu_{\mathrm{k}}Rn(\theta)\sin(\theta-\theta_0) - Rn(\theta)\cos(\theta-\theta_0) = 0, \quad \forall\theta_0,\theta. \tag{6.5}$$

Ekvation (6.5) gäller för alla θ_0 och θ inklusive $\theta_0 \to \theta$, vilket ger

$$T(\theta) - Rn(\theta) = 0. \tag{6.6}$$

Insättning av ekv. (6.6) i (6.5) ger

$$\frac{\mathrm{d}T}{\mathrm{d}\theta}\sin(\theta-\theta_0) + \mu_{\mathrm{k}}T(\theta)\sin(\theta-\theta_0) = 0, \quad \forall\theta_0,\theta \quad \Leftrightarrow$$

$$\frac{\mathrm{d}T}{\mathrm{d}\theta} + \mu_{\mathrm{k}}T(\theta) = 0. \tag{6.7}$$

Lösningen till differentialekvationen (6.7) med randvillkoret $T(0) = T_0$ är $T(\theta) = T_0 e^{-\mu_k \theta}$. □

Sambandet mellan dragkrafterna T_1 och T_0 i respektive repända fås genom att sätta in hela anläggningsvinkeln β i ekv. (6.4):

$$T_1 = T(\beta) = T_0 e^{-\mu_k \beta}. \tag{6.8}$$

Med ett resonemang mycket likt det i sats 6.2 kan man visa att det statiska friktionsvillkoret för remmen är

$$T_0 e^{-\mu_s \beta} < T_1 < T_0 e^{\mu_s \beta}, \tag{6.9}$$

där hänsyn tagits till två möjliga glidriktningar.

Del II

Partikeldynamik

7

Plan kinematik för partiklar

Kinematik är läran om rörelsens geometri, utan att kraftsystemet som orsakar rörelsen beaktas. Detta kapitel ägnas åt studier av partikelrörelse begränsad till ett plan, så kallad *plan rörelse*. Framställningen använder sig av *differentialer*, som beskrivs i bilaga A.3.

7.1 Rätlinjig rörelse

Om en partikel rör sig längs en rät linje i rummet sägs partikeln utföra *rätlinjig rörelse*. För att beskriva partikelns läge $\mathcal{P}$ inför vi en lägeskoordinat $x(t)$ relativt en fix punkt $\mathcal{O}$ på linjen (fig. 7.1). Koordinaten $x(t)$ beskriver läget vid tiden t och tillåts anta negativa värden. Partikelns momentana[16] *hastighet* definieras utifrån partikelns medelhastighet mellan t och $t + \Delta t$ genom gränsvärdet

[16] *momentan* – som råder i ögonblicket.

$$v(t) \equiv \lim_{\Delta t \to 0} \frac{x(t + \Delta t) - x(t)}{\Delta t} = \frac{\mathrm{d}x}{\mathrm{d}t}, \tag{7.1}$$

vilket är tidsderivatan av läget $x(t)$. För rätlinjig rörelse definieras partikelns *fart* som $|v|$.

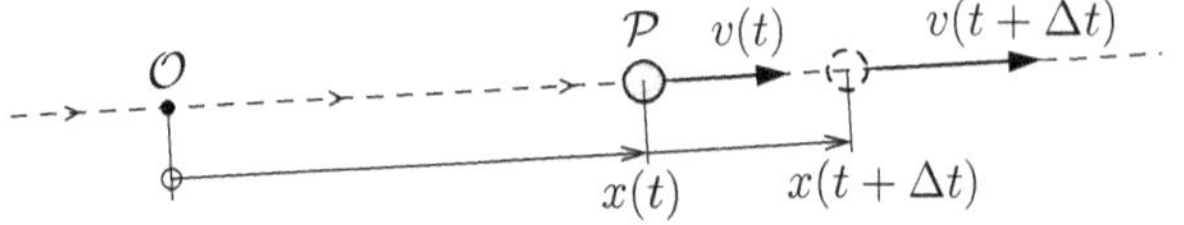

Figur 7.1: En partikel $\mathcal{P}$:s rörelse längs en rät linje relativt en fix referenspunkt $\mathcal{O}$.

På motsvarande sätt definieras partikelns momentana *acceleration* som hastighetens tidsderivata:

$$a(t) \equiv \lim_{\Delta t \to 0} \frac{v(t + \Delta t) - v(t)}{\Delta t} = \frac{\mathrm{d}v}{\mathrm{d}t}. \tag{7.2}$$

Definitionerna för hastighet och acceleration kan även skrivas med differentialnotation (bilaga A.3). Genom att tillämpa ekv. (A.30) på ekv. (7.1) respektive (7.2) får vi

$$dx = vdt \tag{7.3a}$$

$$dv = adt. \tag{7.3b}$$

Sats 7.1. För en partikel i rätlinjig rörelse med lägeskoordinaten $x(t)$, hastigheten $v(t)$ och accelerationen $a(t)$ gäller

$$vdv = adx. \tag{7.4}$$

Bevis. Från ekv. (7.3b) får vi

$$\begin{aligned} dv = adt \quad &\Leftrightarrow \quad \{\text{multiplicera med } v\} \quad \Leftrightarrow \\ vdv = avdt \quad &\Leftrightarrow \quad \{\text{ekv. (7.3a)}\} \quad \Leftrightarrow \\ vdv = adx. \end{aligned}$$

□

Vid problemlösning utgår man lämpligen från ett eller flera av differentialsambanden (7.3a), (7.3b) och (7.4). Därefter tillämpar man satserna A.2 eller A.3 för att bilda skalära ekvationer.

7.2 Kroklinjig rörelse

Det tidsberoende läget för en partikel eller punkt i rummet betecknas $\bar{r}(t)$. Utifrån denna lägesvektor definieras sedan hastighet och acceleration som gränsvärden.

Definition 7.2 (Hastighet). Hastigheten för en partikel med lägesvektorn $\bar{r}(t)$ definieras (fig. 7.2)

$$\bar{v}(t) \equiv \lim_{\Delta t \to 0} \frac{\bar{r}(t+\Delta t) - \bar{r}(t)}{\Delta t} = \lim_{\Delta t \to 0} \frac{\Delta \bar{r}}{\Delta t} = \frac{d\bar{r}}{dt}. \tag{7.5}$$

Hastighet är en vektorstorhet och dess riktning är parallell med tangenten för den bana som beskrivs av $\bar{r}(t)$ (fig. 7.2).

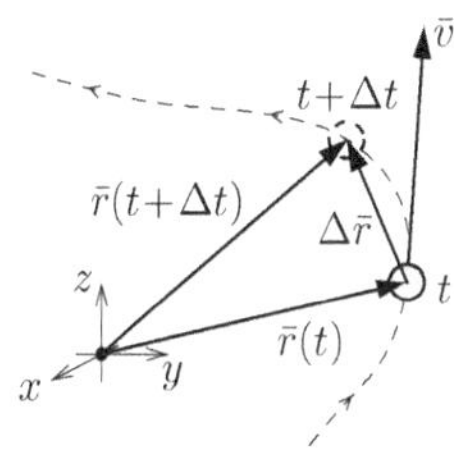

Figur 7.2: Geometri för gränsvärdesdefinition av hastighet.

Definition 7.3 (Acceleration). Accelerationen för en partikel med hastigheten $\bar{v}(t)$ definieras (fig. 7.3)

$$\bar{a}(t) \equiv \lim_{\Delta t \to 0} \frac{\bar{v}(t+\Delta t) - \bar{v}(t)}{\Delta t} = \lim_{\Delta t \to 0} \frac{\Delta \bar{v}}{\Delta t} = \frac{d\bar{v}}{dt}. \tag{7.6}$$

Accelerationen är en vektorstorhet vars riktning inte behöver vara parallell med tangenten till banan $\bar{r}(t)$.

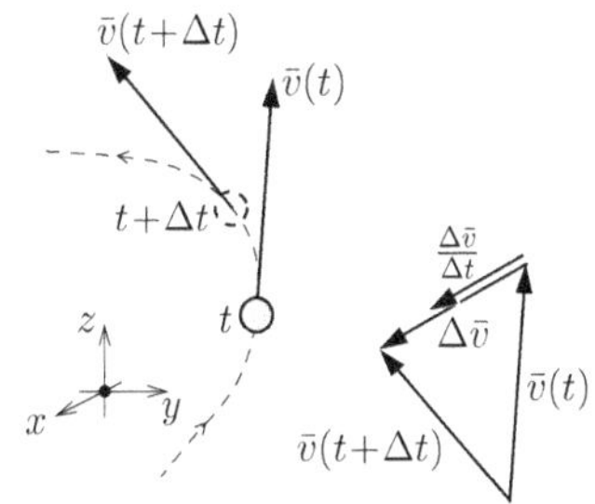

Figur 7.3: Geometri för gränsvärdesdefinition av acceleration.

Rektangulära koordinater

I ett rektangulärt koordinatsystem xyz med den konstanta basen $\{\bar{e}_x, \bar{e}_y, \bar{e}_z\}$ skrivs en partikels lägesvektor som

$$\bar{r}(t) = x(t)\bar{e}_x + y(t)\bar{e}_y + z(t)\bar{e}_z. \tag{7.7}$$

Denna situation illustreras i fig. 7.4. När det framgår av kontexten vilka storheter som är tidsberoende utelämnar man ofta parametern t och skriver $\bar{r} = x\bar{e}_x + y\bar{e}_y + z\bar{e}_z$.

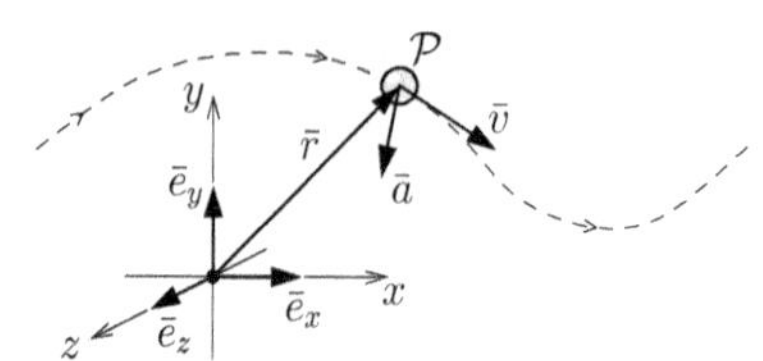

Figur 7.4: En partikel $\mathcal{P}$:s rörelse i rummet relativt ett rektangulärt koordinatsystem.

Sats 7.4 (Hastighet på rektangulär form). Hastigheten för en partikel med lägesvektorn $\bar{r} = x\bar{e}_x + y\bar{e}_y + z\bar{e}_z$ ges på rektangulär form av

$$\bar{v} = \dot{x}\bar{e}_x + \dot{y}\bar{e}_y + \dot{z}\bar{e}_z. \tag{7.8}$$

Bevis. Enligt def. 7.2 för hastighet gäller

$$\begin{aligned}
\bar{v} &= \frac{\mathrm{d}\bar{r}}{\mathrm{d}t} \\
&= \frac{\mathrm{d}}{\mathrm{d}t}\left(x\bar{e}_x + y\bar{e}_y + z\bar{e}_z\right) = \{\text{produktregeln (A.25a)}\} \\
&= \dot{x}\bar{e}_x + x\frac{\mathrm{d}\bar{e}_x}{\mathrm{d}t} + \dot{y}\bar{e}_y + y\frac{\mathrm{d}\bar{e}_y}{\mathrm{d}t} + \dot{z}\bar{e}_z + z\frac{\mathrm{d}\bar{e}_z}{\mathrm{d}t} = \{\bar{e}_x, \bar{e}_y, \bar{e}_z \text{ konstant}\} \\
&= \dot{x}\bar{e}_x + \dot{y}\bar{e}_y + \dot{z}\bar{e}_z.
\end{aligned}$$

□

Basvektorernas tidsderivator blir noll eftersom de är konstanter för rektangulära koordinatsystem.

Sats 7.5 (Acceleration på rektangulär form). Accelerationen för en partikel med lägesvektorn $\bar{r} = x\bar{e}_x + y\bar{e}_y + z\bar{e}_z$ ges på rektangulär form av

$$\bar{a} = \ddot{x}\bar{e}_x + \ddot{y}\bar{e}_y + \ddot{z}\bar{e}_z. \tag{7.9}$$

Bevis. Definition 7.3 för acceleration ger

$$\begin{aligned}
\bar{a} &= \frac{\mathrm{d}\bar{v}}{\mathrm{d}t} = \{\text{sats 7.4}\} \\
&= \frac{\mathrm{d}}{\mathrm{d}t}\left(\dot{x}\bar{e}_x + \dot{y}\bar{e}_y + \dot{z}\bar{e}_z\right) = \{\text{produktregeln (A.25a)}\} \\
&= \ddot{x}\bar{e}_x + \dot{x}\frac{\mathrm{d}\bar{e}_x}{\mathrm{d}t} + \ddot{y}\bar{e}_y + \dot{y}\frac{\mathrm{d}\bar{e}_y}{\mathrm{d}t} + \ddot{z}\bar{e}_z + \dot{z}\frac{\mathrm{d}\bar{e}_z}{\mathrm{d}t} = \{\bar{e}_x, \bar{e}_y, \bar{e}_z \text{ konstant}\} \\
&= \ddot{x}\bar{e}_x + \ddot{y}\bar{e}_y + \ddot{z}\bar{e}_z.
\end{aligned}$$

□

Precis som för rätlinjig rörelse är det önskvärt att skriva om uttrycken för hastighet och acceleration till differentialsamband, så att partikelrörelser kan bestämmas genom integration.

Sats 7.6. Om en partikelbana ges av $\bar{r} = x\bar{e}_x + y\bar{e}_y + z\bar{e}_z$, hastigheten betecknas $\bar{v} = v_x\bar{e}_x + v_y\bar{e}_y + v_z\bar{e}_z$ och accelerationen betecknas $\bar{a} = a_x\bar{e}_x + a_y\bar{e}_y + a_z\bar{e}_z$ gäller differentialsambanden

$$\begin{aligned}
dx &= v_x dt & dy &= v_y dt & dz &= v_z dt \\
dv_x &= a_x dt & dv_y &= a_y dt & dv_z &= a_z dt \\
v_x dv_x &= a_x dx & v_y dv_y &= a_y dy & v_z dv_z &= a_z dz.
\end{aligned} \tag{7.10}$$

Bevis. För koordinatriktningen x har vi enligt ekv. (7.8) att

$$v_x = \frac{\mathrm{d}x}{\mathrm{d}t} \quad \Leftrightarrow \quad \{\text{ekv. (A.30)}\} \quad \Leftrightarrow$$
$$dx = v_x dt. \tag{7.11}$$

Dessutom ger ekv. (7.9)

$$a_x = \frac{\mathrm{d}^2x}{\mathrm{d}t^2} = \frac{\mathrm{d}v_x}{\mathrm{d}t} \quad \Leftrightarrow \quad \{\text{ekv. (A.30)}\} \quad \Leftrightarrow$$
$$dv_x = a_x dt.$$

Genom att multiplicera denna ekv. med v_x får vi

$$v_x dv_x = a_x v_x dt \quad \Leftrightarrow \quad \{\text{ekv. (7.11)}\} \quad \Leftrightarrow$$
$$v_x dv_x = a_x dx.$$

Övriga differentialsamband för koordinaterna y och z erhålles analogt.

□

De differentialsamband som gäller för rätlinjig rörelse, gäller alltså enligt sats 7.6 även för var och en av koordinatriktningarna vid kroklinjig rörelse.

Polära koordinater

Betrakta ett rektangulärt koordinatsystem med origo $\mathcal{O}$ och en partikel $\mathcal{P}$ i xy-planet. Partikelns läge kan beskrivas med dess avstånd $r = |\overline{\mathcal{OP}}|$ till origo samt vinkeln θ utgående från x-axeln moturs till strålen $\mathcal{OP}$. Här är r och θ partikelns *polära koordinater* (fig. 7.5). Om partikeln rör sig godtyckligt i planet blir dess polära koordinater tidsberoende: $r = r(t)$ och $\theta = \theta(t)$. Partikelns *vinkelhastighet* definieras

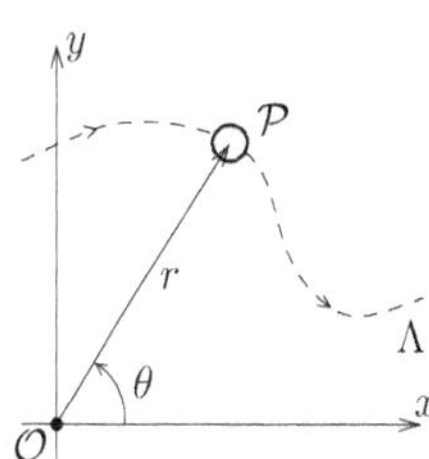

Figur 7.5: Polära koordinater (r, θ).

$$\omega \equiv \dot{\theta}, \tag{7.12}$$

och dess *vinkelacceleration* definieras

$$\alpha \equiv \dot{\omega} = \ddot{\theta}. \tag{7.13}$$

Definition 7.7 (Polära basvektorer). Givet en rektangulär bas $\{\bar{e}_x, \bar{e}_y\}$ i planet definieras de *polära basvektorerna* (fig. 7.6)

$$\bar{e}_r \equiv \cos\theta \bar{e}_x + \sin\theta \bar{e}_y \tag{7.14a}$$
$$\bar{e}_\theta \equiv -\sin\theta \bar{e}_x + \cos\theta \bar{e}_y. \tag{7.14b}$$

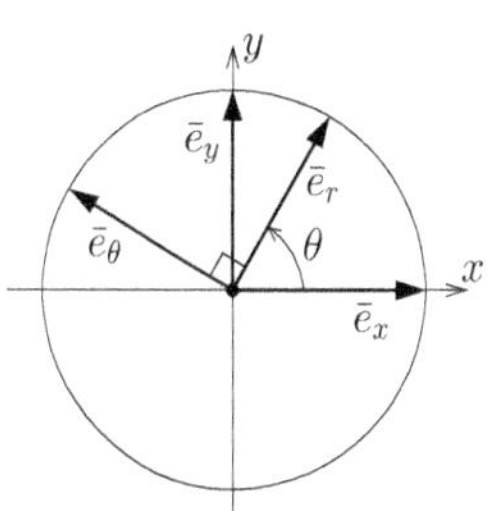

Figur 7.6: Rektangulär och polär bas i enhetscikeln.

Därmed kan lägesvektorn för en partikel skrivas på polär form som

$$\bar{r} = r\bar{e}_r, \tag{7.15}$$

där $\bar{r} = \bar{r}(t)$, $r = r(t)$ och $\bar{e}_r = \bar{e}_r(t)$. Partikelns hastighet och acceleration kan nu beräknas från def. 7.2 och 7.3 genom tidsderiveringar av ekv. (7.15). Dessa deriveringar förenklas dock om vi först beräknar basvektorernas tidsderivator.

Sats 7.8. De polära basvektorernas tidsderivator ges av

$$\frac{\mathrm{d}\bar{e}_r}{\mathrm{d}t} = \dot{\theta}\bar{e}_\theta \tag{7.16a}$$

$$\frac{\mathrm{d}\bar{e}_\theta}{\mathrm{d}t} = -\dot{\theta}\bar{e}_r. \tag{7.16b}$$

Bevis. Derivering av ekv. (7.14a) ger

$$\begin{aligned}
\frac{\mathrm{d}\bar{e}_r}{\mathrm{d}t} &= \frac{\mathrm{d}}{\mathrm{d}t}(\cos\theta\bar{e}_x) + \frac{\mathrm{d}}{\mathrm{d}t}(\sin\theta\bar{e}_y) = \{\bar{e}_x, \bar{e}_y \text{ konstanter}\} \\
&= \frac{\mathrm{d}(\cos\theta)}{\mathrm{d}t}\bar{e}_x + \frac{\mathrm{d}(\sin\theta)}{\mathrm{d}t}\bar{e}_y = \{\text{kedjeregeln}\} \\
&= \frac{\mathrm{d}(\cos\theta)}{\mathrm{d}\theta}\frac{\mathrm{d}\theta}{\mathrm{d}t}\bar{e}_x + \frac{\mathrm{d}(\sin\theta)}{\mathrm{d}\theta}\frac{\mathrm{d}\theta}{\mathrm{d}t}\bar{e}_y \\
&= (-\sin\theta)\dot{\theta}\bar{e}_x + (\cos\theta)\dot{\theta}\bar{e}_y \\
&= \dot{\theta}\,(-\sin\theta\bar{e}_x + \cos\theta\bar{e}_y) = \{\text{ekv. (7.14b)}\} \\
&= \dot{\theta}\bar{e}_\theta.
\end{aligned}$$

Derivering av ekv. (7.14b) ger

$$\begin{aligned}
\frac{\mathrm{d}\bar{e}_\theta}{\mathrm{d}t} &= -\frac{\mathrm{d}}{\mathrm{d}t}(\sin\theta\bar{e}_x) + \frac{\mathrm{d}}{\mathrm{d}t}(\cos\theta\bar{e}_y) = \{\bar{e}_x, \bar{e}_y \text{ konstanter}\} \\
&= -\frac{\mathrm{d}(\sin\theta)}{\mathrm{d}t}\bar{e}_x + \frac{\mathrm{d}(\cos\theta)}{\mathrm{d}t}\bar{e}_y = \{\text{kedjeregeln}\} \\
&= -\frac{\mathrm{d}(\sin\theta)}{\mathrm{d}\theta}\frac{\mathrm{d}\theta}{\mathrm{d}t}\bar{e}_x + \frac{\mathrm{d}(\cos\theta)}{\mathrm{d}\theta}\frac{\mathrm{d}\theta}{\mathrm{d}t}\bar{e}_y \\
&= -(\cos\theta)\dot{\theta}\bar{e}_x + (-\sin\theta)\dot{\theta}\bar{e}_y \\
&= -\dot{\theta}\,(\cos\theta\bar{e}_x + \sin\theta\bar{e}_y) = \{\text{ekv. (7.14a)}\} \\
&= -\dot{\theta}\bar{e}_r.
\end{aligned}$$

□

Direkt tidsderivering av ekv. (7.15) ger därefter uttrycken för hastighet och acceleration i polära koordinater.

Sats 7.9 (Hastighet på polär form). Hastigheten för en partikel ges på polär form av

$$\bar{v} = \dot{r}\bar{e}_r + r\dot{\theta}\bar{e}_\theta. \tag{7.17}$$

Bevis. Från def. 7.2 för hastighet får vi

$$\begin{aligned}
\bar{v} &= \frac{\mathrm{d}\bar{r}}{\mathrm{d}t} = \{\text{ekv. (7.15)}\} \\
&= \frac{\mathrm{d}}{\mathrm{d}t}(r\bar{e}_r) = \{\text{produktregeln (A.25a)}\}
\end{aligned}$$

$$
\begin{aligned}
&= \dot{r}\bar{e}_r + r\frac{\mathrm{d}\bar{e}_r}{\mathrm{d}t} = \{\text{ekv. (7.16a)}\} \\
&= \dot{r}\bar{e}_r + r\dot{\theta}\bar{e}_\theta. \qquad \square
\end{aligned}
$$

Sats 7.10 (Acceleration på polär form). Accelerationen för en partikel ges på polär form av

$$
\bar{a} = (\ddot{r} - r\dot{\theta}^2)\bar{e}_r + (r\ddot{\theta} + 2\dot{r}\dot{\theta})\bar{e}_\theta. \tag{7.18}
$$

Bevis. Från def. 7.3 för acceleration får vi

$$
\begin{aligned}
\bar{a} &= \frac{\mathrm{d}\bar{v}}{\mathrm{d}t} = \{\text{ekv. (7.17)}\} \\
&= \frac{\mathrm{d}}{\mathrm{d}t}(\dot{r}\bar{e}_r + r\dot{\theta}\bar{e}_\theta) = \{\text{produktregeln (A.25a)}\} \\
&= \ddot{r}\bar{e}_r + \dot{r}\frac{\mathrm{d}\bar{e}_r}{\mathrm{d}t} + \dot{r}\dot{\theta}\bar{e}_\theta + r\ddot{\theta}\bar{e}_\theta + r\dot{\theta}\frac{\mathrm{d}\bar{e}_\theta}{\mathrm{d}t} = \{\text{ekv. (7.16a), (7.16b)}\} \\
&= \ddot{r}\bar{e}_r + \dot{r}(\dot{\theta}\bar{e}_\theta) + \dot{r}\dot{\theta}\bar{e}_\theta + r\ddot{\theta}\bar{e}_\theta + r\dot{\theta}(-\dot{\theta}\bar{e}_r) \\
&= (\ddot{r} - r\dot{\theta}^2)\bar{e}_r + (r\ddot{\theta} + 2\dot{r}\dot{\theta})\bar{e}_\theta. \qquad \square
\end{aligned}
$$

Cirkulär rörelse

Polära koordinater är lämpliga för att beskriva cirkulär rörelse (fig. 7.7). Genom att placera origo i centrum av en cirkulära bana med radien R tillser vi att $r = R$ är konstant, så att $\dot{r} = 0$ och $\ddot{r} = 0$. För cirkulär rörelse förenklas därmed uttrycken för hastighet och acceleration till

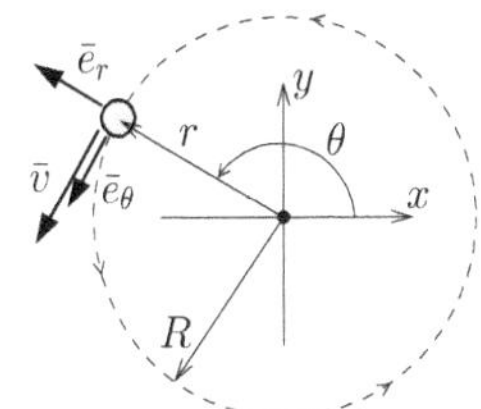

Figur 7.7: Cirkulär rörelse med polärt koordinatsystem.

$$
\bar{v} = r\dot{\theta}\bar{e}_\theta = R\omega\bar{e}_\theta \tag{7.19a}
$$

$$
\bar{a} = -r\dot{\theta}^2\bar{e}_r + r\ddot{\theta}\bar{e}_\theta = -R\omega^2\bar{e}_r + R\alpha\bar{e}_\theta. \tag{7.19b}
$$

Genom att betrakta ekv. (7.19a) finner vi ett enkelt samband mellan partikelns fart och dess vinkelhastighet:

$$
v = R|\omega|. \tag{7.20}
$$

Detta uttryck gäller dock endast vid cirkulär rörelse.

Bågkoordinater

Betrakta en partikel $\mathcal{P}$ som rör sig längs en bana Λ i planet. Utgående från en fix punkt $\mathcal{O}$ på banan kan partikels lägesvektor skrivas $\bar{r} = \bar{r}(s)$, där $s = s(t)$ är *bågkoordinaten*, som är båglängden från $\mathcal{O}$ till $\mathcal{P}$ längs banan (fig. 7.8).

Definition 7.11 (Naturliga basvektorer). För en given båglängdsparametrisering $\bar{r} = \bar{r}(s)$ av en bana Λ är den naturliga basen

$$
\bar{e}_t \equiv \frac{\mathrm{d}\bar{r}}{\mathrm{d}s}, \tag{7.21a}
$$

$$
\bar{e}_n \equiv \rho\frac{\mathrm{d}\bar{e}_t}{\mathrm{d}s}, \qquad \rho \equiv \left|\frac{\mathrm{d}\bar{e}_t}{\mathrm{d}s}\right|^{-1}, \tag{7.21b}
$$

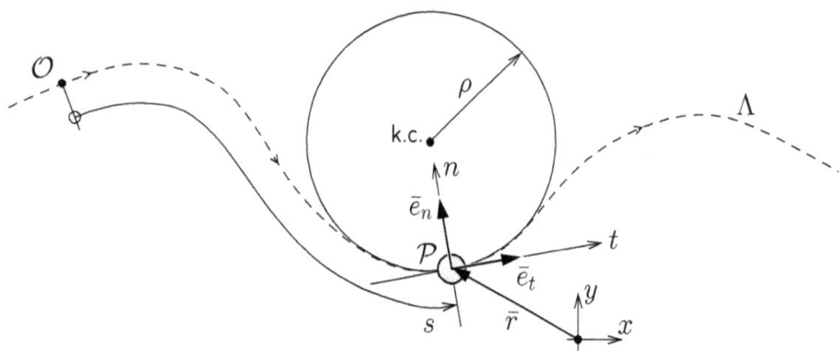

Figur 7.8: En partikel $\mathcal{P}$:s rörelse i planet längs en bana Λ, med bågkoordinaten s utgående från den fixa punkten $\mathcal{O}$. De naturliga basvektorerna $\{\bar{e}_t, \bar{e}_n\}$ varierar med partikelns läge.

där $\bar{e}_t$ är banans *tangentriktning*, $\bar{e}_n$ är dess *normalriktning* och ρ är dess *krökningsradie*.

Definition 7.11 är så utformad att $|\bar{e}_t| = |\bar{e}_n| = 1$ och $\bar{e}_t \perp \bar{e}_n$. Därför utgör enhetsvektorerna $\{\bar{e}_t, \bar{e}_n\}$ en ortonormal bas i planet. Basvektorernas riktning varierar med partikelns läge (fig. 7.8).

För vårt vidkommande är den geometriska tolkningen av def. 7.11 intressant. Då partikeln $\mathcal{P}$ befinner sig i ett givet läge kommer tangentriktningen $\bar{e}_t$ att peka i bågkoordinatens positiva riktning. Vidare kan man konstruera en cirkel, den *oskulerande cirkeln*, sådan att den tangerar banan vid $\mathcal{P}$. Cirkeln har samma krökningsradie ρ som banan har vid $\mathcal{P}$ (fig. 7.8). Den oskulerande cirkelns mittpunkt kallas *krökningscentrum* (k.c.) och normalriktningen är orienterad mot detta krökningscentrum.

Eftersom en partikels läge varierar med tiden t skriver vi $s = s(t)$, varvid lägesvektorn får formen

$$\bar{r} = \bar{r}\,[s(t)]\,, \quad \dot{s} \geq 0. \tag{7.22}$$

Notera speciellt villkoret $\dot{s} \geq 0$. En partikel som rör sig fram och åter längs samma bana, som pendeln i figur 7.9, måste tillordnas en bana som veckar sig, så att rörelsen kan beskrivas med en bågkoordinat som är växande i tiden, och så att s kommer att representera tillryggalagd sträcka. Från lägesvektorn i ekv. (7.22) härleds uttryck för hastighet och acceleration från deras respektive definitioner.

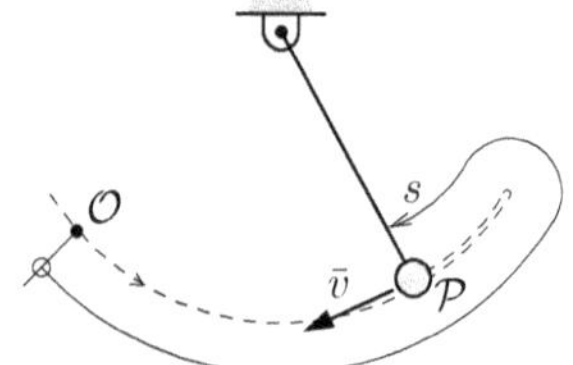

Figur 7.9: Rörelsen för en pendel i ett vertikalplan representeras av en bana som veckar sig fram och åter, så att bågkoordinaten ökar med tiden.

Sats 7.12 (Hastighet i naturliga basen). I den naturliga basen ges hastigheten för en partikel av

$$\bar{v} = \dot{s}\bar{e}_t = v\bar{e}_t, \tag{7.23}$$

där $v = \dot{s} \geq 0$ är partikelns fart (fig. 7.10).

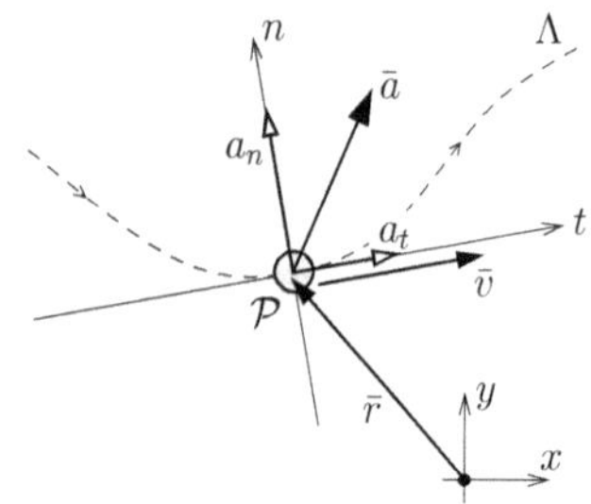

Figur 7.10: Lägesvektor $\bar{r}$, hastighet $\bar{v}$ och acceleration $\bar{a}$ i den naturliga basen.

Bevis. Från def. 7.2 för hastighet får vi

$$\begin{aligned}\bar{v} &= \frac{\mathrm{d}\bar{r}}{\mathrm{d}t} = \{\text{ekv. (7.22)}\} \\ &= \frac{\mathrm{d}}{\mathrm{d}t}\bar{r}\,[s(t)] = \{\text{kedjeregeln}\}\end{aligned}$$

$$= \frac{\mathrm{d}\bar{r}}{\mathrm{d}s}\frac{\mathrm{d}s}{\mathrm{d}t} = \{\text{ekv. (7.21a)}\}$$
$$= \dot{s}\bar{e}_t. \qquad \square$$

Sats 7.13 (Acceleration i naturliga basen). I den naturliga basen ges accelerationen för en partikel av

$$\bar{a} = \dot{v}\bar{e}_t + \frac{v^2}{\rho}\bar{e}_n, \tag{7.24}$$

där $v = \dot{s}$ och ρ är banans krökningsradie.

Bevis. Från def. 7.3 för acceleration får vi

$$\bar{a} = \frac{\mathrm{d}\bar{v}}{\mathrm{d}t} = \{\text{ekv. (7.23)}\}$$
$$= \frac{\mathrm{d}}{\mathrm{d}t}(\dot{s}\bar{e}_t) = \{\text{produktregeln (A.25a)}\}$$
$$= \ddot{s}\bar{e}_t + \dot{s}\frac{\mathrm{d}\bar{e}_t}{\mathrm{d}t} = \{\text{kedjeregeln}\}$$
$$= \ddot{s}\bar{e}_t + \dot{s}\frac{\mathrm{d}\bar{e}_t}{\mathrm{d}s}\frac{\mathrm{d}s}{\mathrm{d}t} = \{\text{ekv. (7.21b)}\}$$
$$= \dot{v}\bar{e}_t + \frac{v^2}{\rho}\bar{e}_n. \qquad \square$$

Enligt sats 7.13 är alltså accelerationens normalkomponent $a_n = v^2/\rho$ riktad mot krökningscentrum (fig. 7.10).

Sats 7.14. För en krökt partikelbana i den naturliga basen gäller

$$vdv = a_t ds, \tag{7.25}$$

där s är bågkoordinaten, v är farten och $a_t = \dot{v}$ är accelerationens komponent i tangentriktningen.

Bevis. Eftersom $v = \mathrm{d}s/\mathrm{d}t$ ger ekv. (A.30) att

$$ds = vdt. \tag{7.26}$$

Enligt ekv. (A.29) har vi

$$dv = \dot{v}dt \quad \Leftrightarrow \quad \{\text{ekv. (7.24)}\} \quad \Leftrightarrow$$
$$dv = a_t dt \quad \Leftrightarrow$$
$$vdv = a_t vdt \quad \Leftrightarrow \quad \{\text{ekv. (7.26)}\} \quad \Leftrightarrow$$
$$vdv = a_t ds. \qquad \square$$

7.3 Kinematiska tvång

Då två partiklar är förbundna med t.ex. ett sträckt snöre eller en länkarm, kommer deras rörelser att vara kopplade med ett *kinematiskt tvång*. Vi studerar två exempel för att undersöka hur kopplad rörelse kan beskrivas.

Partiklar förbundna med ett snöre

Betrakta två partiklar, $\mathcal{P}$ och $\mathcal{Q}$, som är förbundna med ett snöre. Snöret löper genom två trissor, som är upphängda enligt fig. 7.11. Båda trissornas radier är R. Med hjälp av definitionerna av sträckor och lägen i fig. 7.11 kan vi teckna ett uttryck för snörets totala längd:

$$\begin{aligned}\ell &= x_{\mathcal{P}} + \pi R + (x_{\mathcal{P}} - d) + \pi R + x_{\mathcal{Q}} \\ &= 2x_{\mathcal{P}} + x_{\mathcal{Q}} + 2\pi R - d. \end{aligned} \tag{7.27}$$

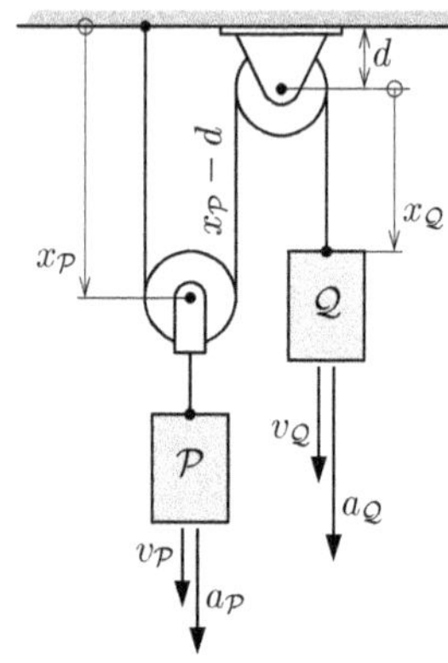

Figur 7.11: Två partiklar, $\mathcal{P}$ och $\mathcal{Q}$, sammankopplade med ett snöre, som löper genom trissor med radien R.

Derivering av denna ekvation m.a.p. tiden ger ett samband mellan partiklarnas hastighet i deras respektive koordinatriktning:

$$0 = 2\dot{x}_{\mathcal{P}} + \dot{x}_{\mathcal{Q}} \quad \Leftrightarrow \quad 2v_{\mathcal{P}} + v_{\mathcal{Q}} = 0,$$

där vi utnyttjade att snörets längd är konstant. Ytterligare en derivering m.a.p. t ger ett samband mellan partiklarnas accelerationer

$$0 = 2\ddot{x}_{\mathcal{P}} + \ddot{x}_{\mathcal{Q}} \quad \Leftrightarrow \quad 2a_{\mathcal{P}} + a_{\mathcal{Q}} = 0.$$

Typiskt för dynamiska problem är att man behöver just sambandet mellan olika partiklars acceleration, eftersom accelerationen ingår i kraftlagen (stycke 1.2).

Generellt är det fruktbart att teckna ett snöres längd i de sammanbundna partiklarnas koordinater och sedan derivera m.a.p. t. Om problemet innehåller flera snören erhåller man på detta sätt ett kinematiskt samband för varje snöre.

Partiklar förbundna med en länkarm

När två partiklar är förbundna via en vridbar länkarm, inför man en vinkelkoordinat θ, som betecknar länkarmens vridning relativt en fix axel. Om vinkeln förblir liten, kommer rörelsen vid länkarmens ändar att vara approximativt rätlinjig.

Som exempel betraktar vi två partiklar, $\mathcal{P}$ och $\mathcal{Q}$, som är upphängda i var sin ände av en rät stång (fig. 7.12). Partiklarnas lägen kan skrivas som funktioner av vinkeln θ:

$$\begin{cases} x_{\mathcal{P}} = b + d_{\mathcal{P}} \sin\theta \\ x_{\mathcal{Q}} = b - d_{\mathcal{Q}} \sin\theta \end{cases} \quad \Leftrightarrow \quad x_{\mathcal{P}} = b + \frac{d_{\mathcal{P}}}{d_{\mathcal{Q}}}(b - x_{\mathcal{Q}}),$$

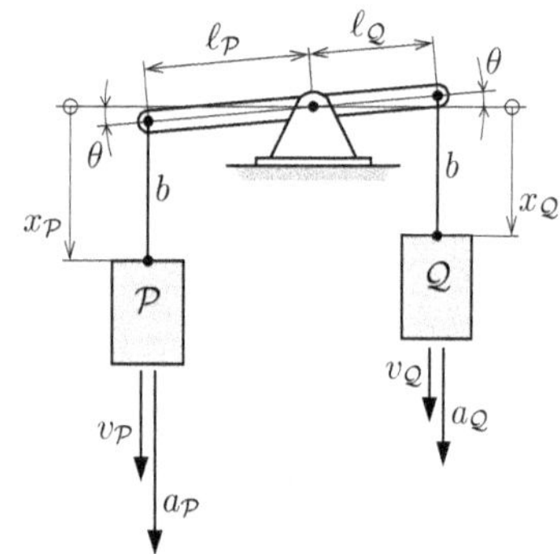

Figur 7.12: Två partiklar, $\mathcal{P}$ och $\mathcal{Q}$, är upphängda i snören, vardera med längden b, och sammankopplade med en länkarm.

där $\sin\theta$ eliminerades ur ekvationssystemet. Derivering m.a.p. t ger

$$\dot{x}_{\mathcal{P}} = -\frac{d_{\mathcal{P}}}{d_{\mathcal{Q}}}\dot{x}_{\mathcal{Q}} \quad \Leftrightarrow \quad v_{\mathcal{P}} = -\frac{d_{\mathcal{P}}}{d_{\mathcal{Q}}}v_{\mathcal{Q}}.$$

Ytterligare en derivering m.a.p. t ger ett samband mellan partiklarnas accelerationer

$$\ddot{x}_{\mathcal{P}} = -\frac{d_{\mathcal{P}}}{d_{\mathcal{Q}}}\ddot{x}_{\mathcal{Q}} \quad \Leftrightarrow \quad a_{\mathcal{P}} = -\frac{d_{\mathcal{P}}}{d_{\mathcal{Q}}}a_{\mathcal{Q}}.$$

8 Kinetik för partiklar

8.1 Newtons rörelselagar

Vi upprepar Newtons rörelselagar för partiklar från stycke 1.2, vilka utgör grunden för partikelkinetik:[17]

Postulat 8.1 (Tröghetslagen). En partikel förblir i vila, eller rör sig rätlinjig med konstant hastighet, så länge inga yttre krafter verkar på partikeln.[18]

Postulat 8.2 (Kraftlagen för partiklar). För en partikel med konstant massa m gäller

$$\Sigma\bar{F} = m\bar{a}, \tag{8.1}$$

där $\Sigma\bar{F}$ är kraftsumman på partikeln och $\bar{a}$ är partikelns acceleration.

Postulat 8.3 (Reaktionslagen). När en partikel $\mathcal{Q}$ utövar en kraft $\bar{F}$ på en annan partikel $\mathcal{P}$, utövar $\mathcal{P}$ samtidigt en kraft $-\bar{F}$ på $\mathcal{Q}$. Kraften och reaktionskraften mellan två partiklar är alltså lika stora och motriktade.

Postulaten ovan benämns även Newtons första, andra respektive tredje lag. Experiment visar att Newtons rörelselagar gäller för makroskopiska system, alltså system mycket större än den atomära längdskalan, och farter mycket mindre än ljusets fart.

Newtons första lag

Enligt Newtons första lag, postulat 8.1, krävs ingen kraft för att upprätthålla en rörelse. En partikel rör sig med konstant hastighet i en rät linje, så kallad *likformig rörelse*, om den inte växelverkar med några andra föremål i sin omgivning; det krävs någon form av påverkan från omgivningen för att förändra rörelsen. Partikelns motstånd mot att ändra sin hastighet kallas *tröghet*.

[17] I. S. Newton. *Naturvetenskapens matematiska principer, första boken.* Svensk översättning C. V. L. Charlier, Liber Läromedel, Malmö, 1986a. ISBN 91-40-60433-0

[18] Med formuleringen "inga yttre krafter" menas att partikeln är helt fri från växelverkan.

För att kunna beskriva rörelsen hos en partikel är det nödvändigt att införa ett geometriskt referenssystem vars läge, orientering och skala är definierade relativt fysiska föremål. Sådana system kallas *referensramar*. Genom att införa ett koordinatsystem i referensramen ger vi fysikalisk mening åt begreppen läge, hastighet och acceleration genom deras definitioner.

Newtons rörelselagar gäller bara i en viss typ av referensramar, som kallas *inertialramar*. Motsvarande kordinatssytem kallas *inertialsystem*. Newtons första lag, tröghetslagen, gör det möjligt att bestämma om ett givet koordinatsystem är ett inertialsystem. Man väljer då ut ett antal föremål som växelverkar mycket svagt med sin omgivning, t.ex. stjärnor långt från andra astronomiska objekt. Om varje sådant föremål har konstant hastighet i det givna koordinatsystemet (fig. 8.1a), vet man att koordinatsystemet med stor noggrannhet är ett inertialsystem. Om däremot hastigheten för dessa föremål varierar för ett koordinatsystem (fig. 8.1b), vet man att detta inte är ett inertialsystem.

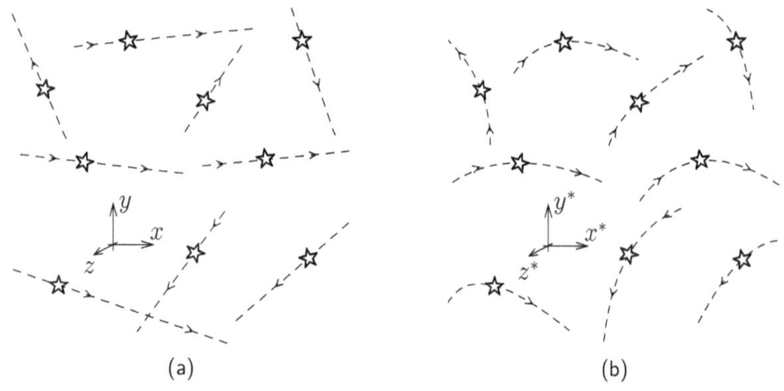

Figur 8.1: (a) Inertialsystemet xyz är sådana att kroppar med försumbar växelverkan beskriver likformig rörelse. (b) Koordinatsystemet $x^*y^*z^*$ är ej ett inertialsystem. Föremål som påverkas av mycket liten kraft förefaller vara accelererade.

Ett koordinatsystem som är fixt relativt jordens yta är inte något inertialsystem. Detta framgår tydligt då man fotograferar en stjärnklar himmel med lång exponeringstid (fig. 8.2); stjärnorna rör sig inte likformigt i den jordbundna referensramen. I många tillämpningar—dock inte alla—uppnås ändå tillfredställande noggrannhet om Newtons lagar tillämpas för ett jordbundet koordinatsystem.

Figur 8.2: Illustration av stjärnhimlen fotograferad med lång exponeringstid. Ett jordbundet system är inte något inertialsystem.

Newtons andra lag

I Newtons andra lag, kraftlagen för partiklar 8.2, är det underförstått att en referensram valts så att tröghetslagen gäller. Då är accelerationen $\bar{a}$, som ingår i kraftlagen, väldefinierad (def. 7.3).

I mer fysikaliskt inriktade framställningar utreds hur begreppet massa kan definieras ur Newtons lagar.[19] Här antar vi emellertid att massa och kraft är på förhand väldefinierade storheter. Deras relation till en

[19] J. B. Griffiths. *The theory of classical mechanics*. Cambridge University Press, 1985. ISBN 0-521-23760-2

partikels rörelse ges av kraftlagen:

$$\Sigma \bar{F} = m\bar{a}.$$

Notera att vänsterledet innehåller den vektoriella summan av alla på partikeln verkande krafter. Endast krafter som härrör från växelverkan, t.ex. gravitationskraft och kontaktkrafter, ingår i denna summa.[20] Massan m beskriver partikelns motstånd mot att ändra sin hastighet, d.v.s. partikelns tröghet.

[20] *Fiktiva krafter*, t.ex. centrifugalkraft, lyder inte de lagar som normalt gäller för krafter, t.ex. reaktionslagen.

Newtons tredje lag

Newtons tredje lag, reaktionslagen för partiklar 8.3, beskriver växelverkans natur. Eftersom krafter uppstår genom växelverkan mellan kroppar, uppträder krafter i par: kraften och reaktionskraften på respektive växelverkande partikel är lika stora och motriktade (fig. 8.3). Den tredje lagen omtalar dock inte huruvida kraften och reaktionskraften ger upphov till något kraftparsmoment. Vi formulerar därför ett tillägg till reaktionlagen, som säkerställer att växelverkan inte skapar något kraftparsmoment:

Postulat 8.4 (Tillägg till reaktionslagen)**.** Kraften och reaktionskraften verkar längs en gemensam verkningslinje vid växelverkan mellan partiklar (fig. 8.3).

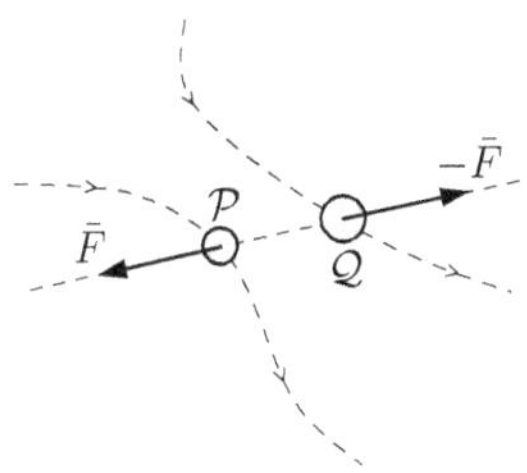

Figur 8.3: Newtons tredje lag, reaktionslagen, under det extra antagandet att kraften och reaktionskraften har en gemensam verkningslinje.

Reaktionslagen är mycket generell. Den gäller i både statiska och dynamiska situationer och den gäller för alla typer av kroppar, även deformerbara. Det finns dock tillfällen då den inte gäller, t.ex. när partiklar växelverkar genom elektromagnetiska krafter och kropparna accelereras eller befinner sig på mycket stort avstånd från varandra.[21]

[21] K. R. Symon. *Mechanics*. Addison-Wesley Publishing Company, Inc., 2nd edition, 1960

8.2 Rörelseekvationer och problemlösning

I kinetikproblem bestäms en partikels rörelse av de krafter som påverkar partikeln och *vice versa*.

Rätlinjig rörelse

Vid rätlinjig rörelse är det på förhand givet att en partikel rör sig längs en rät linje i ett inertialsystem. Vi väljer ett rektangulärt koordinatsystem sådant att x-riktningen sammanfaller med rörelseriktningen. Eftersom ingen rörelse sker i y- eller z-riktningen gäller $a_y = a_z = 0$. Kraftlagen på komponentform blir därmed

$$\Sigma F_x = ma_x = m\ddot{x}, \tag{8.2a}$$
$$\Sigma F_y = 0, \tag{8.2b}$$
$$\Sigma F_z = 0, \tag{8.2c}$$

där vi använde sats 7.5. Accelerationen i en given rörelseriktning bestäms alltså av kraftsumman i denna riktning.

Kroklinjig plan rörelse

Då en partikels rörelse sker i ett plan finns tre alternativa koordinatsystem, som kan användas för att beskriva rörelse.

För rektangulära koordinater med partikelrörelser begränsade till xy-planet gäller enligt sats 7.5 att $a_x = \ddot{x}$, $a_y = \ddot{y}$ och $a_z = 0$. Kraftlagen på komponentform blir

$$\Sigma F_x = ma_x = m\ddot{x}, \tag{8.3a}$$
$$\Sigma F_y = ma_y = m\ddot{y}, \tag{8.3b}$$
$$\Sigma F_z = ma_z = 0. \tag{8.3c}$$

För polära koordinater (r, θ) gäller enligt sats 7.10 att $a_r = \ddot{r} - r\dot{\theta}^2$ och $a_\theta = r\ddot{\theta} + 2\dot{r}\dot{\theta}$. Kraftlagen för partiklar på komponentform blir

$$\Sigma F_r = ma_r = m(\ddot{r} - r\dot{\theta}^2), \tag{8.4a}$$
$$\Sigma F_\theta = ma_\theta = m(r\ddot{\theta} + 2\dot{r}\dot{\theta}). \tag{8.4b}$$

Dessa ekvationer förenklas avsevärt vid cirkulär rörelse, då $\dot{r} = 0$ och $\ddot{r} = 0$ om origo placeras i cirkelbanans centrum.

För bågkoordinater och plan rörelse gäller enligt sats 7.13 att $a_t = \dot{v}$ och $a_n = v^2/\rho$, där ρ är banans krökningsradie. Kraftlagen för partiklar på komponentform blir

$$\Sigma F_n = ma_n = m\frac{v^2}{\rho}, \tag{8.5a}$$
$$\Sigma F_t = ma_t = m\dot{v}. \tag{8.5b}$$

Observera vikten av att införa korrekta koordinatriktningar. Normalriktningen är orienterad mot krökningscentrum.

Plan rörelse med tredimensionellt kraftsystem

Vi kan också lösa problem med plan rörelse, fast med ett generellt, tredimensionellt kraftsystem. För att belysa denna problemklass analyserar vi ett exempel.

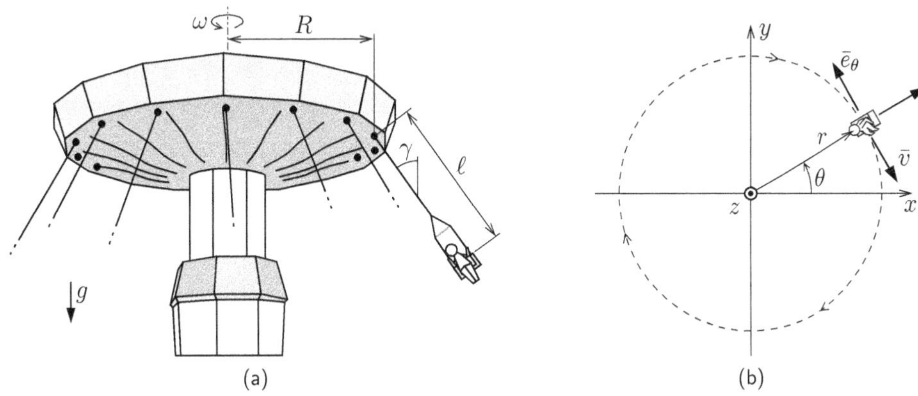

Figur 8.4: (a) En "kättingflygare" roterar med en konstanta vinkelhastighet ω. (b) En stol med passagerare betraktas som *en* partikel, vilken beskriver cirkulär rörelse i horisontalplanet.

Betrakta "kättingflygaren" i fig. 8.4a. En horisontell cirkulär skiva med radien R roterar kring en vertikal axel med den konstanta vinkelhastigheten ω. Vid skivans ytterkant är masslösa kättingar med längden ℓ är fästa. I andra änden av varje kätting finns en stol med en passagerare med massan m. Under färd bildar kättingarna vinkeln $\gamma \in [0, \frac{\pi}{2}[$ med en lodlinje. Bestäm vinkelhastigheten ω och dragkraften T i kättingarna för en given vinkel γ.

Val av koordinatsystem: Vi betraktar stolen med passageraren som en partikel. Partikeln beskriver en cirkelrörelse i ett horisontalplan. Rörelsen visas uppifrån i fig. 8.4b. Vi inför ett polärt koordinatsystem, som ligger i rörelsens plan, så att

$$r = R + \ell \sin\gamma, \quad \dot{r} = 0, \quad \ddot{r} = 0, \quad \dot{\theta} = -\omega, \quad \ddot{\theta} = 0.$$

Friläggning: Vi inför en tredje koordinat z, som är vinkelrät mot rörelsens plan. Vi ritar sedan ett friläggningsdiagram för partikeln (stolen med passagerare) i rz-planet.

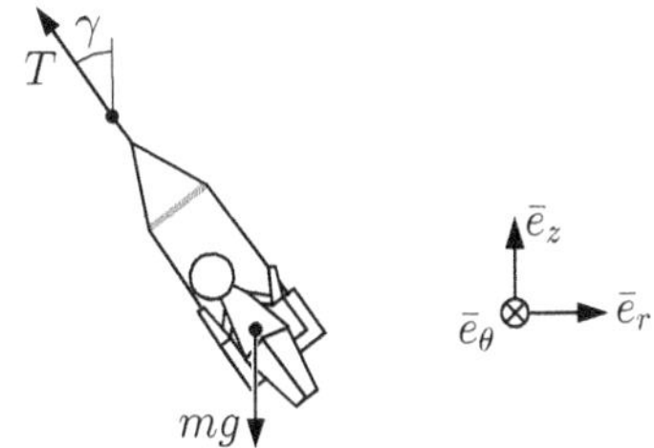

Kinematiska samband: Enligt sats 7.10, samt att ingen rörelse sker i z-riktningen, gäller

$$\begin{aligned} a_r &= \ddot{r} - r\dot{\theta}^2 = -(R + \ell \sin\gamma)\omega^2, \\ a_\theta &= r\ddot{\theta} + 2\dot{r}\dot{\theta} = 0, \\ a_z &= 0. \end{aligned}$$

Kraftlagen: Vi tecknar kraftlagen, $\Sigma\bar{F} = m\bar{a}$, för partikeln på komponentform:

$$\overset{r}{\rightarrow}: \qquad -T\sin\gamma = ma_r = -m(R + \ell\sin\gamma)\omega^2, \tag{8.7a}$$

$$\uparrow^z: \qquad T\cos\gamma - mg = ma_z = 0. \tag{8.7b}$$

Beräkningar: Ekvationerna (8.7a) och (8.7b) bildar ett ekvationssystem med två obekanta, ω och T, vilka löses till

$$\begin{aligned} T &= \frac{mg}{\cos\gamma}, \\ \omega &= \pm\sqrt{\frac{g\tan\gamma}{R + \ell\sin\gamma}}. \end{aligned}$$

Det obestämda tecknet framför ω ska tolkas som att båda rotationsriktningarna leder till samma konstanta vinkel γ. □

Strukturen i lösningsgången ovan kan anpassas och användas för en stor klass kinetikproblem.

9 Energimetoden för partiklar

I de fall krafterna på en partikel beror av dess läge (fig. 9.1) kan analysen ofta förenklas m.h.a. *energimetoder*. Man utnyttjar då att arbete kan omvandlas till rörelseenergi hos en partikel och *vice versa*. Här väljer vi att definiera arbete utifrån begreppet *effekt*. Det är hela tiden underförstått att ett inertialsystem valts för att beskriva rörelsen.

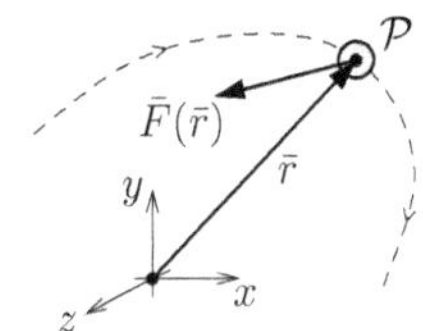

Figur 9.1: Då kraften på en partikel $\mathcal{P}$ beror av dess läge är energimetoder ofta användbara.

9.1 Effekt

Definition 9.1 (Effekt av en kraft). *Effekten* som utvecklas av en kraft $\bar{F}$ definieras

$$P \equiv \bar{F} \cdot \bar{v}, \tag{9.1}$$

där $\bar{v}$ är hastigheten för kraftens angreppspunkt.

Det är uppenbart att en kraft med fix angreppspunkt, $\bar{v} = \bar{0}$, inte utvecklar någon effekt. Effekten mäts i SI-enheten watt (W). Det gäller att

$$1\,\mathrm{W} = 1\,\frac{\mathrm{N{\cdot}m}}{\mathrm{s}} = 1\,\frac{\mathrm{kg{\cdot}m^2}}{\mathrm{s^3}}.$$

9.2 Arbete

Arbete och energi mäts i enheten joule (J), newtonmeter (N·m) eller wattsekund (W·s), där

$$1\,\mathrm{J} = 1\,\mathrm{N{\cdot}m} = 1\,\mathrm{W{\cdot}s} = 1\,\frac{\mathrm{N{\cdot}m}}{\mathrm{s^2}}.$$

Definition 9.2 (Arbete av en kraft). *Arbetet* av en kraft $\bar{F}$ mellan tidpunkterna t_1 och t_2 är

$$U_{1-2} \equiv \int_{t_1}^{t_2} P\mathrm{d}t = \int_{t_1}^{t_2} \bar{F} \cdot \bar{v}\mathrm{d}t, \tag{9.2}$$

där P är kraftens effekt, och $\bar{v}$ är hastigheten för kraftens angreppspunkt.

Vid problemlösning utnyttjar man att integralen över tiden i ekv. (9.2) kan skrivas om till en integral längs angreppspunktens bana.

Sats 9.3 (Arbete mellan lägen). Låt $\bar{r} = \bar{r}(s)$ vara en partikels bana, där $s = s(t)$ är bågkoordinaten.[22] Arbetet av en kraft $\bar{F}(s)$, som verkar på partikeln mellan lägen 1 och 2, är

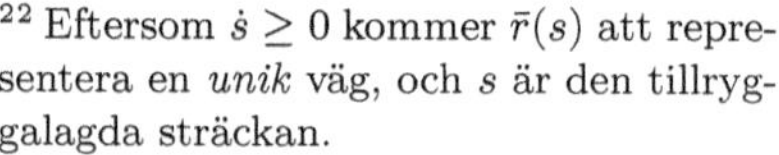

[22] Eftersom $\dot{s} \geq 0$ kommer $\bar{r}(s)$ att representera en *unik* väg, och s är den tillryggalagda sträckan.

$$U_{1-2} = \int_{s_1}^{s_2} \bar{F} \cdot \bar{e}_t \mathrm{d}s, \tag{9.3}$$

där $\bar{e}_t$ är banans tangentriktning, och s_1 och s_2 är bågkoordinaterna för lägena 1 respektive 2 (fig. 9.2).

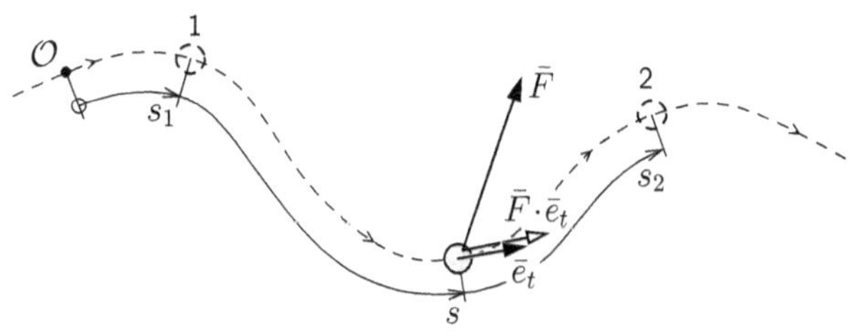

Figur 9.2: Partikelbana mellan tidpunkterna t_1 och t_2, som motsvarar båglängderna $s_1 = s(t_1)$ och $s_2 = s(t_2)$.

Bevis. Låt t_1 and t_2 vara tiderna som motsvarar lägena 1 respektive 2. Enligt def. (9.2) har vi

$$\begin{aligned} U_{1-2} &= \int_{t_1}^{t_2} \bar{F} \cdot \bar{v} \mathrm{d}t = \{\text{ekv. } (7.23)\} \\ &= \int_{t_1}^{t_2} \bar{F}[s(t)] \cdot \dot{s}\bar{e}_t \mathrm{d}t = \left\{ \begin{array}{c} \text{subst. enligt (A.39)} \\ s = s(t),\ ds = \frac{\mathrm{d}s}{\mathrm{d}t} dt \end{array} \right\} \\ &= \int_{s(t_1)}^{s(t_2)} \bar{F} \cdot \bar{e}_t \mathrm{d}s. \end{aligned}$$

□

En trivial men viktigt följd av sats 9.3 är att inget arbete uträttas av en kraft som angriper i en rumsfix[23] punkt sådan att $s_1 = s_2$.

[23] rumsfix – med konstant geometri i det givna inertialsystemet.

Definition 9.4 (Arbete på en partikel). Arbetet på en partikel mellan tidpunkterna t_1 och t_2 är

$$\Sigma U_{1-2} = \int_{t_1}^{t_2} \Sigma \bar{F} \cdot \bar{v} \mathrm{d}t, \tag{9.4}$$

där $\bar{v}$ är partikelns hastighet, och $\Sigma \bar{F}$ är kraftsumman som verkar på partikeln.

Detta totala arbete på en partikel mellan två tidpunkter, t_1 och t_2, ges därmed av

$$\Sigma U_{1-2} = \int_{t_1}^{t_2} \Sigma \bar{F} \cdot \bar{v}\mathrm{d}t = \int_{t_1}^{t_2} \left(\sum_{i=1}^{n} \bar{F}_i \cdot \bar{v} \right) \mathrm{d}t = \sum_{i=1}^{n} \int_{t_1}^{t_2} \bar{F}_i \cdot \bar{v}\mathrm{d}t, \quad (9.5)$$

som är summan av varje krafts arbete.

Tvångskrafter, t.ex. normalkraften $\bar{N}$, uppstår endast i de rörelseriktningar som är förhindrade. Partikelrörelsen relativt ett rumsfixt hinder är därför alltid vinkelrät mot tvångskraften, $\bar{v} \perp \bar{N}$, så att tvångskrafter från ett sådant hinder inte ger någon effekt och därför inte utför något arbete (fig. 9.3).

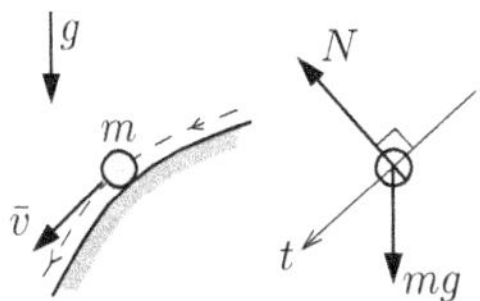

Figur 9.3: Partikelns rörelseriktning relativt ett rumsfixt hinder är vinkelrät mot normalkraften N.

9.3 Rörelseenergi

Definition 9.5 (Rörelseenergi). För en partikel med massan m och hastigheten $\bar{v}$ definieras *rörelseenergin*[24] som

$$K \equiv \frac{1}{2}m(\bar{v} \cdot \bar{v}) = \frac{1}{2}mv^2. \quad (9.6)$$

[24] Benämns även *kinetisk energi*.

Krafter som verkar på en partikel kommer att ändra partikelns hastighet, och kan därför ändra dess rörelseenergi. Hur krafters arbete omvandlas till rörelseenergi beskrivs av *mekaniska energisatsen*.

Sats 9.6 (Mekaniska energisatsen). För en partikel med massan m, som påverkas av en kraftsumma $\Sigma \bar{F}$ mellan lägena 1 och 2, gäller (fig. 9.4)

$$\Sigma U_{1-2} = K_2 - K_1, \quad (9.7)$$

där ΣU_{1-2} är kraftsummans arbete på partikeln, K_1 är rörelseenergin vid 1, och K_2 är rörelseenergin vid 2.

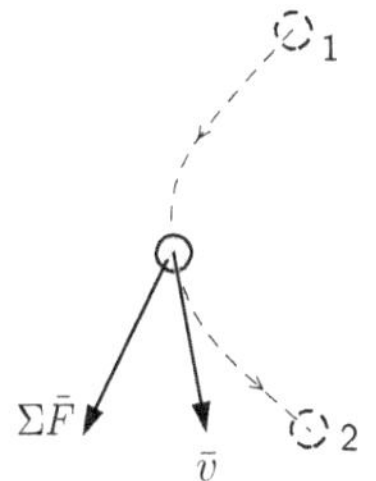

Figur 9.4: Geometri för mekaniska energisatsen: partikelbana mellan lägena 1 och 2.

Bevis. Tidsderivering av rörelseenergin, ekv. (9.6), ger

$$\begin{aligned} \frac{\mathrm{d}K}{\mathrm{d}t} &= \frac{\mathrm{d}}{\mathrm{d}t}\left(\frac{1}{2}m\bar{v} \cdot \bar{v}\right) = \{\text{produktregeln (A.25b)}\} \\ &= \frac{1}{2}m\bar{a} \cdot \bar{v} + \frac{1}{2}m\bar{v} \cdot \bar{a} \\ &= m\bar{a} \cdot \bar{v} = \{\text{kraftlagen (8.1)}\} \\ &= \Sigma \bar{F} \cdot \bar{v}. \end{aligned} \quad (9.8)$$

Enligt ekv. (A.30) kan detta samband uttryckas som

$$\begin{aligned} \Sigma \bar{F} \cdot \bar{v}dt = dK \quad &\Leftrightarrow \quad \{\text{sats A.3}\} \quad \Leftrightarrow \\ \int_{t_1}^{t_2} \Sigma \bar{F} \cdot \bar{v}\mathrm{d}t = \int_{K_1}^{K_2} \mathrm{d}K \quad &\Leftrightarrow \quad \{\text{def. 9.4}\} \quad \Leftrightarrow \\ \Sigma U_{1-2} = K_2 - K_1, \end{aligned}$$

där t_1 och t_2 är de tider som motsvarar lägena 1 och 2. □

9.4 Konservativa krafter

Konservativa krafter är sådana att de bevarar den totala *mekaniska energin* när de utför ett arbete. Med mekanisk energi menas summan av rörelseenergi, lägesenergi och elastisk energi.

Konservativa krafters arbete ger inte upphov till andra energiformer, t.ex. värme eller elektromagnetisk strålning (ljus). Friktion alstrar värme, och är alltså inte någon konservativ kraft. Däremot är tyngdkraften konservativ.

Definition 9.7 (Lägesenergi i tyngdkraftsfält). *Lägesenergin* för en partikel med massan m i ett konstant tyngdkraftsfält $\bar{g} = -g\bar{e}_y$ är

$$V_{\mathrm{g}}(y) \equiv mgy, \tag{9.9}$$

där y är partikelns *höjdkoordinat* relativt ett inertialsystem.

För ett markbundet koordinatsystem vid jordytan ökar alltså lägesenergin linjärt med höjden över marken.

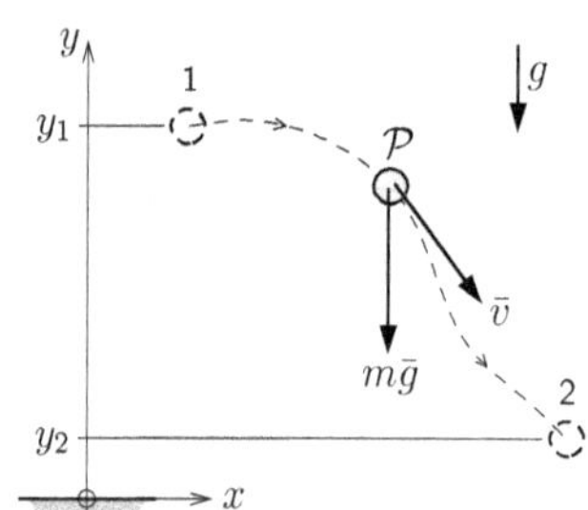

Figur 9.5: Geometri för tyngdkraftens arbete på en partikel $\mathcal{P}$.

Sats 9.8 (Tyngdkraftens arbete). För en partikel $\mathcal{P}$ med massan m, som rör sig från läge 1 till läge 2 i ett tyngdkraftsfält $\bar{g} = -g\bar{e}_y$, utför tyngdkraften $m\bar{g}$ arbetet (fig. 9.5)

$$U_{1-2} = -\left[V_{\mathrm{g}}(y_2) - V_{\mathrm{g}}(y_1)\right], \tag{9.10}$$

där y_1 och y_2 är partikels höjdkoordinat vid 1 respektive 2, och $V_{\mathrm{g}}(y)$ är partikelns lägesenergi.

Bevis. Låt t_1 och t_2 vara tider som motsvarar lägena 1 och 2. Då ger definition 9.2 att

$$\begin{aligned}
U_{1-2} &= \int_{t_1}^{t_2} \bar{F}_{\mathrm{g}} \cdot \bar{v}\mathrm{d}t = \{\text{ekv. } (7.8)\} \\
&= \int_{t_1}^{t_2} -mg\bar{e}_y \cdot (\dot{x}\bar{e}_x + \dot{y}\bar{e}_y + \dot{z}\bar{e}_z)\mathrm{d}t \\
&= -mg\int_{t_1}^{t_2} \frac{\mathrm{d}y}{\mathrm{d}t}\mathrm{d}t = \left\{ \begin{array}{c} \text{subst. enligt (A.39)} \\ y = y(t),\ dy = \frac{\mathrm{d}y}{\mathrm{d}t}dt \end{array} \right\} \\
&= -mg\int_{y_1}^{y_2} \mathrm{d}y \\
&= -mg(y_2 - y_1) = \{\text{def. } 9.7\} \\
&= -\left[V_{\mathrm{g}}(y_2) - V_{\mathrm{g}}(y_1)\right].
\end{aligned}$$

□

Fjädrar, till exempel spiralfjädrar (fig. 9.6), kan användas för att lagra mekanisk energi. Den kraft som en fjäder utvecklar är konservativ.

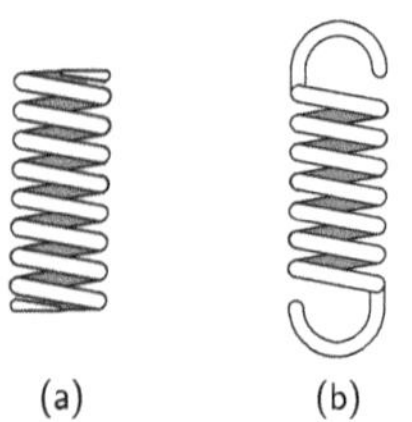

Figur 9.6: Linjära spiralfjädrar: (a) tryckfjäder och (b) dragfjäder.

Definition 9.9 (Elastisk energi för linjär fjäder). Den *elastiska energin* för en linjär fjäder, med fjäderkonstanten k och den naturliga längden ℓ_0 (fig. 1.5), är

$$V_e(\ell) \equiv \frac{1}{2}k(\ell - \ell_0)^2, \tag{9.11}$$

där ℓ betecknar fjäderns deformerade längd.

Om man låter $\delta = \ell - \ell_0$ beteckna fjäderns förlängning kan den elastiska energin skrivas

$$V_e = \frac{1}{2}k\delta^2. \tag{9.12}$$

Sats 9.10 (Fjäderkraftens arbete). För en partikel $\mathcal{P}$, som är kopplad till en rumsfix punkt $\mathcal{O}$ via en linjär fjäder (fig. 9.7), är fjäderkraftens arbete på partikeln mellan lägena 1 och 2

$$U_{1-2} = -\left[V_e(\ell_2) - V_e(\ell_1)\right], \tag{9.13}$$

där ℓ_1 och ℓ_2 är fjäderns längd vid lägena 1 respektive 2, och $V_e(\ell)$ är fjäderns elastiska energi.

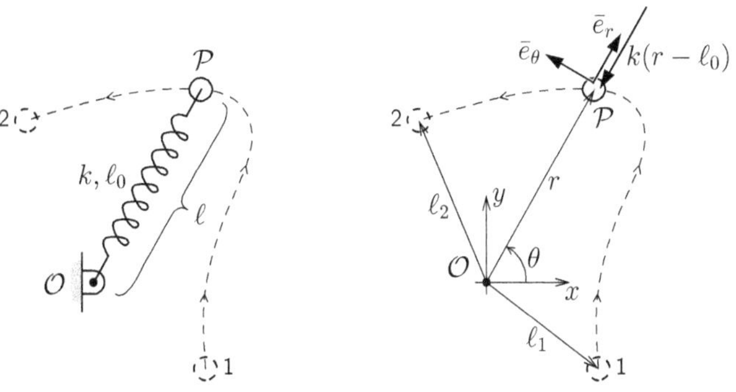

Figur 9.7: Geometri för en fjäderkrafts arbete på en partikel $\mathcal{P}$.

Bevis. Inför att polärt koordinatsystem med origo $\mathcal{O}$. Fjäderkraften skrivs då $\bar{F}_{\text{fj}} = -k(r - \ell_0)\bar{e}_r$ där k är fjäderkonstanten, och ℓ_0 är fjäderns naturliga längd. Låt t_1 och t_2 vara de tider som motsvarar lägena 1 och 2. Enligt def. 9.2 gäller

$$\begin{aligned} U_{1-2} &= \int_{t_1}^{t_2} \bar{F}_{\text{fj}} \cdot \bar{v}\mathrm{d}t = \left\{\text{ekv. (7.17)}\right\} \\ &= \int_{t_1}^{t_2} -k(r - \ell_0)\bar{e}_r \cdot (\dot{r}\bar{e}_r + r\dot{\theta}\bar{e}_\theta)\mathrm{d}t \\ &= -\int_{t_1}^{t_2} k[r(t) - \ell_0]\frac{\mathrm{d}r}{\mathrm{d}t}\mathrm{d}t = \left\{ \begin{array}{c} \text{subst. (A.39)} \\ u = r(t) - \ell_0,\, du = \frac{\mathrm{d}r}{\mathrm{d}t}dt \end{array} \right\} \end{aligned}$$

$$
\begin{aligned}
&= -\int_{r(t_1)-\ell_0}^{r(t_2)-\ell_0} ku\mathrm{d}u = \{r(t_1) = \ell_1,\, r(t_2) = \ell_2\} \\
&= -\left[\frac{1}{2}ku^2\right]_{\ell_1-\ell_0}^{\ell_2-\ell_0} \\
&= -\left[\frac{1}{2}k(\ell_2-\ell_0)^2 - \frac{1}{2}k(\ell_1-\ell_0)^2\right] = \{\text{def. } 9.9\} \\
&= -\left[V_e(\ell_2) - V_e(\ell_1)\right]. \qquad \square
\end{aligned}
$$

9.5 *Mekaniska energisatsen med potentialer*

Tyngdkraftens och fjäderkrafternas arbete kan beräknas m.h.a. deras respektive potentialer V_g och V_e. Övriga krafters arbete måste beräknas direkt utifrån ekv. (9.3). Mekaniska energisatsen skrivs om enligt följande:

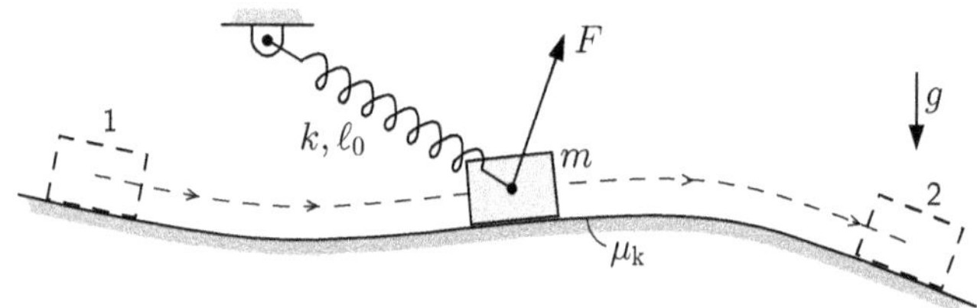

Figur 9.8: En partikel rör sig under påverkan av gravitation, fjäderkrafter samt övriga krafter $\Sigma\bar{F}'$. Dessa övriga krafter inbegriper t.ex. friktionskraften och den externa kraften $\bar{F}$.

Betrakta en partikel $\mathcal{P}$ med hastigheten $\bar{v}$, som påverkas av tyngdkraften $\bar{F}_g$, fjäderkraften $\bar{F}_{fj}$ och övrig kraftpåverkan $\Sigma\bar{F}'$ mellan lägena 1 och 2 (fig. 9.8). Enligt sats 9.6 gäller

$$
\begin{aligned}
\int_{t_1}^{t_2} (\bar{F}_g + \bar{F}_{fj} + \Sigma\bar{F}')\cdot\bar{v}\mathrm{d}t = K_2 - K_1 \quad &\Leftrightarrow \\
\int_{t_1}^{t_2} \bar{F}_g\cdot\bar{v}\mathrm{d}t + \int_{t_1}^{t_2} \bar{F}_{fj}\cdot\bar{v}\mathrm{d}t + \int_{t_1}^{t_2} \Sigma\bar{F}'\cdot\bar{v}\mathrm{d}t = K_2 - K_1 \quad &\Leftrightarrow \\
-(V_{g2} - V_{g1}) - (V_{e2} - V_{e1}) + \int_{t_1}^{t_2} \Sigma\bar{F}'\cdot\bar{v}\mathrm{d}t = K_2 - K_1, \quad & \qquad (9.14)
\end{aligned}
$$

där vi använde satserna 9.8 och 9.10. Genom att låta

$$\Sigma U'_{1-2} = \int_{t_1}^{t_2} \Sigma\bar{F}'\cdot\bar{v}\mathrm{d}t$$

beteckna arbetet utfört av alla krafter *utom* tyngdkraft och fjäderkraft kan ekv. (9.14) skrivas om enligt

$$\Sigma U'_{1-2} = (V_{g2} - V_{g1}) + (V_{e2} - V_{e1}) + (K_2 - K_1). \qquad (9.15)$$

Vid problemlösning bestämmer man vänster led i ekv. (9.15) genom ekv. (9.3), medan högerled bestäms med definitionerna för lägesenergi, elastisk energi och rörelseenergi.

10

Rörelsemängd och rörelsemängdsmoment för partiklar

I situationer då det inte enkelt går att uttrycka kraften på en partikel som funktion av dess läge blir det svårt att tillämpa energimetoder. Som alternativ kan metoder baserade på storheterna *rörelsemängd* och *rörelsemängdsmoment* användas.

10.1 Rörelsemängd och impuls

Definition 10.1 (Rörelsemängd). *Rörelsemängden* hos en partikel med massan m och hastigheten $\bar{v}$ är (fig. 10.1)

$$\bar{G} \equiv m\bar{v}. \tag{10.1}$$

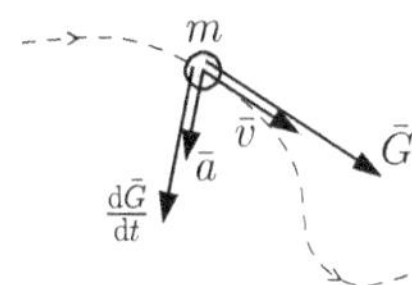

Figur 10.1: Riktningarna hos rörelsemängden och dess tidsderivata sammanfaller med hastigheten respektive accelerationen för en partikeln.

SI-enheten för rörelsemängd har inget eget namn utan uttrycks i härledda enheter: $1\,\text{N·s} = 1\,\text{kg·m/s}$. För en konstant massa m gäller $\mathrm{d}\bar{G}/\mathrm{d}t = m\bar{a}$, så att kraftlagen för partiklar kan skrivas

$$\Sigma\bar{F} = \frac{\mathrm{d}\bar{G}}{\mathrm{d}t}. \tag{10.2}$$

Hädanefter antar vi alltid att $\dot{m} = 0$. Om en kraftsumma verkar på en partikel över tid kommer partikeln att ändra sin rörelsemängd enligt den så kallade impulslagen:

Sats 10.2 (Impulslagen). Om en partikel påverkas av en kraftsumma $\Sigma\bar{F}$ mellan tidpunkterna t_1 och t_2 gäller

$$\int_{t_1}^{t_2} \Sigma\bar{F}\mathrm{d}t = \bar{G}(t_2) - \bar{G}(t_1), \tag{10.3}$$

där $\bar{G}$ är partikelns rörelsemängd.

Bevis. Vi utgår från kraftlagen, ekv. (10.2), och får

$$\begin{aligned}\Sigma\bar{F} = \frac{\mathrm{d}\bar{G}}{\mathrm{d}t} \quad &\Leftrightarrow \quad \{\text{ekv. (A.35)}\} \quad \Leftrightarrow \\ \Sigma\bar{F}dt = d\bar{G} \quad &\Leftrightarrow \quad \{\text{ekv. (A.36)}\} \quad \Leftrightarrow \\ \int_{t_1}^{t_2} \Sigma\bar{F}\mathrm{d}t = \bar{G}(t_2) - \bar{G}(t_1). \end{aligned}$$

□

Tidsintegralen i impulslagens vänsterled kallas *impulsen* av kraftsumman.

Definition 10.3 (Impuls av en kraft)**.** En kraft $\bar{F}$ med angreppspunkt $\mathcal{P}$ som verkar mellan tidpunkterna t_1 och t_2 ger en *impuls*

$$\bar{L} \equiv \int_{t_1}^{t_2} \bar{F}\mathrm{d}t, \tag{10.4}$$

med angreppspunkt $\mathcal{P}$.

Om flera krafter $\bar{F}_i$, $i = 1, \ldots, n$, bidrar till kraftsumman på en partikel under tidsintervallet $t_1 \leq t \leq t_2$ ger krafterna var sin impuls $\bar{L}_i$. Impulslagen, ekv. (10.3), kan i så fall skrivas

$$\int_{t_1}^{t_2} \Sigma\bar{F}\mathrm{d}t = \sum_{i=1}^{n} \int_{t_1}^{t_2} \bar{F}_i\mathrm{d}t = \sum_{i=1}^{n} \bar{L}_i = \bar{G}(t_2) - \bar{G}(t_1). \tag{10.5}$$

10.2 Rörelsemängdsmoment

Definition 10.4 (Rörelsemängdsmoment)**.** För en partikel $\mathcal{P}$ med massan m och hastigheten $\bar{v}$ definieras *rörelsemängdsmomentet* m.a.p. en godtycklig punkt $\mathcal{A}$ av

$$\bar{H}_{\mathcal{A}} \equiv \overline{\mathcal{AP}} \times m\bar{v}. \tag{10.6}$$

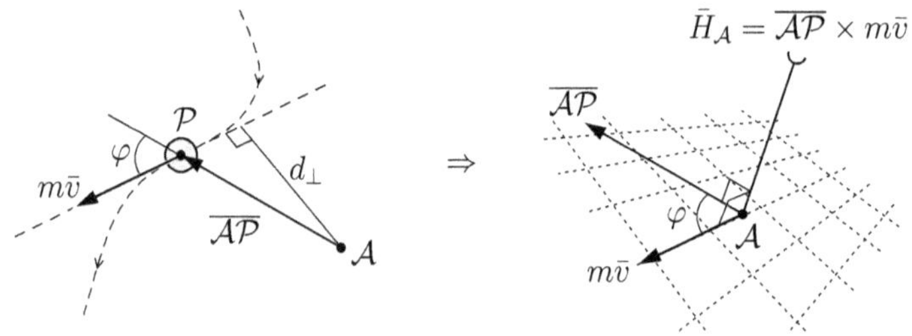

Figur 10.2: En partikel med rörelsemängden $\bar{G} = m\bar{v}$ ger ett rörelsemängdsmoment $\bar{H}_{\mathcal{A}}$ m.a.p. $\mathcal{A}$.

Riktningen hos $\bar{H}_{\mathcal{A}}$ ges av högerhandsregeln och beloppet av $\bar{H}_{\mathcal{A}}$ är

$$|\bar{H}_{\mathcal{A}}| = |\overline{\mathcal{AP}} \times m\bar{v}| = |\overline{\mathcal{AP}}||m\bar{v}| \sin\varphi = mvd_\perp, \tag{10.7}$$

där φ är vinkeln mellan $\overline{\mathcal{AP}}$ och $\bar{v}$, och $d_\perp = |\overline{\mathcal{AP}}| \sin\varphi$ är det vinkelräta avståndet från $\mathcal{A}$ till den linje som definieras av partikelns läge och hastighet (fig. 10.2).

Sats 10.5 (Momentlagen)**.** För en partikel $\mathcal{P}$, som påverkas av en kraftsumman $\Sigma\bar{F}$, gäller

$$\Sigma\bar{M}_{\mathcal{D}} = \frac{\mathrm{d}\bar{H}_{\mathcal{D}}}{\mathrm{d}t}, \tag{10.8}$$

där $\mathcal{D}$ är en rumsfix punkt, $\Sigma\bar{M}_{\mathcal{D}} = \overline{\mathcal{DP}} \times \Sigma\bar{F}$ är momentsumman m.a.p. $\mathcal{D}$, och $\bar{H}_{\mathcal{D}}$ är rörelsemängdsmomentet m.a.p. $\mathcal{D}$.

Bevis. Välj koordinatsystem med origo i $\mathcal{D}$. Låt m vara partikelns massa och låt $\bar{r} = \overline{\mathcal{DP}}$. Enligt def. 10.4 gäller

$$\begin{aligned}
\frac{\mathrm{d}\bar{H}_{\mathcal{D}}}{\mathrm{d}t} &= \frac{\mathrm{d}}{\mathrm{d}t}(\bar{r} \times m\bar{v}) = \{\text{produktregeln (A.25c)}\} \\
&= \frac{\mathrm{d}\bar{r}}{\mathrm{d}t} \times m\bar{v} + \bar{r} \times m\frac{\mathrm{d}\bar{v}}{\mathrm{d}t} = \{\text{def. 7.2 och 7.3}\} \\
&= \bar{v} \times m\bar{v} + \bar{r} \times m\bar{a} \\
&= \bar{r} \times m\bar{a} = \{\text{kraftlagen (8.1)}\} \\
&= \overline{\mathcal{DP}} \times \Sigma\bar{F} \\
&= \Sigma\bar{M}_{\mathcal{D}}.
\end{aligned}$$

□

Genom att integrera momentlagen m.a.p. tiden erhåller man *impulsmomentlagen.*

Sats 10.6 (Impulsmomentlagen)**.** Om en partikel $\mathcal{P}$ påverkas av en kraftsumma $\Sigma\bar{F}$ mellan tidpunkterna t_1 och t_2 gäller

$$\int_{t_1}^{t_2} \Sigma\bar{M}_{\mathcal{D}}\mathrm{d}t = \bar{H}_{\mathcal{D}}(t_2) - \bar{H}_{\mathcal{D}}(t_1), \tag{10.9}$$

där $\mathcal{D}$ är en rumsfix punkt, $\Sigma\bar{M}_{\mathcal{D}} = \overline{\mathcal{DP}} \times \Sigma\bar{F}$ är momentsumman på partikeln m.a.p. $\mathcal{D}$, och $\bar{H}_{\mathcal{D}}$ är partikelns rörelsemängdsmoment m.a.p. $\mathcal{D}$.

Bevis. Vi utgår från momentlagen, ekv. (10.8), och får

$$\begin{aligned}
\Sigma\bar{M}_{\mathcal{D}} = \frac{\mathrm{d}\bar{H}_{\mathcal{D}}}{\mathrm{d}t} \quad &\Leftrightarrow \quad \{\text{ekv. (A.35)}\} \quad \Leftrightarrow \\
\Sigma\bar{M}_{\mathcal{D}}dt = d\bar{H}_{\mathcal{D}} \quad &\Leftrightarrow \quad \{\text{ekv. (A.36)}\} \quad \Leftrightarrow \\
\int_{t_1}^{t_2} \Sigma\bar{M}_{\mathcal{D}}\mathrm{d}t &= \bar{H}_{\mathcal{D}}(t_2) - \bar{H}_{\mathcal{D}}(t_1).
\end{aligned}$$

□

Rörelsemängdsmoment vid plan rörelse

Vid plan rörelse kommer hastighetsvektorn $\bar{v}$ för en partikel $\mathcal{P}$ med massan m att ligga i ett givet referensplan med normalen $\bar{e}_{\mathrm{n}}$. Enligt def. 10.4 är partikelns rörelsemängdsmoment m.a.p. en punkt $\mathcal{A}$ i referensplanet

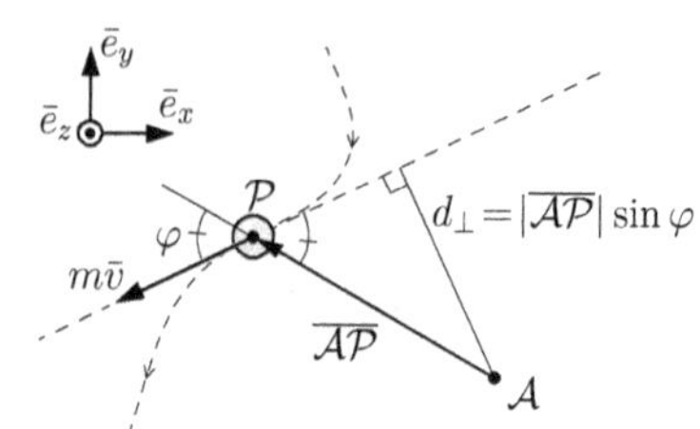

Figur 10.3: Geometri för rörelsemängdsmoment vid plan rörelse med xy-planet som referensplan.

$\bar{H}_{\mathcal{A}} = \overline{\mathcal{AP}} \times m\bar{v}$. Eftersom både $\overline{\mathcal{AP}}$ och $\bar{v}$ ligger i referensplanet gäller $\bar{H}_{\mathcal{A}} = H_{\mathcal{A}}\bar{e}_{\mathrm{n}}$ med

$$\begin{aligned} H_{\mathcal{A}} &= \pm|\overline{\mathcal{AP}} \times m\bar{v}| = \{\text{ekv. (A.19)}\} \\ &= \pm m|\overline{\mathcal{AP}}||\bar{v}| \sin\varphi, \end{aligned}$$

där φ är vinkeln mellan $\overline{\mathcal{AP}}$ och $\bar{v}$ (fig. 10.3). Vi låter $d_\perp = |\overline{\mathcal{AP}}| \sin\varphi$ vara avståndet från $\mathcal{A}$ till den linje som definieras av punkten $\mathcal{P}$ och hastighetsvektorn. Då följer det att

$$H_{\mathcal{A}} = \pm mvd_\perp. \tag{10.10}$$

Rörelsemängdsmomentets riktning ges som förut av högerhandsregeln (jfr kraftmoment, stycke 2.4). Det moturs orienterade rörelsemängdsmomentet $H_{\mathcal{A}}$ som avbildas i fig. 10.3 är riktat i $\bar{e}_z$-riktningen. Om vi väljer referensplanets normal som $\bar{e}_{\mathrm{n}} = \bar{e}_z$ kommer detta rörelsemängdsmoment $H_{\mathcal{A}}$, och alla moturs orienterade rörelsemängdsmoment, att ha ett positivt tecken i sin skalära representation. Medurs orienterade rörelsemängdsmoment får negativt tecken.

10.3 Partikelsystem

Ett *partikelsystem* består av flera partiklar med olika massor och banor:

Definition 10.7 (Partikelsystem). Ett *partikelsystem* är en mängd partiklar $\mathcal{P}_i$, $i = 1, \ldots, n$, med massorna m_i, lägesvektorerna $\bar{r}_i$ och hastigheterna $\bar{v}_i$ (fig. 10.4).

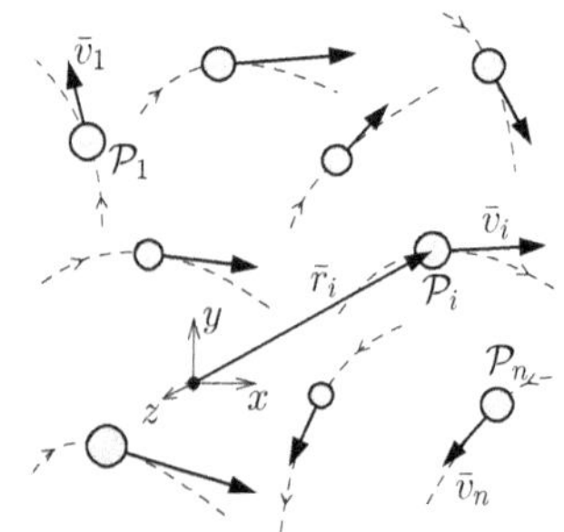

Figur 10.4: System av n olika partiklar $\mathcal{P}_i$, $i = 1, \ldots, n$.

Definition 10.8 (Rörelsemängd för partikelsystem). Ett partikelsystem, med beteckningar som i def. 10.7, har rörelsemängden

$$\Sigma\bar{G} \equiv \sum_{i=1}^{n} m_i\bar{v}_i. \tag{10.11}$$

Definition 10.9 (Rörelsemängdsmoment för partikelsystem). Ett partikelsystem, med beteckningar som i def. 10.7, har ett rörelsemängdsmoment m.a.p. en godtycklig punkt $\mathcal{A}$, som definieras

$$\Sigma\bar{H}_{\mathcal{A}} \equiv \sum_{i=1}^{n} \overline{\mathcal{AP}}_i \times m_i\bar{v}_i. \tag{10.12}$$

Betrakta ett system av partiklar, $\mathcal{P}_1, \ldots, \mathcal{P}_n$. Parvis växelverkan mellan partiklar inom ett partikelsystem ger upphov till så kallade *inre krafter*. Växelverkan med föremål i partikelsystemets omgivning, inklusive jordens gravitation, ger upphov till *yttre krafter* (fig. 10.5). Låt summan av inre krafter på partikel $\mathcal{P}_i$ betecknas $\bar{F}_i^{\mathrm{int}}$, och låt summan av yttre krafter på $\mathcal{P}_i$ betecknas $\bar{F}_i^{\mathrm{ext}}$ (fig. 10.6). Enligt reaktionslagen och postulat

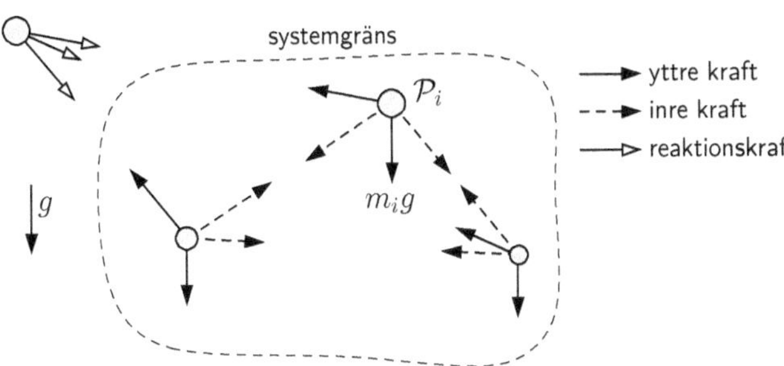

Figur 10.5: Parvis växelverkan mellan partiklar inom ett partikelsystem ger upphov till inre krafter. Växelverkan med omgivningen ger yttre krafter.

8.4 bildar varje parvis växelverkan inom partikelsystemet ett kraftpar med kraftparsmomentet noll, så att systemet av inre krafter bildar ett nollsystem,

$$\sum_{i=1}^{n} \bar{F}_i^{\text{int}} = \bar{0}, \tag{10.13a}$$

$$\sum_{i=1}^{n} \overline{\mathcal{A}\mathcal{P}}_i \times \bar{F}_i^{\text{int}} = \bar{0}, \tag{10.13b}$$

för varje momentpunkt $\mathcal{A}$.

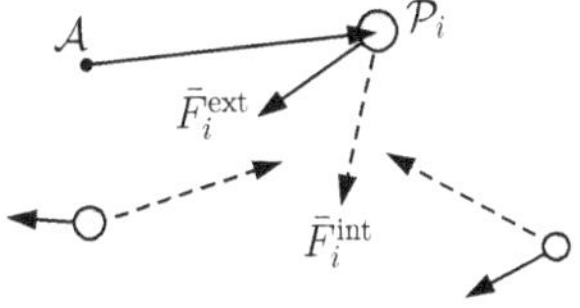

Figur 10.6: Partikeln $\mathcal{P}_i$ påverkas av en inre kraftsumma $\bar{F}_i^{\text{int}}$ och en yttre kraftsumma $\bar{F}_i^{\text{ext}}$. Jfr fig. 10.5.

Sats 10.10 (Impulslagen för partikelsystem). För ett partikelsystem, som påverkas av en summa $\Sigma\bar{F}^{\text{ext}}$ av yttre krafter mellan tiderna t_1 och t_2, gäller

$$\int_{t_1}^{t_2} \Sigma\bar{F}^{\text{ext}} \mathrm{d}t = \Sigma\bar{G}(t_2) - \Sigma\bar{G}(t_1), \tag{10.14}$$

där $\Sigma\bar{G}$ är partikelsystemets rörelsemängd.

Bevis. Låt summan av inre och yttre krafter på partikel $\mathcal{P}_i$ betecknas $\bar{F}_i^{\text{int}}$ respektive $\bar{F}_i^{\text{ext}}$ (fig. 10.6). Impulsekvationen (10.3) ger

$$\int_{t_1}^{t_2} \bar{F}_i^{\text{int}} + \bar{F}_i^{\text{ext}} \mathrm{d}t = \bar{G}_i(t_2) - \bar{G}_i(t_1), \qquad i = 1, \ldots, n.$$

Summering över i ger

$$\sum_{i=1}^{n} \int_{t_1}^{t_2} \bar{F}_i^{\text{int}} + \bar{F}_i^{\text{ext}} \mathrm{d}t = \sum_{i=1}^{n} \bar{G}_i(t_2) - \sum_{i=1}^{n} \bar{G}_i(t_1) \quad \Leftrightarrow \quad \{\text{def. } 10.8\} \quad \Leftrightarrow$$

$$\int_{t_1}^{t_2} \underbrace{\sum_{i=1}^{n} \bar{F}_i^{\text{int}}}_{=\bar{0}} + \underbrace{\sum_{i=1}^{n} \bar{F}_i^{\text{ext}}}_{=\Sigma\bar{F}^{\text{ext}}} \mathrm{d}t = \Sigma\bar{G}(t_2) - \Sigma\bar{G}(t_1) \quad \Leftrightarrow$$

$$\int_{t_1}^{t_2} \Sigma\bar{F}^{\text{ext}} \mathrm{d}t = \Sigma\bar{G}(t_2) - \Sigma\bar{G}(t_1),$$

där summan av inre krafter är $\bar{0}$ eftersom de inre krafterna bildar ett nollsystem. □

Sats 10.10 är giltig även då partiklarna kolliderar med varandra så att värme utvecklas och mekanisk energi går förlorad. Ett särskilt viktigt fall uppstår när man identifierar ett partikelsystem som inte påverkas av några yttre krafter, $\Sigma\bar{F}^{\text{ext}} = \bar{0}$. I varje sådant fall bevaras rörelsemängden för partikelsystemet:

$$\Sigma\bar{G}(t_2) = \Sigma\bar{G}(t_1). \tag{10.15}$$

Sats 10.11 (Impulsmomentlagen för partikelsystem). Ett partikelsystem, som påverkas av en summa $\Sigma\bar{M}_{\mathcal{D}}^{\text{ext}}$ av yttre kraftmoment m.a.p. en rumsfix punkt $\mathcal{D}$ mellan tiderna t_1 och t_2, gäller

$$\int_{t_1}^{t_2} \Sigma\bar{M}_{\mathcal{D}}^{\text{ext}}\mathrm{d}t = \Sigma\bar{H}_{\mathcal{D}}(t_2) - \Sigma\bar{H}_{\mathcal{D}}(t_1), \tag{10.16}$$

där $\Sigma\bar{H}_{\mathcal{D}}$ är partikelsystemets rörelsemängdsmoment m.a.p. $\mathcal{D}$.

Bevis. Låt den inre och yttre kraftsumman på partikel $\mathcal{P}_i$ betecknas $\bar{F}_i^{\text{int}}$ respektive $\bar{F}_i^{\text{ext}}$ (fig. 10.6). Impulsmomentekvationen (10.9) ger

$$\int_{t_1}^{t_2} \overline{\mathcal{DP}}_i \times (\bar{F}_i^{\text{int}} + \bar{F}_i^{\text{ext}})\mathrm{d}t = \bar{H}_{\mathcal{D}i}(t_2) - \bar{H}_{\mathcal{D}i}(t_1), \qquad i = 1, \ldots, n,$$

där $\bar{H}_{\mathcal{D}i}$ betecknar rörelsemängdsmomentet för partikel $\mathcal{P}_i$ m.a.p. $\mathcal{D}$. Summering över i ger

$$\sum_{i=1}^{n}\int_{t_1}^{t_2} \overline{\mathcal{DP}}_i \times \bar{F}_i^{\text{int}} + \overline{\mathcal{DP}}_i \times \bar{F}_i^{\text{ext}}\mathrm{d}t = \sum_{i=1}^{n}\bar{H}_{\mathcal{D}i}(t_2) - \sum_{i=1}^{n}\bar{H}_{\mathcal{D}i}(t_1) \quad\Leftrightarrow\quad \{\text{def. } 10.9\} \quad\Leftrightarrow$$

$$\int_{t_1}^{t_2} \underbrace{\sum_{i=1}^{n}\overline{\mathcal{DP}}_i \times \bar{F}_i^{\text{int}}}_{=\bar{0}} + \underbrace{\sum_{i=1}^{n}\overline{\mathcal{DP}}_i \times \bar{F}_i^{\text{ext}}}_{=\Sigma\bar{M}_{\mathcal{D}}^{\text{ext}}}\mathrm{d}t = \Sigma\bar{H}_{\mathcal{D}}(t_2) - \Sigma\bar{H}_{\mathcal{D}}(t_1) \quad\Leftrightarrow$$

$$\int_{t_1}^{t_2} \Sigma\bar{M}_{\mathcal{D}}^{\text{ext}}\mathrm{d}t = \Sigma\bar{H}_{\mathcal{D}}(t_2) - \Sigma\bar{H}_{\mathcal{D}}(t_1),$$

där summan av inre kraftmoment är $\bar{0}$ eftersom de inre krafterna bildar ett nollsystem. □

Ett viktigt specialfall av sats 10.11 uppstår när man kan identifiera en rumsfix punkt $\mathcal{D}$ sådan att $\Sigma\bar{M}_{\mathcal{D}}^{\text{ext}} = \bar{0}$ (fig. 10.7). I ett sådant fall bevaras rörelsemängdsmomentet för partikelsystemet m.a.p. $\mathcal{D}$:

$$\Sigma\bar{H}_{\mathcal{D}}(t_2) = \Sigma\bar{H}_{\mathcal{D}}(t_1). \tag{10.17}$$

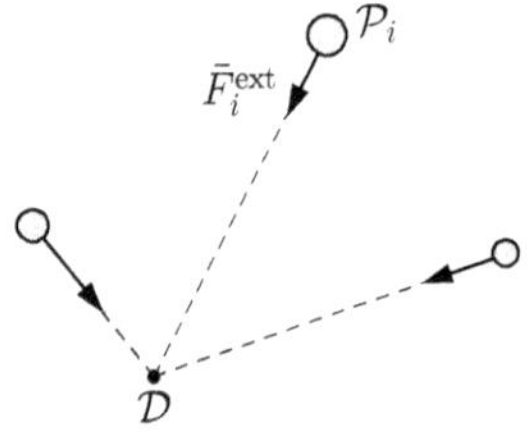

Figur 10.7: Exempel där summan av de yttre kraftmomenten på ett partikelsystem är noll m.a.p. en rumsfix punkt $\mathcal{D}$.

10.4 Stötar

Kollisioner mellan partiklar, eller kollisioner mellan en partikel och ett jordfast föremål är exempel på stötar. Stötar kan leda till värmeutveckling. Trots denna komplikation går det att i vissa avseenden förutsäga stötförloppet.

Rörelsemängdens bevarande

Vi tänker oss att två partiklar, $\mathcal{P}$ och $\mathcal{Q}$, kolliderar med varandra. Deras hastigheter kommer att genomgå stor förändring på relativt kort tid. Denna process kallas *stöt*.

En sammanstötningen mellan $\mathcal{P}$ och $\mathcal{Q}$ antas äga rum inom ett tidsintervall $0 \leq t \leq \Delta t$. Vi låter $\bar{v}_{\mathcal{P}}$ och $\bar{v}_{\mathcal{Q}}$ beteckna partiklarnas respektive hastigheter före stöten, vid $t = 0$, medan $\bar{v}'_{\mathcal{P}}$ och $\bar{v}'_{\mathcal{Q}}$ betecknar hastigheterna efter stöten, vid $t = \Delta t$ (fig. 10.8). Framledes används primsymbolen för att beteckna storheter omedelbart efter en stöt.

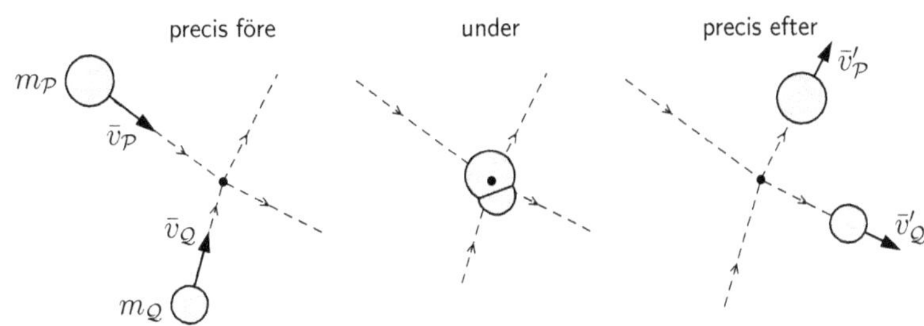

Figur 10.8: Stöt mellan två partiklar, $\mathcal{P}$ och $\mathcal{Q}$.

Enligt ekv. (10.11) är partikelsystemets rörelsemängd före respektive efter stöten

$$\Sigma\bar{G} = m_{\mathcal{P}}\bar{v}_{\mathcal{P}} + m_{\mathcal{Q}}\bar{v}_{\mathcal{Q}},$$
$$\Sigma\bar{G}' = m_{\mathcal{P}}\bar{v}'_{\mathcal{P}} + m_{\mathcal{Q}}\bar{v}'_{\mathcal{Q}},$$

där $m_{\mathcal{P}}$ och $m_{\mathcal{Q}}$ är partiklarnas massor. Enligt impulslagen för partikelsystem, sats 10.10, gäller

$$\int_0^{\Delta t} \Sigma\bar{F}^{\mathrm{ext}}\mathrm{d}t = \Sigma\bar{G}' - \Sigma\bar{G},$$

där $\Sigma\bar{F}^{\mathrm{ext}}$ är summan av yttre krafter på partiklarna.

I en *momentan stötmodell*[25] för ett tvåpartikelsystem antar man att tiden Δt för stöten är tillräckligt kort för att impulsen på partikelsystemet, från t.ex. gravitationen, ska kunna försummas:

[25] Benämns även *momentan stöt*.

$$\int_0^{\Delta t} \Sigma\bar{F}^{\mathrm{ext}}\mathrm{d}t = \bar{0}.$$

Huruvida en sådan approximation är rimlig måste värderas i varje enskilt fall. En konsekvens av den momentana stötmodellen är att partikelsystemets rörelsemängd bevaras vid stöten:

$$\Sigma\bar{G}' = \Sigma\bar{G}. \tag{10.18}$$

Rak central stöt

Vid en *rak central stöt* färdas två partiklar, $\mathcal{P}$ och $\mathcal{Q}$, längs samma räta linje både före och efter stöten. Vi inför en x-koordinat längs rörelselinjen och låter $v_\mathcal{P}$ och $v_\mathcal{Q}$ beteckna respektive partikels hastighet i x-riktningen precis före stöten, samt låter $v'_\mathcal{P}$ och $v'_\mathcal{Q}$ beteckna partiklarnas hastigheter precis efter stöten (fig. 10.9).

Vi inför en momentan stötmodell så att rörelsemängden bevaras under stöten, $\Sigma G'_x = \Sigma G_x$. Således gäller

$$\to^x: \quad m_\mathcal{P} v'_\mathcal{P} + m_\mathcal{Q} v'_\mathcal{Q} = m_\mathcal{P} v_\mathcal{P} + m_\mathcal{Q} v_\mathcal{Q}. \tag{10.19}$$

Med den momentana stötmodellen har det ingen betydelse om andra krafter, t.ex. fjäderkrafter eller tyngdkraften, påverkar partiklarna under stöten eftersom man försummar deras impuls.

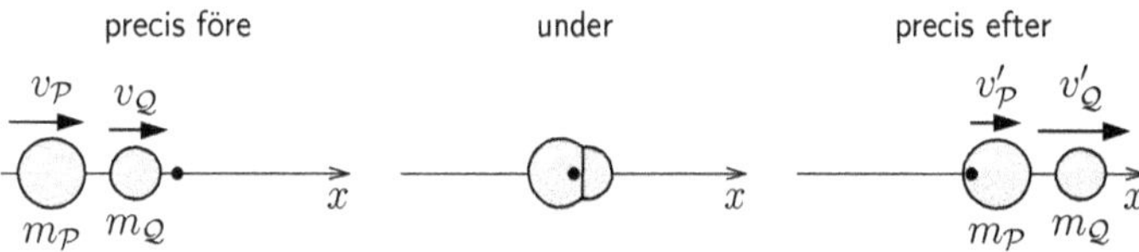

Figur 10.9: Rak central stöt där två partiklar, $\mathcal{P}$ och $\mathcal{Q}$, stöter samman och rör sig längs en rät linje.

Om partiklarnas massor och hastigheter före en rak central stöt är kända, kan man ändå inte räkna ut vilka hastigheter partiklarna har efter stöten med ekv. (10.19), eftersom en ekvation inte räcker för att bestämma de två obekanta, $v'_\mathcal{P}$ och $v'_\mathcal{Q}$. Ytterligare ett samband krävs för att resultatet av stöten ska kunna beräknas.

Empiriskt samband 10.12 (Stöttal). Vid en rak central stöt mellan två partiklar $\mathcal{P}$ och $\mathcal{Q}$, vars hastigheter före stöten är $v_\mathcal{P}$ respektive $v_\mathcal{Q}$ och efter stöten är $v'_\mathcal{P}$ respektive $v'_\mathcal{Q}$, gäller

$$e = -\frac{v'_\mathcal{Q} - v'_\mathcal{P}}{v_\mathcal{Q} - v_\mathcal{P}}, \tag{10.20}$$

där konstanten $e \in [0, 1]$ är *stöttalet.*

Om partikelsystemets energi bevaras under stöten sägs stöten vara *elastisk* och stöttalet blir $e = 1$. Om stöttalet är $e = 0$ sägs stöten vara *plastisk*. Om stöttalet är givet bildar ekv. (10.19) tillsammans med ekv. (10.20) ett ekvationssystem som är lösbart m.a.p. $v'_\mathcal{P}$ och $v'_\mathcal{Q}$.

Sned stöt

Vi tänker oss nu att två kroppar kolliderar med varandra i en mer generell geometri, så att kropparna infaller i vinkel mot varandra. I de flesta fall kommer en sådan stöt att försätta kropparna i rotation, så att det inte är lämpligt att betrakta dem som partiklar. Det finns dock speciella fall där en partikelmodell kan tillämpas.

Betrakta två partiklar, $\mathcal{P}$ och $\mathcal{Q}$, som kolliderar så att partiklarna slås samman och fortsätter längs en gemensam bana (fig. 10.10). Hastigheten för partiklarna efter stöten är i så fall $\bar{v}'_{\mathcal{P}} = \bar{v}'_{\mathcal{Q}} = \bar{v}'$. Vi inför en momentan stötmodell där rörelsemängden bevaras under stöten, $\Sigma\bar{G}' = \Sigma\bar{G}$:

$$(m_{\mathcal{P}} + m_{\mathcal{Q}})\bar{v}' = (m_{\mathcal{P}}\bar{v}_{\mathcal{P}} + m_{\mathcal{Q}}\bar{v}_{\mathcal{Q}}), \tag{10.21}$$

med beteckningar enligt fig. 10.10. Kännedom om partiklarnas hastigheter, $\bar{v}_{\mathcal{P}}$ och $\bar{v}_{\mathcal{Q}}$, före stöten räcker då för att bestämma den gemensamma hastigheten $\bar{v}'$ efter stöten.

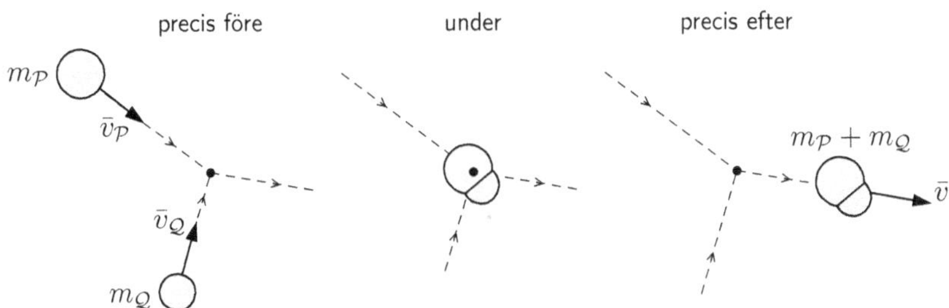

Figur 10.10: Sned central stöt där två partiklar, $\mathcal{P}$ och $\mathcal{Q}$, stöter ihop så att partiklarna slås samman och fortsätter längs en gemensam bana.

Stötimpuls

Betrakta en partikel $\mathcal{P}$, som kolliderar med en annan kropp, som inte behöver vara en partikel. Precis som vid en stöt mellan partiklar kommer $\mathcal{P}$:s hastighet att ändras mycket under kort tid. Enligt kraftlagen måste en snabb hastighetsförändring innebära att kraftsumman på partikeln är mycket stor under själva stöten.

Betrakta ett stötförlopp med början vid tiden $t = 0$ och slut vid tiden $t = \Delta t$. Låt partikel $\mathcal{P}$:s rörelsemängd före stöten vara $\bar{G} = m\bar{v}$, och rörelsemängden efter stöten vara $\bar{G}' = m\bar{v}'$. Impulslagen, ekv. (10.3), för en partikel ger

$$\underbrace{\int_0^{\Delta t} \bar{F}^{\mathrm{s}} \mathrm{d}t}_{=\bar{L}^{\mathrm{s}}} + \underbrace{\int_0^{\Delta t} \bar{F}_1 \mathrm{d}t}_{=\bar{L}_1} + \cdots + \underbrace{\int_0^{\Delta t} \bar{F}_n \mathrm{d}t}_{=\bar{L}_n} = \bar{G}' - \bar{G}, \tag{10.22}$$

där $\bar{F}^{\mathrm{s}}$ betecknar den kontaktkraft som verkar på $\mathcal{P}$ under stöten, medan $\bar{F}_i$, $i = 1, \ldots, n$ är övriga krafter som verkar på $\mathcal{P}$.

Vi tillämpar en momentan stötmodell (jfr fig. 10.11). Eftersom $\bar{F}^{\mathrm{s}}$ växer sig mycket stor under stöten är dess stötimpuls $\bar{L}^{\mathrm{s}}$ nollskild. Vi antar dock att tiden Δt för stötförloppet är tillräckligt kort för att alla andra impulser under stötförloppet ska kunna försummas, så att

$$\bar{L}^{\mathrm{s}} = \bar{G}' - \bar{G}. \tag{10.23}$$

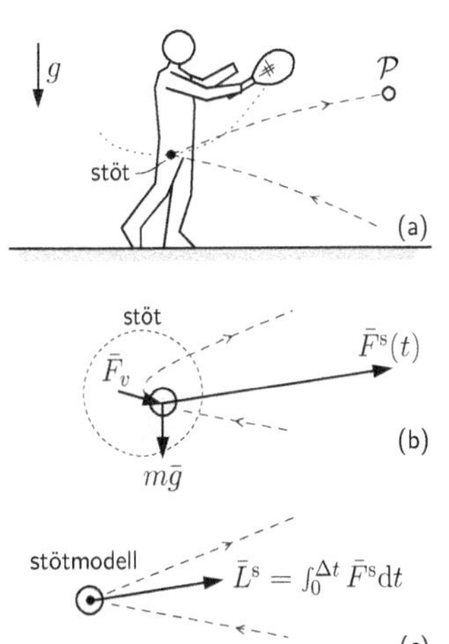

Figur 10.11: (a) Exempel på tillämpning av stötmodell. (b) Flera krafter, luftmotstånd $\bar{F}_v$, gravitation $m\bar{g}$ och stötkraften $\bar{F}^{\mathrm{s}}$, verkar på en tennisboll under slaget. (c) I en momentan stötmodell försummas alla impulser utom $\bar{L}^{\mathrm{s}}$ från stötkraften.

Stötimpulsen antas alltså ensam vara ansvarig för den plötsliga rörelsemängdsändringen hos $\mathcal{P}$. Denna approximation är lämplig då $|\bar{L}^{\mathrm{s}}| \gg |\bar{L}_i|$, $i = 1, \ldots, n$, vilket är liktydigt med att stötkraftens belopp är mycket större än övriga krafters belopp under stöten.

11
Svängningsrörelse

Om en partikel i ett mekaniskt system har ett jämviktsläge, och en kraft alltid verkar för att återföra partikeln till sitt jämviktsläge, kan en svängningsrörelse uppstå. Vilket fysikaliskt fenomen som helst kan vara orsak till den återförande kraften, men här representerar vi den med en linjär fjäder.

11.1 Fria svängningar

Odämpade system

Betrakta en vagn med massan m, som rullar friktionsfritt mot ett horisontellt underlag. En linjär fjäder med fjäderkonstanten k är fäst mellan vagnen och en fix vägg (fig. 11.1). Vidare beskrivs vagnens läge av en koordinat x, sådan att $x = 0$ då fjädern är obelastad. Eftersom x i detta fall är identisk med fjäderns förlängning $\ell - \ell_0$ är fjäderkraften $F_{\text{fj}} = kx$. Vid friläggning är det praktiskt att rita kraftriktningarna som gäller då $x > 0$. Detta diagram blir då automatiskt giltigt även för $x \leq 0$.

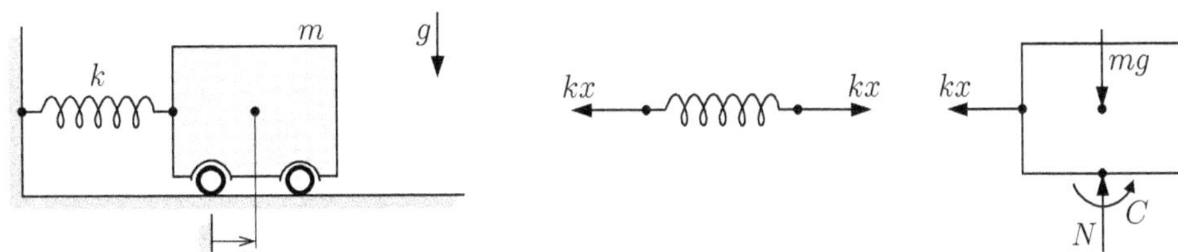

Figur 11.1: En vagn med massan m är kopplad till en vägg via en fjäder. Vagnen utför harmonisk svängningsrörelse när den störs ur sitt jämviktsläge.

Eftersom rörelsen är begränsad till x-riktningen är vagnens acceleration $\bar{a} = \ddot{x}\bar{e}_x$, så att kraftlagen i x-riktningen ger

$$\begin{aligned}
\rightarrow^x: \qquad -kx &= m\ddot{x} \quad \Leftrightarrow \\
\ddot{x} + \frac{k}{m}x &= 0 \quad \Leftrightarrow \\
\ddot{x} + \omega_{\text{n}}^2 x &= 0, \qquad (11.1)
\end{aligned}$$

där ω_n benämns den *naturliga vinkelfrekvensen*, vilken i just detta exempel är $\omega_\text{n} = \sqrt{k/m}$.

Lösningen till ekv. (11.1) hittar man genom att ansätta

$$x = x_0 + A\cos(\omega_\text{n} t) + B\sin(\omega_\text{n} t), \tag{11.2}$$

där x_0, A och B är okända reella konstanter. Vi deriverar denna ansatta lösning m.a.p. tiden och får

$$\dot{x} = -\omega_\text{n} A\sin(\omega_\text{n} t) + \omega_\text{n} B\cos(\omega_\text{n} t)$$
$$\ddot{x} = -\omega_\text{n}^2 A\cos(\omega_\text{n} t) - \omega_\text{n}^2 B\sin(\omega_\text{n} t).$$

Genom insättning av x och $\ddot{x}$ kan vi konstatera att ekv. (11.1) är uppfylld för $x_0 = 0$ och för varje val av A och B. Således beskriver ekv. (11.2) vagnens rörelse. Konstanterna A och B beror på systemets begynnelsevillkor $x(0)$ och $\dot{x}(0)$, där $t = 0$ representerar startögonblicket.

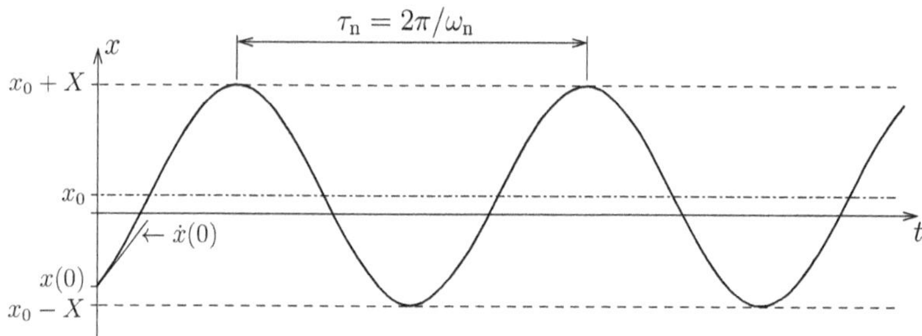

Figur 11.2: Exempel på rörelse vid fria odämpade svängningar med givna begynnelsevillkor $x(0)$ och $\dot{x}(0)$. Kurvans amplitud är X och dess naturliga period är $\tau_\text{n} = 2\pi/\omega_\text{n}$.

Den fria odämpade svängningen, som beskrivs av ekv. (11.2), kallas harmonisk svängningsrörelse och har alltid liknande karaktär, vilket illustreras med ett exempel i fig. 11.2. Partikeln svänger med vinkelfrekvensen ω_n och en konstant amplitud X kring ett *jämviktsläge*, där kraftsumman på partikeln är noll. Den *naturliga perioden*, d.v.s. tiden mellan två maxima hos svängningsrörelsen, ges av

$$\tau_\text{n} = \frac{2\pi}{\omega_\text{n}}. \tag{11.3}$$

Amplituden för en harmonisk svängningsrörelse är halva skillnaden mellan maximum och minimum för $x(t)$. Enligt ekv. (A.6) och (A.7) kan den harmoniska funktionen i ekv. (11.2) skrivas

$$x(t) = x_0 + X\sin(\omega_\text{n} t + \psi), \qquad X = \sqrt{A^2 + B^2},$$

där X är amplituden och ψ är *fasvinkeln.*

Dämpade system

En ideal odämpad fri svängning kommer att fortgå med samma amplitud för all framtid. I alla verkliga fritt svängande system minskar amplituden efter hand, så att svängningen slutligen dör ut. Detta fenomen kallas *dämpning* och beror typiskt på värmeförluster, t.ex. friktion eller luftmotstånd. I konstruktioner används *dämpare* (fig. 11.3a) för att begränsa amplituden hos svängningar och vibrationer.

Figur 11.3b visar en frilagd linjär dämpare varpå en dämpkraft F_d verkar i vardera änden. Dämparen har en aktuell längd ℓ och en *dämpningskoefficient* c med enheten N·s/m. Dämpkraften är

$$F_\mathrm{d} = c\dot{\ell}, \tag{11.4}$$

där $\dot{\ell}$ är dämparens förlängning per tidsenhet.

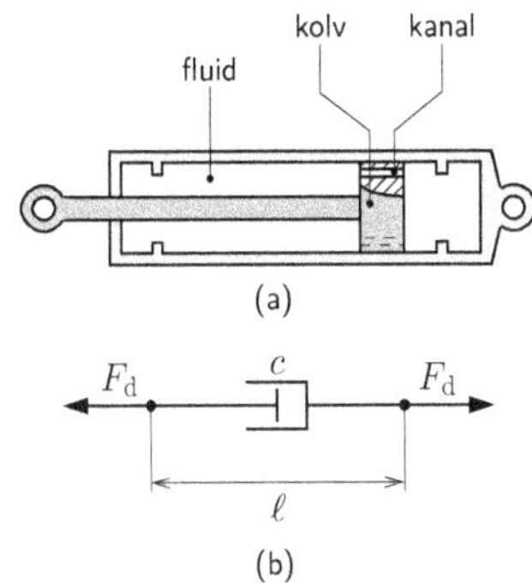

Figur 11.3: (a) Realisering av en dämpare. Kolvens rörelse bromsas av vätska eller gas, som måste passera kanaler. (b) Friläggning av ideal dämpare, där $F_\mathrm{d} = c\dot{\ell}$.

Betrakta en vagn med massan m, som rullar friktionsfritt mot ett horisontellt underlag. En linjär fjäder med fjäderkonstanten k och en linjär dämpare med dämpningskoefficienten c är fästa mellan vagnen och en rumsfix vägg (fig. 11.4). Vidare beskrivs vagnens läge av en koordinat x, sådan att $x = 0$ då fjädern är obelastad. Eftersom $\dot{x}$ är identisk med dämparens förlängning per tidsenhet är dämpningskraften $F_\mathrm{d} = c\dot{x}$. Vid friläggning ska kraften på vagnen från dämparen ha den kraftriktning som gäller då $\dot{x} > 0$; på så sätt blir diagrammet generellt giltigt.

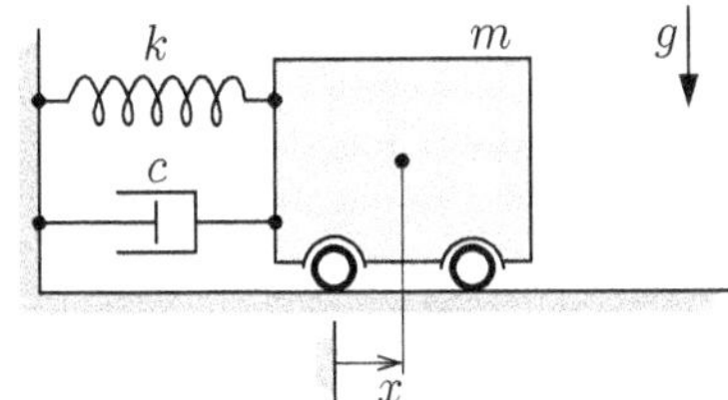

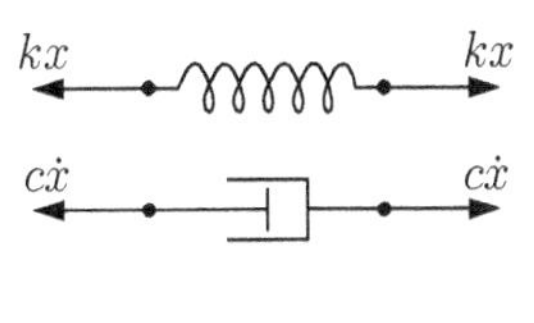

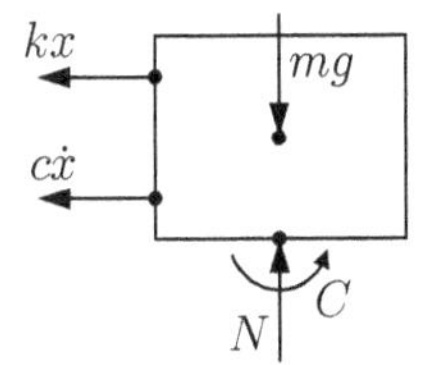

Figur 11.4: En vagn med massan m är kopplad till en vägg via en fjäder och en dämpare. Vid störning från jämviktsläget utför vagnen dämpad svängningsrörelse.

Eftersom vagnens acceleration ges av $\bar{a} = \ddot{x}\bar{e}_x$, ger kraftlagen i x-riktningen att

$$\begin{aligned} \rightarrow^{x}: \quad & -kx - c\dot{x} = m\ddot{x} \quad \Leftrightarrow \\ & \ddot{x} + \frac{c}{m}\dot{x} + \frac{k}{m}x = 0 \quad \Leftrightarrow \\ & \ddot{x} + 2\zeta\omega_\mathrm{n}\dot{x} + \omega_\mathrm{n}^2 x = 0, \end{aligned} \tag{11.5}$$

där ω_n är den naturliga vinkelfrekvensen och ζ är *dämpningsförhållandet*. I vårt exempel är $\omega_\mathrm{n} = \sqrt{k/m}$ och $\zeta = c/(2m\omega_\mathrm{n})$.

Ekvation (11.5) är en homogen[26] andra ordningens differentialekvation med konstanta koefficienter. Lösningens form beror på dämpningsförhållandet enligt följande:[27]

$$x(t) = \begin{cases} Ae^{-\omega_\mathrm{n}t(\zeta-\sqrt{\zeta^2-1})} + Be^{-\omega_\mathrm{n}t(\zeta+\sqrt{\zeta^2-1})}, & \zeta > 1, \\ (A + Bt)e^{-\omega_\mathrm{n}t}, & \zeta = 1, \\ [A\cos(\omega_\mathrm{d}t) + B\sin(\omega_\mathrm{d}t)]\, e^{-\zeta\omega_\mathrm{n}t}, & \zeta < 1, \end{cases} \tag{11.6}$$

där $\omega_\mathrm{d} = \omega_\mathrm{n}\sqrt{1-\zeta^2}$, och A och B är reella konstanter. Det finns alltså dämpade system av tre skilda typer som benämns *överdämpade*, $\zeta > 1$,

[26] Att ekvationen är *homogen* betyder att alla termer innehåller funktionen $x(t)$ eller dess tidsderivator.

[27] R. A. Adams. *Calculus: A complete course*. Addison Wesley Longman, Ltd., 4th edition, 1999. ISBN 978-0-201-39607-2

kritiskt dämpade, $\zeta = 1$, och *underdämpade*, $\zeta < 1$ (fig. 11.5).[28] Notera speciellt att när $\zeta = 0$ är systemet underdämpat, $\zeta < 1$, och vi erhåller samma uttryck för rörelsen som vid odämpad svängning, ekv. (11.2).

[28] Begreppen *starkt dämpad*, $\zeta > 1$, och *svagt dämpad*, $\zeta < 1$, förekommer också.

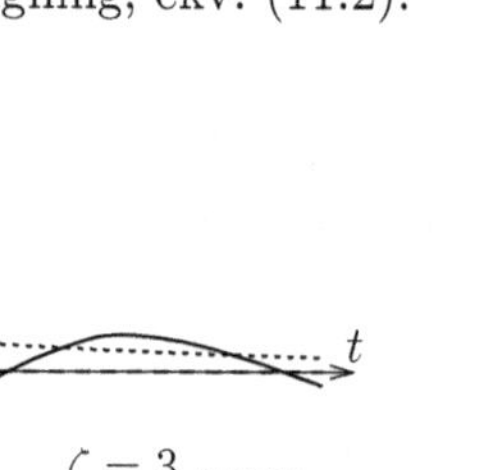

Figur 11.5: Exempel på fria svängningar för dämpade system med begynnelsevillkoren $x(0) = b$ och $\dot{x}(0) = 0$: överdämpat (punktad), kritiskt dämpat (streckad) och underdämpat (heldragen).

I det överdämpade och det kritiskt dämpade fallet kommer systemet att återvända till jämviktläget utan att oscillera, vilket är uppenbart från lösningens form, som inte innehåller någon harmonisk funktion. För det underdämpade fallet observeras en oscillation, som avklingar mot noll med jämvikt i slutskedet.

11.2 Påtvingade svängningar

Betrakta en vagn med massan m, som rullar friktionsfritt mot ett horisontellt underlag, och som är kopplad till en fjäder och en dämpare på precis samma sätt som för fria dämpade svängningar ovan. Låt vidare en kraft $F(t)$ verka på vagnen (fig. 11.6).

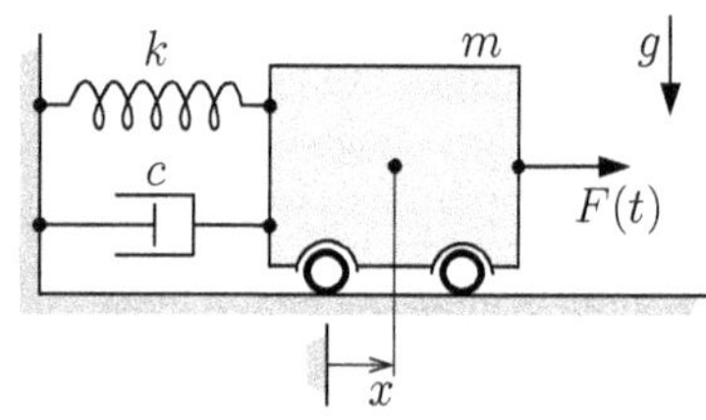

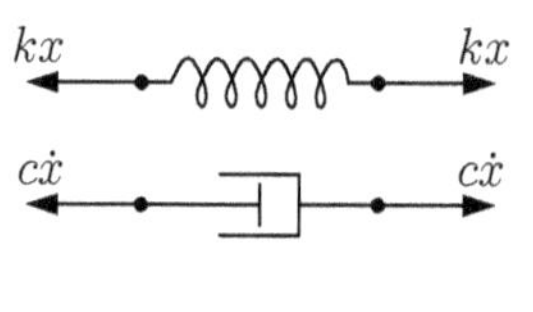

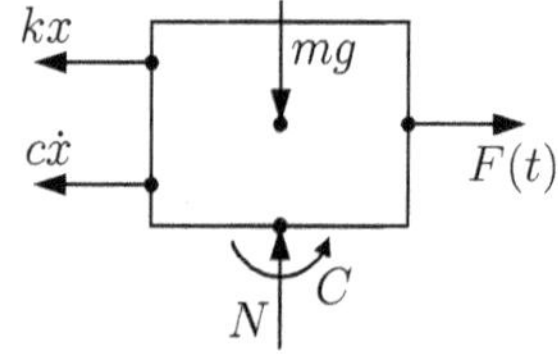

Figur 11.6: En vagn med massan m är kopplad till en vägg via en fjäder och en dämpare. En kraft $F(t)$ tvingar vagnen i rörelse.

Kraftlagen för vagnen i x-riktningen ger

$$\xrightarrow{x}: \quad -kx - c\dot{x} + F(t) = m\ddot{x} \quad \Leftrightarrow$$

$$\ddot{x} + \frac{c}{m}\dot{x} + \frac{k}{m}x = \frac{1}{m}F(t) \quad \Leftrightarrow$$

$$\ddot{x} + 2\zeta\omega_{\mathrm{n}}\dot{x} + \omega_{\mathrm{n}}^2 x = f(t), \tag{11.7}$$

där högerledet är en funktion $f(t) = F(t)/m$. Ekvation (11.7) är en inhomogen andra ordningens differentialekvation med konstanta koefficienter. Den allmänna lösningen till differentialekvationen (11.7) kan skrivas på formen

$$x(t) = x_{\mathrm{h}}(t) + x_{\mathrm{p}}(t), \tag{11.8}$$

där x_h kallas *homogenlösningen* och x_p kallas *partikulärlösningen*.

Homogenlösningen x_h är lösningen till

$$\ddot{x}_\mathrm{h} + 2\zeta\omega_\mathrm{n}\dot{x}_\mathrm{h} + \omega_\mathrm{n}^2 x_\mathrm{h} = 0.$$

Detta är homogena motsvarigheten till ekv. (11.7), vilken är identisk med ekv. (11.5) för fria dämpade svängningar. Homogenlösningen ges därmed av ekv. (11.6), som exemplifieras för olika värden för ζ i fig. 11.5. Alla homogenlösningar avklingar mot 0 eftersom de för varje $\zeta > 0$ domineras av en exponentiellt avtagande faktor:

$$x_\mathrm{h}(t) \to 0, \quad \text{då} \quad t \to \infty.$$

Alltså kommer en påtvingad dämpad svängning, efter tillräckligt lång tid, att beskrivas av partikulärlösningen:

$$x(t) = x_\mathrm{h}(t) + x_\mathrm{p}(t) \to x_\mathrm{p}(t), \quad \text{då} \quad t \to \infty.$$

Eftersom homogenlösningen "dör ut" medan partikulärlösningen kvarstår är partikulärlösningen av särskilt intresse vid analys av påtvingad svängningsrörelse.

Vi begränsar oss fortsättningsvis till det vanligt förekommande fall då den tvingande kraften är en harmonisk funktion, t.ex. $F(t) = F_0 \sin(\omega t)$. Innan vi fortsätter med vår analys betraktar vi en lösning till ekv. (11.7) för ett specifikt fall: $\zeta = 1/8$ och $\omega = \frac{5}{2}\omega_\mathrm{n}$ med begynnelsevillkoren $x(0) = b$ och $\dot{x}(0) = 0$, som illustreras i fig. 11.7. Vi observerar ett inledande ickeperiodiskt förlopp som kallas *transient*. Rörelsen övergår i ett periodiskt förlopp, som motsvarar partikulärlösningen med vinkelfrekvensen ω och amplituden X. Vi önskar bestämma denna kvarstående amplitud X.

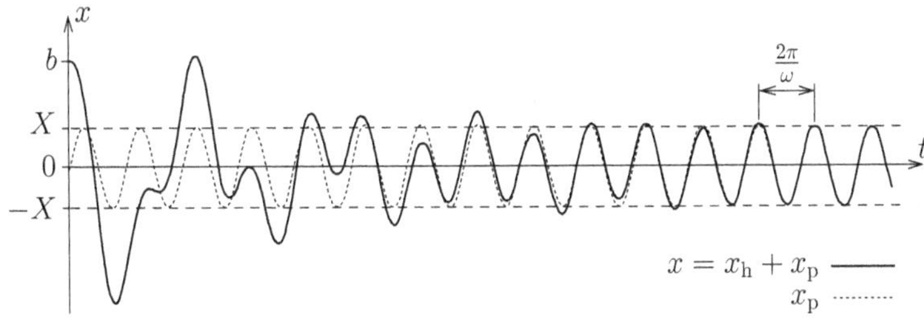

Figur 11.7: Exempel på tvingade svängningar för ett dämpat system med begynnelsevillkoren $x(0) = b$ och $\dot{x}(0) = 0$. Efter en transient domineras rörelsen av partikulärlösningen (punktad linje) med amplituden X.

Definition 11.1 (Förstärkningsfaktor). För ett svängande system med den naturliga vinkelfrekvensen ω_n och dämpningsförhållandet ζ definieras *förstärkningsfaktorn* som

$$M(\omega) \equiv \sqrt{\frac{1}{(1 - \omega^2/\omega_\mathrm{n}^2)^2 + (2\zeta\omega/\omega_\mathrm{n})^2}}, \tag{11.9}$$

där ω betecknar vinkelfrekvensen för en periodisk yttre kraft.

Då endast partikulärlösningen återstår visar det sig att amplituden hos en påtvingad svängningsrörelse är proportionell mot förstärkningsfaktorn $M(\omega)$.

Sats 11.2. För ett svängande system som beskrivs av differentialekvationen

$$\ddot{x} + 2\zeta\omega_\mathrm{n}\dot{x} + \omega_\mathrm{n}^2 x = a_0 + a\sin(\omega t + \psi),$$

där $\omega_\mathrm{n} > 0$, $\omega > 0$, $\zeta > 0$, a_0, a och ψ är konstanter, är partikulärlösningen en harmonisk funktion med amplituden

$$X = \frac{a}{\omega_\mathrm{n}^2} M(\omega), \tag{11.10}$$

där $M(\omega)$ är förstärkningsfaktorn.

Bevis. Vi ansätter en harmonisk funktion som partikulärlösning:

$$x_\mathrm{p} = x_0 + X\sin(\omega t + \phi),$$

där x_0, X och ϕ är konstanter. Insättning av partikulärlösningen och dess tidsderivator i differentialekvationen ger

$$-\omega^2 X\sin(\omega t + \phi) + 2\zeta\omega\omega_\mathrm{n} X\cos(\omega t + \phi) + \omega_\mathrm{n}^2 X\sin(\omega t + \phi) + \omega_\mathrm{n}^2 x_0 = a_0 + a\sin(\omega t + \psi). \tag{11.11}$$

Eftersom detta ska gälla för alla t har vi $\omega_\mathrm{n}^2 x_0 = a_0$, vilket subtraheras från ekv. (11.11). Division av ekv. (11.11) med $\omega_\mathrm{n}^2 X$ ger sedan

$$2\zeta\frac{\omega}{\omega_\mathrm{n}}\cos(\omega t + \phi) + \left(1 - \frac{\omega^2}{\omega_\mathrm{n}^2}\right)\sin(\omega t + \phi) = \frac{a}{\omega_\mathrm{n}^2 X}\sin(\omega t + \psi).$$

Substitutionen $\theta = \omega t + \phi$ ger

$$\underbrace{2\zeta\frac{\omega}{\omega_\mathrm{n}}}_{=A}\cos\theta + \underbrace{\left(1 - \frac{\omega^2}{\omega_\mathrm{n}^2}\right)}_{=B}\sin\theta = \underbrace{\frac{a}{\omega_\mathrm{n}^2 X}}_{=C}\sin(\theta - \phi + \psi). \tag{11.12}$$

Enligt ekv. (A.6) och (A.7) satisfieras ekv. (11.12) för någon vinkel ϕ om $C = \sqrt{A^2 + B^2}$, så att

$$\begin{aligned}\frac{a}{\omega_\mathrm{n}^2 X} &= \sqrt{(2\zeta\omega/\omega_\mathrm{n})^2 + (1 - \omega^2/\omega_\mathrm{n}^2)^2} \quad \Leftrightarrow \\ X &= \frac{a}{\omega_\mathrm{n}^2} M(\omega).\end{aligned}$$

□

För en harmonisk kraft $F(t) = F_0\sin(\omega t)$, som verkar på det dämpade systemet i fig. 11.6, identifierar vi

$$f(t) = \frac{F_0}{m}\sin(\omega t).$$

I sats 11.2 identifierar vi också $a_0 = 0$ och $a = F_0/m$, så att partikulärlösningens amplitud ges av

$$X = \frac{a}{\omega_{\mathrm{n}}^2} M(\omega) = \frac{\frac{F_0}{m}}{\frac{k}{m}} M(\omega) = \frac{F_0}{k} M(\omega).$$

Amplituden beror alltså av en karaktäristisk längd F_0/k och av förstärkningsfaktorn.

Resonans

Förstärkningsfaktorns betydelse för påtvingade svängningars amplitud gör det intressant att undersöka dess frekvensberoende. I fig. 11.8 är grafen för $M(\omega)$ återgiven för olika dämpningsförhållanden $\zeta = \{3, 1, 1/8, 0\}$, där $\zeta = 0$ motsvarar ett odämpat system.

Vi noterar först att

$$M(\omega) \to 1, \quad \text{då} \quad \omega \to 0,$$

för alla ζ. Vid mycket långsamma svängningar har alltså dämpade och odämpade system samma förstärkningsfaktor och följaktligen samma svängningsamplitud. Det beror på att kraften från dämparen går mot noll för långsamma rörelser, så att dämparen inte längre påverkar systemet.

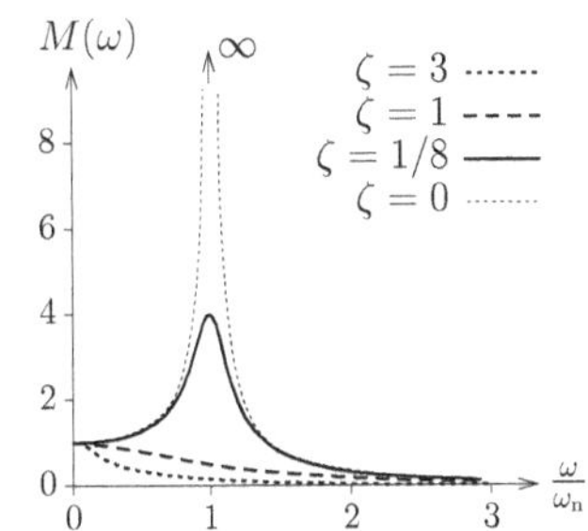

Figur 11.8: Förstärkningsfaktorn för olika vinkelfrekvenser ω och olika värden för ζ.

I det överdämpade, $\zeta > 1$, och det kritiskt dämpade fallet, $\zeta = 1$, i fig. 11.8 avtar förstärkningsfaktorn med vinkelfrekvensen. Snabba svängningar dämpas alltså effektivare än långsamma. I det underdämpade fallet, $\zeta < 1$, har $M(\omega)$ ett maximum vid $\omega = \omega_{\mathrm{n}}$. Det betyder att svängningsrörelsens amplitud blir mycket stor just när $\omega = \omega_{\mathrm{n}}$. Detta fenomenen kallas *resonans* och den naturliga vinkelfrekvensen benämns därför även *resonansvinkelfrekvensen*.

Vibrationer

Vi fortsätter med att undersöka rörelsen hos en vagn, som är kopplad till en fjäder och en dämpare. I detta fall störs vagnen ur sitt jämviktsläge av vibrationer vid fjäderns ena infästningspunkt $\mathcal{A}$, vars läge är en på förhand given funktion $x_{\mathcal{A}}(t)$ (fig. 11.9).

Med storheter definierade som i fig. 11.9 kommer fjäderns längd att i varje ögonblick vara $\ell = \ell_0 + x_{\mathcal{A}} - x$, där ℓ_0 är fjäderns naturliga längd. Således ges fjäderkraften av uttrycket

$$F_{\mathrm{fj}} = k(\ell - \ell_0) = k(x_{\mathcal{A}} - x).$$

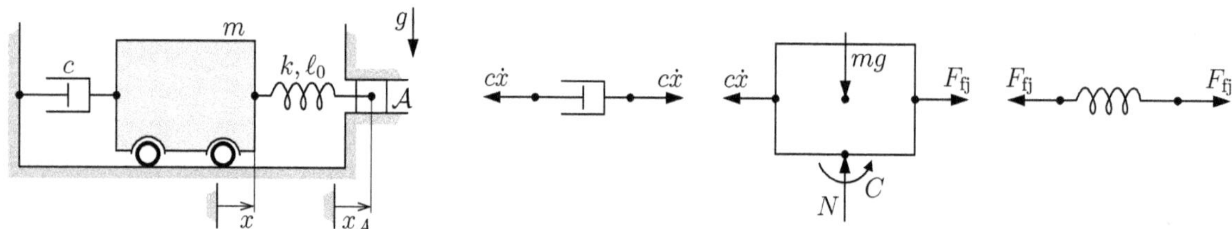

Figur 11.9: En vagn med massan m är kopplad till en vägg via en fjäder och en dämpare, medan läget för fjäderns infästning $\mathcal{A}$ vibrerar så att vagnen sätts i rörelse.

Kraftlagen för vagnen i x-riktningen ger att

$$\begin{aligned} \rightarrow^x: \quad & k(x_{\mathcal{A}} - x) - c\dot{x} = m\ddot{x} \quad \Leftrightarrow \\ & \ddot{x} + \frac{c}{m}\dot{x} + \frac{k}{m}x = \frac{k}{m}x_{\mathcal{A}} \quad \Leftrightarrow \\ & \ddot{x} + 2\zeta\omega_{\mathrm{n}}\dot{x} + \omega_{\mathrm{n}}^2 x = f(t), \end{aligned}$$

där $f(t) = kx_{\mathcal{A}}(t)/m$. Exakt samma typ av differentialekvation uppstår alltså då systemets tvingas i rörelse av en vibration, som när det tvingas i rörelse av en kraft.

Vid en harmoniska vibration, $x_{\mathcal{A}}(t) = b\sin(\omega t)$, får vi

$$f(t) = \frac{kb}{m}\sin(\omega t)$$

för anordningen i fig. 11.9. I sats 11.2 kan vi identifiera att $a = kb/m$, så att partikulärlösningens amplitud blir

$$X = \frac{a}{\omega_{\mathrm{n}}^2}M(\omega) = \frac{\frac{kb}{m}}{\frac{k}{m}}M(\omega) = bM(\omega).$$

Ännu en gång kan man notera förstärkningsfaktorns avgörande betydelse för svängningsrörelsens amplitud. Vi kan förvänta oss att resonans uppträder när $\omega = \omega_{\mathrm{n}}$.

Del III
Stelkroppsdynamik

12 Plan kinematik för stelkroppar

Kinematik är läran om rörelsens geometri, utan att orsaken till rörelsen beaktas. Detta kapitel ägnas åt stelkroppars rörelse, begränsad till ett plan.

12.1 Stelkroppars rörelse i planet

Enligt def. 1.1 är en stelkropp en kropp sådan att avståndet mellan varje par av materiepunkter i kroppen inte kan ändras. Stelkroppen kan alltså inte deformeras. För *plan rörelse* gäller följande:

Definition 12.1 (Plan rörelse). En stelkropp beskriver *plan rörelse* om det existerar ett plan, kallat *referensplanet*, sådant att varje kroppsfix punkt rör sig parallellt med detta plan.

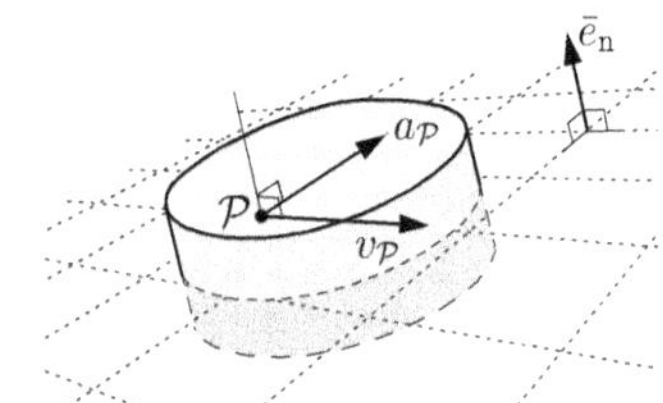

Figur 12.1: Vid plan rörelse är hastighets- och accelerationsvektorerna för varje punkt $\mathcal{P}$ parallella med ett referensplan.

Detta innebär att varje kroppsfix punkt $\mathcal{P}$ i en stelkropp i plan rörelse har en hastighet $\bar{v}_\mathcal{P}$ och en acceleration $\bar{a}_\mathcal{P}$, som båda är parallella med referensplanet (fig. 12.1). Om $\bar{e}_\mathrm{n}$ betecknar referensplanets enhetsnormal har vi

$$\bar{v}_\mathcal{P} \perp \bar{e}_\mathrm{n}, \quad \bar{a}_\mathcal{P} \perp \bar{e}_\mathrm{n}.$$

Translation och rotation

Två viktiga specialfall av plan rörelse är *translations-* och *rotationsrörelse.*

Definition 12.2 (Translationsrörelse). En stelkropp beskriver *translationsrörelse* om varje kroppsfix punkt har lika hastighet $\bar{v}(t)$ (fig. 12.2ab).

Notera att translationsrörelse, eller kort translation, inte nödvändigtvis behöver innebära rätlinjig rörelse. Till exempel beskriver var och en av gondolerna i ett pariserhjul translationsrörelse trots att själva hjulet roterar.

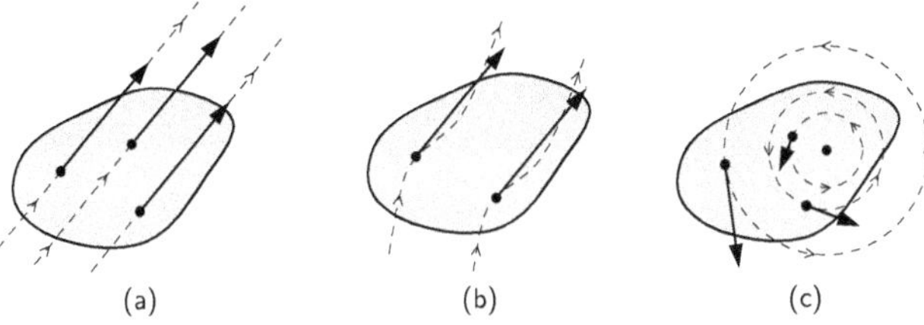

Figur 12.2: Specialfall av plan rörelse. (a) Rätlinjig translationsrörelse: varje kroppsfix punkt har samma hastighet och följer parallella räta banor. (b) Kroklinjig translationsrörelse: varje kroppsfix punkt har samma hastighet men följer krökta banor. (c) Rotationsrörelse: alla kroppsfixa punkt utför cirkelrörelse kring en axel.

Definition 12.3 (Rotationsrörelse). En stelkropp beskriver *rotationsrörelse* om det existerar en axel, kallad *rotationsaxel*, sådan att varje kroppsfix punkt beskriver en cirkelrörelse kring denna axel (fig. 12.2c).

Rotationsaxeln kan ligga på eller utanför kroppen. Vid plan rörelse är rotationsaxeln vinkelrät mot referensplanet.

Läge och orientering

Låt XYZ vara rumsfixa koordinater med den ortogonala basen $\{\bar{e}_X, \bar{e}_Y, \bar{e}_Z\}$. Antag att XY-planet valts som referensplan för plan rörelse hos stelkroppen Ω. För att entydigt beskriva stelkroppens läge i planet inför vi ett kroppsfixt rektangulärt koordinatsystem med koordinaterna x, y och z, och med origo beläget i den kroppsfixa punkten $\mathcal{P}$. Det kroppsfixa systemets bas betecknas $\{\bar{e}_x, \bar{e}_y, \bar{e}_z\}$ där

$$\bar{e}_x = \cos\theta \bar{e}_X + \sin\theta \bar{e}_Y, \tag{12.1a}$$

$$\bar{e}_y = -\sin\theta \bar{e}_X + \cos\theta \bar{e}_Y, \tag{12.1b}$$

$$\bar{e}_z = \bar{e}_Z. \tag{12.1c}$$

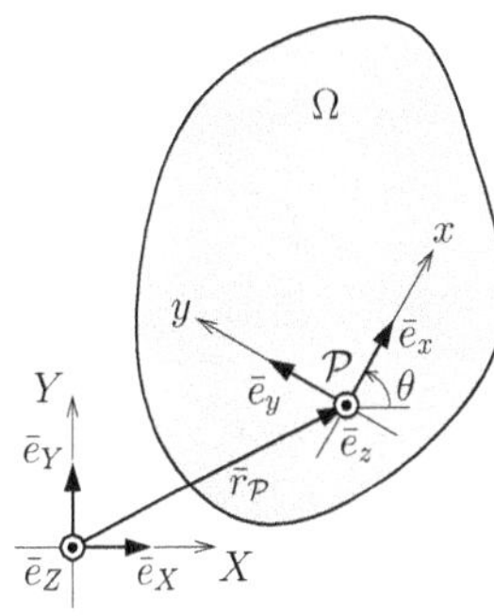

Figur 12.3: Beskrivning av en stelkropps läge och orientering med ett rumsfixt koordinatsystem XYZ och ett kroppsfixt koordinatsystem xyz.

Här betecknar θ den *polära vinkeln* för $\bar{e}_x$, d.v.s. vinkeln från X-riktningen till x-riktningen. Denna storhet θ beskriver stelkroppens *orientering*. Stelkroppens läge kan beskrivas fullständigt av $\bar{r}_\mathcal{P}$ tillsammans med vinkeln θ (fig. 12.3). Dess rörelse kan därmed beskrivas med funktionerna $\bar{r}_\mathcal{P}(t)$ och $\theta(t)$. Eftersom $\theta = \theta(t)$ gäller det att $\bar{e}_x = \bar{e}_x(t)$ och $\bar{e}_y = \bar{e}_y(t)$ är funktioner av tiden.

Vinkelhastighet och vinkelacceleration

Storheten vinkelhastighet beskriver hur snabbt en stelkropp roterar. Vi kommer genomgående använda enheten rad/s för vinkelhastighet. En annan vanlig enhet är varv/min, som t.ex. används för vinkelhastigheten hos LP-skivor och motorer.

Definition 12.4 (Vinkelhastighet i planet). *Vinkelhastigheten* för en stelkropp i plan rörelse är

$$\bar{\omega} \equiv \dot{\theta}\bar{e}_\text{n}, \tag{12.2}$$

där $\bar{e}_\mathrm{n}$ är referensplanets normal och $\theta(t)$ är den polära vinkeln för en kroppsfix axel i referensplanet (fig. 12.3).

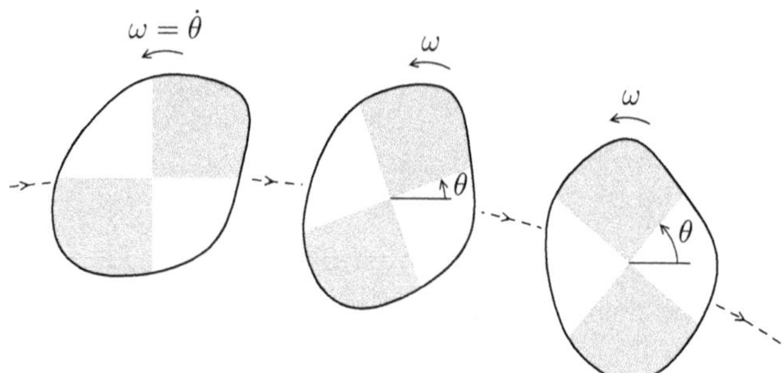

Figur 12.4: Plan rörelse där vinkeln θ till en tänkt kroppsfix linje ökar p.g.a. vinkelhastigheten ω.

Vid plan rörelse kan vi alltså skriva $\bar{\omega} = \omega\bar{e}_\mathrm{n}$, där $\omega = \dot{\theta}$ (fig. 12.4). Det är vanligt att man benämner skalären ω vinkelhastigheten. Vinkelhastighetens vektorriktning kan bestämmas med en variant av högerhandsregeln, enligt fig. 12.5.

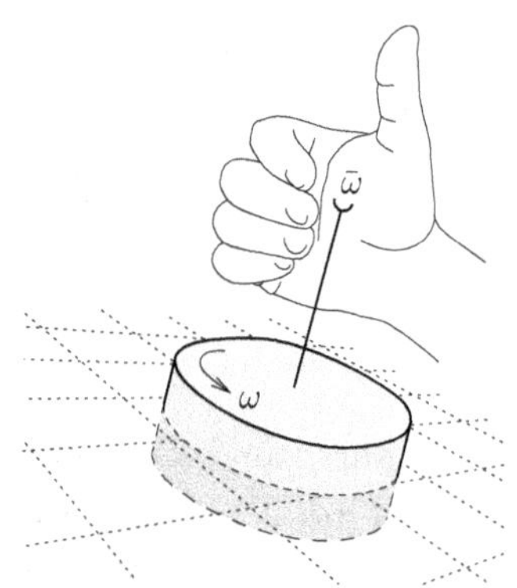

Figur 12.5: Vinkelhastighetens vektorriktning bestäms genom att höger hands fingrar, utom tummen, linjeras med rotationsriktningen. Tummen pekar då i vinkelhastighetens riktning.

Sats 12.5. Vinkelhastigheten $\bar{\omega}$ för en stelkropp i plan rörelse är oberoende av valet av kroppsfixt koordinatsystem.

Bevis. Vi väljer XY-planet som referensplan. Betrakta två olika kroppsfixa koordinatsystem: xyz med origo $\mathcal{P}$ samt $x^*y^*z^*$ med origo $\mathcal{Q}$ där $\bar{e}_z = \bar{e}_{z^*} = \bar{e}_Z$. Vinkeln ϕ från $\bar{e}_x$ till $\bar{e}_{x^*}$ är konstant eftersom dessa båda vektorer är kroppsfixa (fig. 12.6). Om den polära vinkeln för $\bar{e}_x$ är $\theta(t)$, så är den polära vinkeln för $\bar{e}_{x^*}$ alltså

$$\theta^*(t) = \theta(t) + \phi \quad \Rightarrow \quad \dot{\theta}^* = \dot{\theta}.$$

Enligt def. 12.4 ger båda valen av koordinatsystem vinkelhastigheten $\bar{\omega} = \dot{\theta}\bar{e}_Z$. □

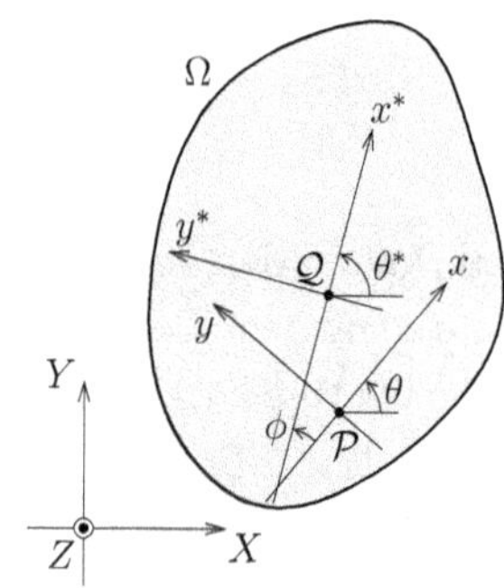

Figur 12.6: Geometri för sats 12.5. Två kroppsfixa koordinatsystem xyz respektive $x^*y^*z^*$ med olika orientering och origo.

Vinkelhastigheten $\bar{\omega}$ är alltså oberoende av det kroppsfixa koordinatsystemets läge och orientering relativt kroppen. Vinkelhastigheten är därmed en fri vektor, som inte är knuten till någon särskild punkt i kroppen.

Definition 12.6 (Vinkelacceleration i planet). *Vinkelaccelerationen* för en stelkropp i plan rörelse med vinkelhastigheten $\bar{\omega}$ definieras

$$\bar{\alpha} \equiv \dot{\bar{\omega}} = \ddot{\theta}\bar{e}_\mathrm{n}, \tag{12.3}$$

där $\bar{e}_\mathrm{n}$ är referensplanets normal och $\theta(t)$ är den polära vinkeln för en kroppsfix axel i referensplanet.

Eftersom vinkelhastigheten är en fri vektor, och eftersom vinkelaccelerationen definieras utifrån vinkelhastigheten, måste även vinkelaccelerationen $\bar{\alpha}$ vara en fri vektor.

Hastighets- och accelerationssamband

Hjälpsats 12.7 (Tidsderivering av kroppsfix vektor). För en stelkropp i plan rörelse med vinkelhastigheten $\bar{\omega}$ ges tidsderivatan av en kroppsfix geometrisk vektor $\bar{u}$ av

$$\dot{\bar{u}} = \bar{\omega} \times \bar{u}. \tag{12.4}$$

Bevis. Vi väljer ett rumsfixt koordinatsystem XYZ sådant att XY-planet är referensplan, samt inför ett kroppsfixt koordinatsystem med basen xyz där $\bar{e}_z = \bar{e}_Z$. Vektorn $\bar{u}$ kan då skrivas

$$\bar{u} = u_x\bar{e}_x + u_y\bar{e}_y, \tag{12.5}$$

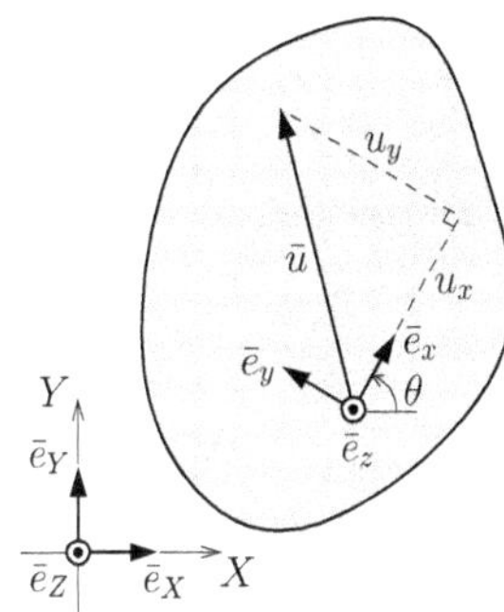

Figur 12.7: Geometri för beviset av hjälpsats 12.7.

där u_x och u_y är konstanta komponenter (fig. 12.7). Om den polära vinkeln för $\bar{e}_x$ är $\theta(t)$ ger insättning av ekv. (12.1a) och ekv. (12.1b) i ekv. (12.5):

$$\bar{u} = u_x(\cos\theta\bar{e}_X + \sin\theta\bar{e}_Y) + u_y(-\sin\theta\bar{e}_X + \cos\theta\bar{e}_Y),$$

varpå tidsderivering ger vänsterledet i ekv. (12.4):

$$\begin{aligned}\dot{\bar{u}} &= u_x\dot{\theta}(-\sin\theta\bar{e}_X + \cos\theta\bar{e}_Y) + u_y\dot{\theta}(-\cos\theta\bar{e}_X - \sin\theta\bar{e}_Y)\\ &= \dot{\theta}(u_x\bar{e}_y - u_y\bar{e}_x).\end{aligned}$$

Med def. 12.4 för vinkelhastighet och ekv. (12.5) blir högerledet i ekv. (12.4):

$$\begin{aligned}\bar{\omega} \times \bar{u} &= \dot{\theta}\bar{e}_z \times (u_x\bar{e}_x + u_y\bar{e}_y)\\ &= \dot{\theta}\left[u_x(\bar{e}_z \times \bar{e}_x) + u_y(\bar{e}_z \times \bar{e}_y)\right]\\ &= \dot{\theta}(u_x\bar{e}_y - u_y\bar{e}_x).\end{aligned}$$

Således är vänster- och högerleden lika i ekv. (12.4). □

Sats 12.8 (Hastighetssamband). För en stelkropp i plan rörelse med vinkelhastigheten $\bar{\omega}$ gäller

$$\bar{v}_{\mathcal{Q}} = \bar{v}_{\mathcal{P}} + \bar{\omega} \times \overline{\mathcal{PQ}}, \tag{12.6}$$

där $\mathcal{P}$ och $\mathcal{Q}$ är kroppsfixa punkter.

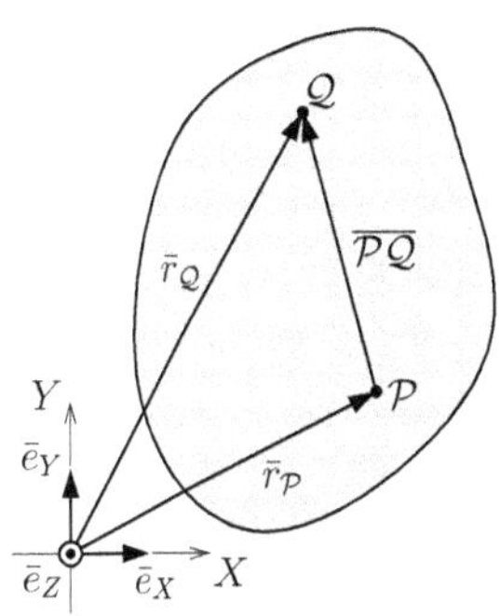

Figur 12.8: Geometri för beviset av sats 12.8.

Bevis. Parallellogramlagen ger (fig. 12.8)

$$\bar{r}_{\mathcal{Q}} = \bar{r}_{\mathcal{P}} + \overline{\mathcal{PQ}}.$$

Derivering m.a.p. tiden med observationen att $\overline{\mathcal{PQ}}$ är kroppsfix ger

$$\begin{aligned}&\dot{\bar{r}}_{\mathcal{Q}} = \dot{\bar{r}}_{\mathcal{P}} + \dot{\overline{\mathcal{PQ}}} \quad \Leftrightarrow \quad \{\text{sats 12.7}\} \quad \Leftrightarrow\\ &\bar{v}_{\mathcal{Q}} = \bar{v}_{\mathcal{P}} + \bar{\omega} \times \overline{\mathcal{PQ}}.\end{aligned}$$

□

Varje stelkropp i ett mekaniskt system har sin egen vinkelhastighet. Vet man hastigheten för en kroppsfix punkt samt kroppens vinkelhastighet kan man beräkna hastigheten för varje annan kroppsfix punkt m.h.a. ekv. (12.6). Direkt tidsderivering av ekv. (12.6) ger ett samband mellan olika kroppsfixa punkters acceleration.

Sats 12.9 (Accelerationssamband). För en stelkropp i plan rörelse med vinkelhastigheten $\bar{\omega}$ och vinkelaccelerationen $\bar{\alpha}$ gäller

$$\bar{a}_{\mathcal{Q}} = \bar{a}_{\mathcal{P}} + \bar{\alpha} \times \overline{\mathcal{PQ}} + \bar{\omega} \times \left(\bar{\omega} \times \overline{\mathcal{PQ}}\right), \tag{12.7}$$

där $\mathcal{P}$ och $\mathcal{Q}$ är kroppsfixa punkter.

Bevis. Derivering av ekv. (12.6) m.a.p. tiden t ger

$$\dot{\bar{v}}_{\mathcal{Q}} = \dot{\bar{v}}_{\mathcal{P}} + \frac{\mathrm{d}}{\mathrm{d}t}\left(\bar{\omega} \times \overline{\mathcal{PQ}}\right) \quad \Leftrightarrow \quad \{\text{produktregeln (A.25c)}\} \quad \Leftrightarrow$$
$$\bar{a}_{\mathcal{Q}} = \bar{a}_{\mathcal{P}} + \dot{\bar{\omega}} \times \overline{\mathcal{PQ}} + \bar{\omega} \times \dot{\overline{\mathcal{PQ}}}.$$

Vi utnyttjar slutligen att vinkelaccelerationen definieras $\bar{\alpha} = \dot{\bar{\omega}}$ samt att $\dot{\overline{\mathcal{PQ}}} = \bar{\omega} \times \overline{\mathcal{PQ}}$ enligt hjälpsats 12.7, vilket ger

$$\bar{a}_{\mathcal{Q}} = \bar{a}_{\mathcal{P}} + \bar{\alpha} \times \overline{\mathcal{PQ}} + \bar{\omega} \times \left(\bar{\omega} \times \overline{\mathcal{PQ}}\right). \qquad \square$$

12.2 Momentancentrum

Enligt ekv. (12.6) varierar hastigheten mellan olika punkter inom en stelkropp. Vi ställer oss frågan, huruvida det är möjligt att för *varje* stelkroppsrörelse hitta en kroppsfix punkt[29] med hastigheten noll? Detta visar sig vara möjligt om vinkelhastigheten är nollskild:

[29] En kroppsfix punkt är fix relativt ett kroppsfixt koordinatsystem, men behöver inte vara belägen inom kroppen.

Sats 12.10 (Momentancentrum). För en stelkropp i plan rörelse med vinkelhastigheten $\bar{\omega} \neq \bar{0}$ existerar det i varje ögonblick en unik kroppsfix punkt $\mathcal{C}$ i referensplanet kallad *momentancentrum* sådan att $\bar{v}_{\mathcal{C}} = \bar{0}$.

Bevis. Låt xyz vara ett rumsfixt koordinatsystem med xy-planet som referensplan, så att $\bar{\omega} = \omega\bar{e}_z$. Välj en kroppsfix punkt $\mathcal{P}$ med lägesvektorn $\bar{r}_{\mathcal{P}} = x_{\mathcal{P}}\bar{e}_x + y_{\mathcal{P}}\bar{e}_y$ och hastigheten $\bar{v}_{\mathcal{P}}$. Varje kroppsfix punkt $\mathcal{C}$ med lägesvektorn $\bar{r}_{\mathcal{C}} = x_{\mathcal{C}}\bar{e}_x + y_{\mathcal{C}}\bar{e}_y$ och hastigheten $\bar{v}_{\mathcal{C}} = \bar{0}$ måste uppfylla ekv. (12.6):

$$\bar{0} = \bar{v}_{\mathcal{P}} + \bar{\omega} \times \overline{\mathcal{PC}} \quad \Leftrightarrow$$

$$\begin{cases} 0 = v_{\mathcal{P}x} - \omega(y_{\mathcal{C}} - y_{\mathcal{P}}) \\ 0 = v_{\mathcal{P}y} + \omega(x_{\mathcal{C}} - x_{\mathcal{P}}) \end{cases} \quad \Leftrightarrow$$

$$\underbrace{\begin{bmatrix} 0 & \omega \\ -\omega & 0 \end{bmatrix}}_{=\bar{\bar{A}}} \begin{bmatrix} x_\mathcal{C} \\ y_\mathcal{C} \end{bmatrix} = \begin{bmatrix} v_{\mathcal{P}x} + \omega y_\mathcal{P} \\ v_{\mathcal{P}y} - \omega x_\mathcal{P} \end{bmatrix}.$$

Eftersom $\det \bar{\bar{A}} = \omega^2 \neq 0$ existerar en unik lösning $(x_\mathcal{C}, y_\mathcal{C})$.[30] Således existerar en unik kroppsfix punkt $\mathcal{C}$ sådan att $\bar{v}_\mathcal{C} = \bar{0}$. □

[30] Matriser skrivs med dubbelstreck över variabelnamnet

I varje ögonblick finns alltså *en* kroppsfix punkt $\mathcal{C}$, som kan vara belägen på eller utanför kroppen, som har hastigheten noll. I ögonblicket förefaller alla kroppsfixa punkter röra sig i en cirkelbana kring $\mathcal{C}$.

Om $\mathcal{C}$ betecknar en stelkropps momentancentrum följer det av ekv. (12.6) att hastigheten för en kroppsfix punkt $\mathcal{P}$ är

$$\bar{v}_\mathcal{P} = \bar{\omega} \times \overline{\mathcal{CP}}.$$

Kryssproduktens egenskaper ger att hastigheten $\bar{v}_\mathcal{P}$ är vinkelrät mot linjen $\mathcal{CP}$, samt att

$$v_\mathcal{P} = \pm\omega r, \qquad r = |\overline{\mathcal{CP}}|. \tag{12.8}$$

Kroppsfixa punkters fart ökar alltså linjärt med avståndet r från momentancentrum.

Momentancentrum för en stelkropp kan konstrueras grafiskt om hastighetsriktningen är känd för två kroppsfixa punkter, $\mathcal{P}$ och $\mathcal{Q}$. Rita då en linje $\mathcal{L}_1$ vinkelrät mot $\bar{v}_\mathcal{P}$ genom $\mathcal{P}$, samt en linje $\mathcal{L}_2$ vinkelrät mot $\bar{v}_\mathcal{Q}$ genom $\mathcal{Q}$. Momentancentrum $\mathcal{C}$ är skärningspunkt mellan $\mathcal{L}_1$ och $\mathcal{L}_2$ (fig. 12.9). Därefter bestäms kroppens vinkelhastighet med ekv. (12.8) till $\omega = v_\mathcal{P}/|\overline{\mathcal{CP}}|$.

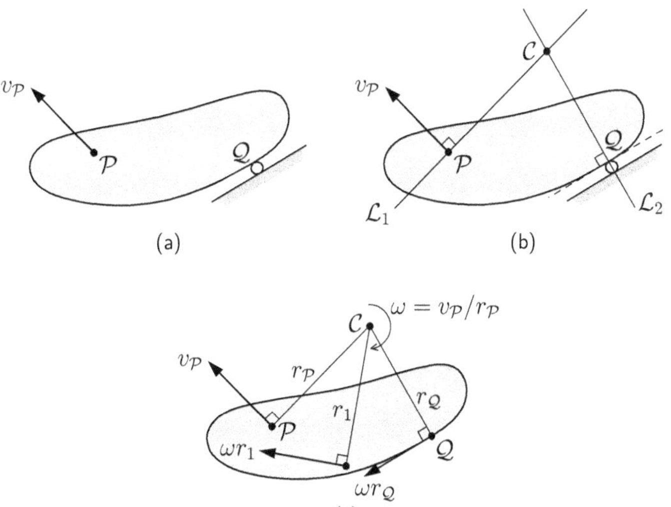

Figur 12.9: (a) En stelkropp har känd hastighet i $\mathcal{P}$, samt känd hastighetsriktning i $\mathcal{Q}$. (b) Rita en linje $\mathcal{L}_1$ vinkelrät mot hastighetsriktningen vid $\mathcal{P}$, och en linje $\mathcal{L}_2$ vinkelrät mot hastigetsriktningen vid $\mathcal{Q}$. Linjernas skärningspunkt är momentancentrum $\mathcal{C}$. (c) Vinkelhastigheten ges av ekv. (12.8), och hastigheten för varje punkt på kroppen är vinkelrät mot en stråle från $\mathcal{C}$ till punkten.

Ett annat viktigt exempel är fixaxelrotation, där punkten vid rotationsaxeln är momentancentrum $\mathcal{C}$, och varje kroppsfix punkt beskriver en cirkelrörelse kring $\mathcal{C}$ (fig. 12.10).

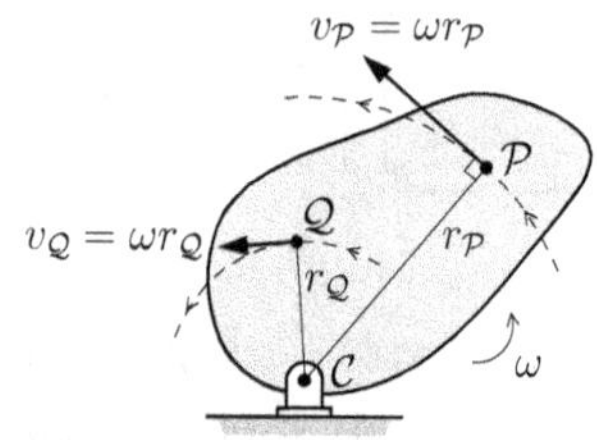

Figur 12.10: Vid fixaxelrotation är momentancentrum $\mathcal{C}$ beläget vid rotationsaxeln.

12.3 Rullning utan glidning

Om en stelkropp med rundad form rullar mot ett underlag utan att glida innebär det att hastighetsskillnaden mellan kroppen och underlaget är noll i kontaktpunkten mellan dem. Kontaktpunkten är därför momentancentrum $\mathcal{C}$ för den rullande stelkroppen. Ett viktigt specialfall är rullande hjul.

Betrakta ett cirkulärt hjul med radien R, som rullar utan att glida mot ett horisontellt underlag. Hjulets nav $\mathcal{P}$ kommer att röra sig rätlinjigt, parallellt med underlaget. I kontaktpunkten $\mathcal{C}$ mellan hjulet och underlaget är hastigheten $\bar{v}_\mathcal{C} = \bar{0}$, så kontaktpunkten är hjulets momentancentrum. Enligt ekv. (12.8) gäller att navet har hastigheten

$$v_\mathcal{P} = \omega|\overline{\mathcal{CP}}| = \omega R, \tag{12.9}$$

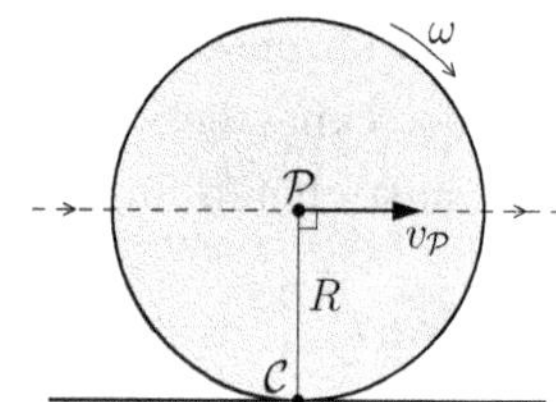

Figur 12.11: Ett hjul rullar utan glidning åt höger på ett plant underlag. Navet $\mathcal{P}$ rör sig rätlinjigt och kontaktpunkten $\mathcal{C}$ är momentancentrum.

riktad längsmed underlaget, där ω är hjulets vinkelhastighet (fig. 12.11). Vidare gäller för varje kroppsfix punkt $\mathcal{Q}$ på hjulet att hastigheten är vinkelrät mot en stråle $\mathcal{CQ}$ (fig. 12.12), så att

$$v_\mathcal{Q} = \omega|\overline{\mathcal{CQ}}|. \tag{12.10}$$

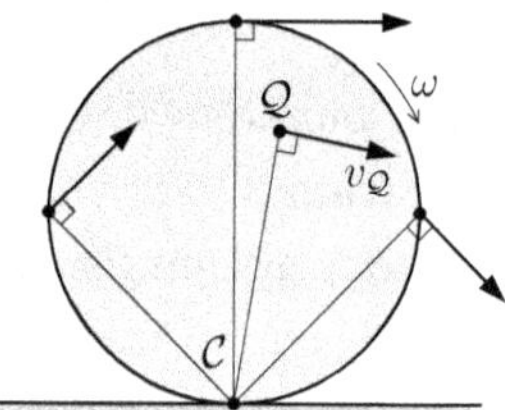

Figur 12.12: Ett hjul rullar utan glidning åt höger på ett plant underlag. Hastigheten för varje kroppsfix punkt $\mathcal{Q}$ är vinkelrät mot en stråle $\mathcal{CQ}$.

Eftersom hjulets nav $\mathcal{P}$ beskriver rätlinjig rörelse (fig. 12.11) ges navets acceleration av

$$\begin{aligned} a_\mathcal{P} &= \dot{v}_\mathcal{P} = \{\text{ekv. (12.9)}\} \\ &= \dot{\omega}R \\ &= \alpha R, \end{aligned}$$

riktad längsmed underlaget, där $\alpha = \dot{\omega}$ är hjulets vinkelacceleration. Det är viktigt att inse att accelerationen i hjulets momentancentrum $\mathcal{C}$ är nollskild. Låt x-axeln vara riktad längs underlaget och låt y-axeln vara vinkelrät mot underlaget så att

$$\bar{a}_\mathcal{P} = \alpha R\bar{e}_x, \quad \bar{\omega} = -\omega\bar{e}_z, \quad \bar{\alpha} = -\alpha\bar{e}_z.$$

Accelerationssambandet, ekv. (12.7), ger i så fall

$$\begin{aligned} \bar{a}_\mathcal{C} &= \bar{a}_\mathcal{P} + \bar{\alpha} \times \overline{\mathcal{PC}} + \bar{\omega} \times (\bar{\omega} \times \overline{\mathcal{PC}}) \\ &= \underbrace{\alpha R\bar{e}_x - \alpha\bar{e}_z \times R(-\bar{e}_y)}_{=\bar{0}} - \omega\bar{e}_z \times [-\omega\bar{e}_z \times R(-\bar{e}_y)] \\ &= \omega^2 R\bar{e}_y. \end{aligned}$$

Accelerationen för den kroppsfixa punkten vid momentancentrum är alltså orienterad i y-riktningen vinkelrätt mot underlaget, vilket beror på att denna kroppsfixa punkt befinner sig i sin banas vändläge (fig. 12.13).

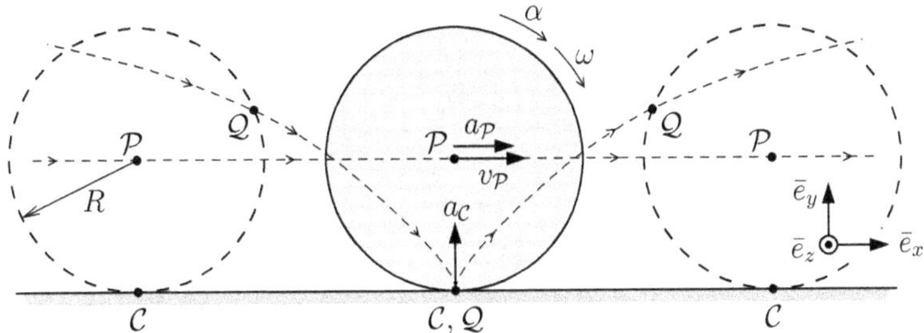

Figur 12.13: Ett hjul rullar utan glidning åt höger på ett plant underlag. En punkt $\mathcal{Q}$ på hjulets periferi rör sig längs en bana med vändläge i momentancentrum $\mathcal{C}$.

13
Plan kinetik för stelkroppar

Plan kinetik behandlar stela kroppars rörelse i ett givet referensplan. Vissa av definitionerna och satserna gäller även för generell tredimensionell rörelse. Om satsen är begränsad till plan rörelse anges detta särskilt i förutsättningarna.

13.1 Eulers rörelselagar

Medan Newtons rörelselagar gäller för partiklar, gäller *Eulers rörelselagar* för stelkroppar med utsträckning i rummet och under rotation. De beskriver hur ett kraftsystem påverkar kroppens rörelsemängd och rörelsemängdsmoment. Vi börjar med att definiera rörelsemängd och rörelsemängdsmoment för generella deformerbara kroppar.

Definition 13.1 (Rörelsemängd). *Rörelsemängden* hos en kropp Ω är

$$\bar{G} \equiv \int_{\Omega} \bar{v} \mathrm{d}m, \tag{13.1}$$

där $\bar{v}$ betecknar hastigheten för masselementet $\mathrm{d}m$ i ett inertialsystem (fig. 13.1).

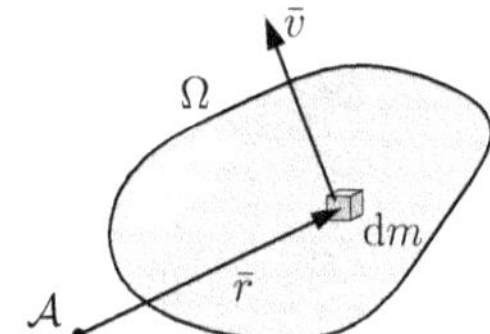

Figur 13.1: Geometri för def. 13.1 och 13.2, där $\bar{r}$ är en vektor från en godtycklig punkt $\mathcal{A}$ till masselementet $\mathrm{d}m$, och $\bar{v}$ är masselementets hastigheten.

Definition 13.2 (Rörelsemängdsmoment). *Rörelsemängdsmomentet* hos en kropp Ω m.a.p. en godtycklig punkt $\mathcal{A}$ är

$$\bar{H}_{\mathcal{A}} \equiv \int_{\Omega} (\bar{r} \times \bar{v}) \mathrm{d}m, \tag{13.2}$$

där $\bar{r}$ är en vektor från $\mathcal{A}$ till masselementet $\mathrm{d}m$, och $\bar{v}$ är masselementets hastighet i ett inertialsystem (fig. 13.1).

Om en kropp påverkas av ett kraftsystem (def. 2.7) med kraftsumman $\Sigma\bar{F}$ (def. 2.8) och momentsumman $\Sigma\bar{M}_{\mathcal{D}}$ m.a.p. en rumsfix punkt $\mathcal{D}$[31] (def. 2.9), kommer detta kraftsystemet att ge en förändring hos kroppens rörelsemängd och rörelsemängdsmoment enligt Eulers rörelselagar:

[31] *rumsfix punkt* – en fixpunkt i ett inertialsystem.

Postulat 13.3 (Eulers rörelselagar). För en kropp, som påverkas av ett kraftsystem med kraftsumman $\Sigma\bar{F}$ och momentsumman $\Sigma\bar{M}_{\mathcal{D}}$ m.a.p. en rumsfix punkt $\mathcal{D}$, gäller

$$\Sigma\bar{F} = \dot{\bar{G}}, \tag{13.3a}$$

$$\Sigma\bar{M}_{\mathcal{D}} = \dot{\bar{H}}_{\mathcal{D}}, \tag{13.3b}$$

där $\bar{G}$ är kroppens rörelsemängd och $\bar{H}_{\mathcal{D}}$ är dess rörelsemängdsmoment m.a.p. $\mathcal{D}$.

Eulers första lag, ekv. (13.3a), kallas *kraftlagen* och beskriver hur kroppens translation påverkas av kraftsystemet, medan Eulers andra lag, ekv. (13.3b), kallas *momentlagen* och beskriver hur kroppens rotation påverkas av kraftsystemet. Eulers lagar gäller endast för inertialsystem.

I det följande kommer vi att utreda hur uttrycken för rörelsemängd och rörelsemängdsmoment kan förenklas för stelkroppar, och hur Eulers rörelselagar kan användas och tolkas.

13.2 Eulers första lag: kraftlagen

Uttrycket för rörelsemängd förenklas för stelkroppar, vilket också förenklar kraftlagen. För att kunna härleda dessa förenklade uttryck krävs en hjälpsats.

Hjälpsats 13.4. För en stelkropp Ω gäller

$$\int_{\Omega} \bar{s}\mathrm{d}m = \bar{0}, \tag{13.4}$$

där $\bar{s}$ är en vektor från kroppens masscentrum $\mathcal{G}$ till masselementet $\mathrm{d}m$.

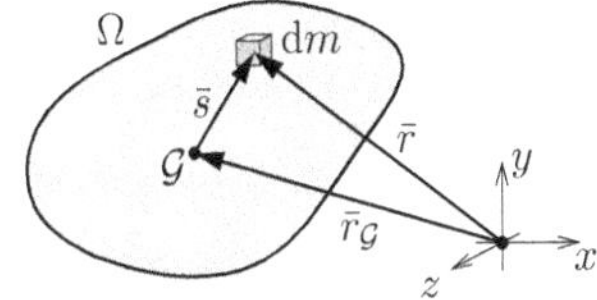

Figur 13.2: Stelkropp där vektorn $\bar{s}$ utgår från masscentrum $\mathcal{G}$ till ett masselement $\mathrm{d}m$. Vektorn $\bar{r}$ är masselementets lägesvektor relativt ett givet koordinatsystem.

Bevis. Masselementets lägesvektor är $\bar{r} = \bar{r}_{\mathcal{G}} + \bar{s}$ enligt parallellogramlagen (fig. 13.2). Om $m > 0$ betecknar stelkroppens massa ger def. 4.1 masscentrums lägesvektor

$$\begin{aligned}
\bar{r}_{\mathcal{G}} &= \frac{1}{m}\int_{\Omega} \bar{r}\mathrm{d}m \\
&= \frac{1}{m}\int_{\Omega} (\bar{r}_{\mathcal{G}} + \bar{s})\,\mathrm{d}m = \{\bar{r}_{\mathcal{G}} \text{ konstant}\} \\
&= \frac{1}{m}\bar{r}_{\mathcal{G}} \underbrace{\int_{\Omega} \mathrm{d}m}_{=m} + \frac{1}{m}\int_{\Omega} \bar{s}\mathrm{d}m \\
&= \bar{r}_{\mathcal{G}} + \frac{1}{m}\int_{\Omega} \bar{s}\mathrm{d}m.
\end{aligned}$$

Subtraktion med $\bar{r}_{\mathcal{G}}$ i båda led och multiplikation med m bevisar hjälpsatsen. □

Sats 13.5 (Rörelsemängd hos en stelkropp)**.** Rörelsemängden hos en stelkropp med massan m är

$$\bar{G} = m\bar{v}_{\mathcal{G}}, \tag{13.5}$$

där $\bar{v}_{\mathcal{G}}$ är hastigheten för kroppens masscentrum $\mathcal{G}$.

Bevis. Låt $\bar{r}_{\mathcal{G}}$ beteckna masscentrums läge, så att lägesvektorn $\bar{r}$ för ett masselement i stelkroppen Ω skrivs

$$\bar{r} = \bar{r}_{\mathcal{G}} + \bar{s} \quad \Rightarrow \quad \dot{\bar{r}} = \dot{\bar{r}}_{\mathcal{G}} + \dot{\bar{s}} \quad \Leftrightarrow \quad \bar{v} = \bar{v}_{\mathcal{G}} + \dot{\bar{s}},$$

där $\bar{s}$ är en vektor som utgår från $\mathcal{G}$ (fig. 13.2). Definition 13.1 för rörelsemängd ger

$$\begin{aligned}
\bar{G} &= \int_{\Omega} \bar{v}\mathrm{d}m \\
&= \int_{\Omega} \left(\bar{v}_{\mathcal{G}} + \dot{\bar{s}}\right) \mathrm{d}m = \left\{\bar{v}_{\mathcal{G}} \text{ konstant}\right\} \\
&= \bar{v}_{\mathcal{G}} \underbrace{\int_{\Omega} \mathrm{d}m}_{=m} + \int_{\Omega} \dot{\bar{s}}\mathrm{d}m \\
&= m\bar{v}_{\mathcal{G}} + \frac{\mathrm{d}}{\mathrm{d}t}\left(\int_{\Omega} \bar{s}\mathrm{d}m\right) = \left\{\text{hjälpsats 13.4}\right\} \\
&= m\bar{v}_{\mathcal{G}}.
\end{aligned}$$

□

Tidsderivering av ekv. (13.5) ger $\dot{\bar{G}} = m\bar{a}_{\mathcal{G}}$. Efter insättning i kraftlagen, ekv. (13.3a), får vi

$$\Sigma\bar{F} = m\bar{a}_{\mathcal{G}}. \tag{13.6}$$

Rörelselagen för en stelkropps masscentrum antar alltså samma form som kraftlagen för en partikel, ekv. (8.1).

13.3 Eulers andra lag: momentlagen

Momentlagen, ekv. (13.3b), är formulerad för rörelsemängdsmomentet m.a.p. en rumsfix punkt $\mathcal{D}$. Vi ska nu visa att momentlagen också kan formuleras m.a.p. en stelkopps masscentrum $\mathcal{G}$. För detta krävs en förflyttningssats för rörelsemängdsmoment.

Sats 13.6 (Förflyttningssatsen för rörelsemängdsmoment)**.** För en kropp med masscentrum $\mathcal{G}$, och för en godtyckliga punkt $\mathcal{A}$, gäller att

$$\bar{H}_{\mathcal{A}} = \bar{H}_{\mathcal{G}} + \overline{\mathcal{AG}} \times \bar{G}, \tag{13.7}$$

där $\bar{H}_{\mathcal{A}}$ och $\bar{H}_{\mathcal{G}}$ är kroppens rörelsemängdsmoment m.a.p. $\mathcal{A}$ respektive $\mathcal{G}$, och $\bar{G}$ är kroppens rörelsemängd.

Bevis. Placera origo i punkten $\mathcal{A}$. Låt $\bar{r}_\mathcal{G} = \overline{\mathcal{AG}}$, så att lägesvektorn $\bar{r}$ för ett masselement dm i stelkroppen Ω kan skrivas

$$\bar{r} = \bar{r}_\mathcal{G} + \bar{s},$$

där $\bar{s}$ är en vektor som utgår från $\mathcal{G}$ (fig. 13.2). Definition 13.2 av rörelsemängdsmoment ger

$$\begin{aligned}
\bar{H}_\mathcal{A} &= \int_\Omega (\bar{r} \times \bar{v})\mathrm{d}m \\
&= \int_\Omega \left[(\bar{r}_\mathcal{G} + \bar{s}) \times \bar{v}\right] \mathrm{d}m \\
&= \int_\Omega (\bar{r}_\mathcal{G} \times \bar{v})\, \mathrm{d}m + \int_\Omega (\bar{s} \times \bar{v})\, \mathrm{d}m = \{\text{def. 13.2 m.a.p. } \mathcal{G}\} \\
&= \int_\Omega (\bar{r}_\mathcal{G} \times \bar{v})\, \mathrm{d}m + \bar{H}_\mathcal{G} = \{\bar{r}_\mathcal{G} \text{ konstant}\} \\
&= \bar{r}_\mathcal{G} \times \int_\Omega \bar{v}\mathrm{d}m + \bar{H}_\mathcal{G} = \{\text{def. 13.1}\} \\
&= \overline{\mathcal{AG}} \times \bar{G} + \bar{H}_\mathcal{G}.
\end{aligned}$$

□

För stelkroppar ger satserna 13.5 och 13.6 att

$$\bar{H}_\mathcal{A} = \bar{H}_\mathcal{G} + \overline{\mathcal{AG}} \times m\bar{v}_\mathcal{G}. \tag{13.8}$$

Detta kommer vi slutligen att utnyttja för att omformulera momentlagen så att den kan tillämpas m.a.p. masscentrum $\mathcal{G}$.

Sats 13.7 (Momentlagen m.a.p. masscentrum)**.** För en stelkropp som påverkas av ett kraftsystem med momentsumman $\Sigma\bar{M}_\mathcal{G}$ m.a.p. masscentrum $\mathcal{G}$ gäller

$$\Sigma\bar{M}_\mathcal{G} = \dot{\bar{H}}_\mathcal{G}, \tag{13.9}$$

där $\bar{H}_\mathcal{G}$ är stelkroppens rörelsemängdsmoment m.a.p. $\mathcal{G}$.

Bevis. Placera origo i en rumsfix punkt $\mathcal{D}$, och låt $\bar{r}_\mathcal{G} = \overline{\mathcal{DG}}$. Förflyttningssatsen 2.10 för momentsumma ger

$$\begin{aligned}
\Sigma\bar{M}_\mathcal{D} &= \Sigma\bar{M}_\mathcal{G} + \overline{\mathcal{DG}} \times \Sigma\bar{F} = \{\text{kraftlagen (13.6)}\} \\
&= \Sigma\bar{M}_\mathcal{G} + \bar{r}_\mathcal{G} \times m\bar{a}_\mathcal{G}.
\end{aligned} \tag{13.10}$$

Tidsderivaring av förflyttningssatsen 13.6 för rörelsemängdsmoment ger

$$\begin{aligned}
\dot{\bar{H}}_\mathcal{D} &= \frac{\mathrm{d}}{\mathrm{d}t}\left(\bar{H}_\mathcal{G} + \overline{\mathcal{DG}} \times \bar{G}\right) = \{\text{sats 13.5}\} \\
&= \dot{\bar{H}}_\mathcal{G} + \frac{\mathrm{d}}{\mathrm{d}t}(\bar{r}_\mathcal{G} \times m\bar{v}_\mathcal{G}) = \{\text{produktregeln (A.25c)}\} \\
&= \dot{\bar{H}}_\mathcal{G} + \bar{v}_\mathcal{G} \times m\bar{v}_\mathcal{G} + \bar{r}_\mathcal{G} \times m\bar{a}_\mathcal{G} = \{\bar{v}_\mathcal{G} \times \bar{v}_\mathcal{G} = \bar{0}\} \\
&= \dot{\bar{H}}_\mathcal{G} + \bar{r}_\mathcal{G} \times m\bar{a}_\mathcal{G}.
\end{aligned} \tag{13.11}$$

Insättning av ekv. (13.10) och (13.11) i ekv. (13.3b) ger

$$\Sigma\bar{M}_\mathcal{G} = \dot{\bar{H}}_\mathcal{G}.$$

□

13.4 Plan stelkropp i plan rörelse

Hittills i detta kapitel har vi formulerat teorin för stelkroppar av generell form i tredimensionell rörelse. Vi begränsar oss nu till plana stelkroppar i plan rörelse.

Definition 13.8 (Plan stelkropp)**.** En *plan stelkropp* har symmetrisk geometri och symmetrisk densitet m.a.p. ett symmetriplan, vars normal kallas *tjockleksriktningen* (fig. 13.3a).

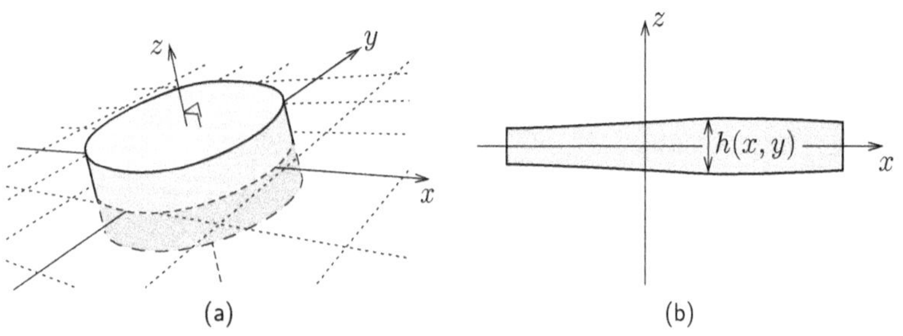

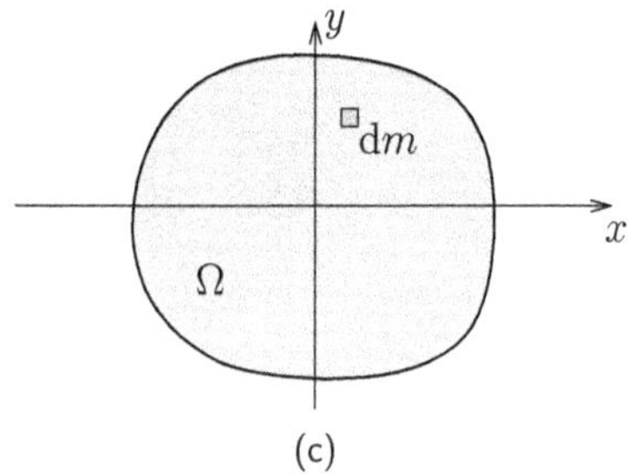

Figur 13.3: (a) Plan stelkropp där xy-planet är symmetriplan. (b) Genomskärning av en plan kropp. Höjden $h(x, y)$ tillåts variera i planet. (c) Den plana kroppens projektionsyta Ω med ytelementet $\mathrm{d}A$, densiteten ϱ_A och masselementet $\mathrm{d}m$.

Den plana stelkroppens tjocklek h är dess utsträckning tjockleksriktningen (fig. 13.3b). Den plana kroppens *ytdensiteten* definieras

$$\varrho_A \equiv \int_{-h/2}^{h/2} \varrho \mathrm{d}z, \tag{13.12}$$

där ϱ är densiteten och z är en lägeskoordinat i tjockleksriktningen med origo i symmetriplanet. Vid konstant densitet gäller $\varrho_A = h\varrho$. För en plan stelkropp Ω skrivs masselementet $\mathrm{d}m = \varrho_A \mathrm{d}A$, så att kroppens massa ges av

$$m = \int_\Omega \mathrm{d}m = \int_\Omega \varrho_A \,\mathrm{d}A, \tag{13.13}$$

där $\mathrm{d}A$ är ett ytelement i symmetriplanet (fig. 13.3c).

Tröghetsmoment

En stelkropps massa beskriver dess motstånd mot ändring av sitt masscentrums hastighet. Detta fenomen kallas kroppens *tröghet*. En stelkropp bjuder också motstånd mot ändring av sin vinkelhastighet. Detta motstånd kallas *tröghetsmoment*.[32]

[32] Benämns även *massträghetsmoment*.

Definition 13.9 (Tröghetsmoment)**.** *Tröghetsmomentet* för en plan stelkropp Ω m.a.p. en godtycklig punkt $\mathcal{A}$ i symmetriplanet är

$$I_{\mathcal{A}} \equiv \int_\Omega (\bar{r} \cdot \bar{r}) \mathrm{d}m = \int_\Omega r^2 \mathrm{d}m, \tag{13.14}$$

där $\bar{r}$ är vektorn från $\mathcal{A}$ till ett masselementet $\mathrm{d}m$ i symmetriplanet.

Särskilt gäller, enligt def. 13.9, att tröghetsmomentet m.a.p. masscentrum $\mathcal{G}$ ges av

$$I_{\mathcal{G}} = \int_{\Omega} (\bar{s} \cdot \bar{s})\mathrm{d}m = \int_{\Omega} s^2 \mathrm{d}m, \tag{13.15}$$

där $\bar{s}$ är en vektor från $\mathcal{G}$ till masselementet (fig. 13.4). Givet $I_{\mathcal{G}}$ kan man räkna ut tröghetsmomentet m.a.p. en godtycklig punkt $\mathcal{A}$ enligt *Steiners sats.*

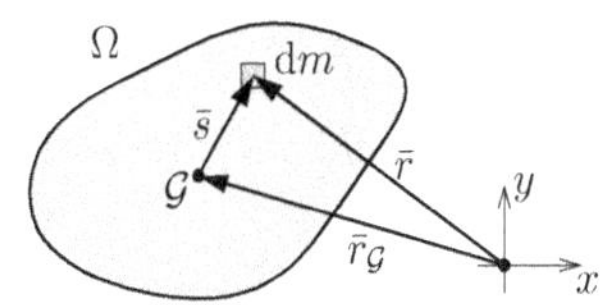

Figur 13.4: Plan stelkropp där vektorn $\bar{s}$ utgår från masscentrum $\mathcal{G}$ till ett masselement $\mathrm{d}m$. Vektorn $\bar{r}$ är masselementets lägesvektor relativt ett givet koordinatsystem.

Sats 13.10 (Steiners sats). Tröghetsmomentet för en plan stelkropp m.a.p. en godtycklig punkt $\mathcal{A}$ är

$$I_{\mathcal{A}} = I_{\mathcal{G}} + md^2, \qquad d = |\overline{\mathcal{AG}}|, \tag{13.16}$$

där $I_{\mathcal{G}}$ är tröghetsmomentet m.a.p. masscentrum $\mathcal{G}$ och m är kroppens massa.

Bevis. Välj ett koordinatsystem med origo i $\mathcal{A}$. Låt $\bar{r}_{\mathcal{G}} = \overline{\mathcal{AG}}$ vara lägesvektorn för $\mathcal{G}$, så att lägesvektorn $\bar{r}$ för ett masselement kan skrivas $\bar{r} = \bar{r}_{\mathcal{G}} + \bar{s}$, där $\bar{s}$ är en vektor som utgår från $\mathcal{G}$ (fig. 13.4). För stelkroppen Ω ger def. 13.9 att

$$\begin{aligned}
I_{\mathcal{A}} &= \int_{\Omega} (\bar{r} \cdot \bar{r})\mathrm{d}m \\
&= \int_{\Omega} \left[(\bar{r}_{\mathcal{G}} + \bar{s}) \cdot (\bar{r}_{\mathcal{G}} + \bar{s})\right] \mathrm{d}m = \left\{\text{ekv. (A.16b)}\right\} \\
&= \int_{\Omega} \left(\bar{r}_{\mathcal{G}} \cdot \bar{r}_{\mathcal{G}} + 2\bar{r}_{\mathcal{G}} \cdot \bar{s} + \bar{s} \cdot \bar{s}\right) \mathrm{d}m = \left\{\bar{r}_{\mathcal{G}} \text{ konstant}\right\} \\
&= |\bar{r}_{\mathcal{G}}|^2 \underbrace{\int_{\Omega} \mathrm{d}m}_{=m} + 2\bar{r}_{\mathcal{G}} \cdot \int_{\Omega} \bar{s}\mathrm{d}m + \underbrace{\int_{\Omega} (\bar{s} \cdot \bar{s})\mathrm{d}m}_{=I_{\mathcal{G}}} = \left\{\text{hjälpsats 13.4}\right\} \\
&= m|\overline{\mathcal{AG}}|^2 + I_{\mathcal{G}}.
\end{aligned}$$

□

Rörelsemängdsmoment

För plana kroppar i plan rörelse kan ekv. (13.2) för rörelsemängdsmomentet $\bar{H}_{\mathcal{A}}$ m.a.p. en godtycklig punkt $\mathcal{A}$ förenklas. För att härledningarna inte ska bli alltför omständliga antar vi att kroppens tjocklek h är mycket liten jämfört med projektionsytans karaktäristiska längd.[33] Vi låter $\bar{e}_{\mathrm{n}}$ beteckna referensplanets normalriktning. I ekv. (13.2) gäller i så fall att $\bar{r} \perp \bar{e}_{\mathrm{n}}$ och $\bar{v} \perp \bar{e}_{\mathrm{n}}$ (fig. 13.5), så att

$$\bar{H}_{\mathcal{A}} = \int_{\Omega} (\bar{r} \times \bar{v})\mathrm{d}m = \left\{\bar{r} \times \bar{v} \,||\, \bar{e}_{\mathrm{n}}\right\} = H_{\mathcal{A}}\bar{e}_{\mathrm{n}}, \tag{13.17}$$

för någon skalär $H_{\mathcal{A}}$. För plana problem kan man alltså ange rörelsemängdsmomentet m.a.p. en godtycklig punkt $\mathcal{A}$ som en skalär $H_{\mathcal{A}}$, underförstått att rörelsemängdsmomentet har vektorriktningen $\bar{e}_{\mathrm{n}}$. Detta

[33] Satserna för plana stelkroppar nedan kan härledas utan krav på liten tjocklek.

är analogt med att ange vinkelhastigheten $\bar{\omega} = \omega\bar{e}_n$ som en skalär ω för plan rörelse. Nedan härleds skalära uttryck för rörelsemängdsmoment för plana problem.

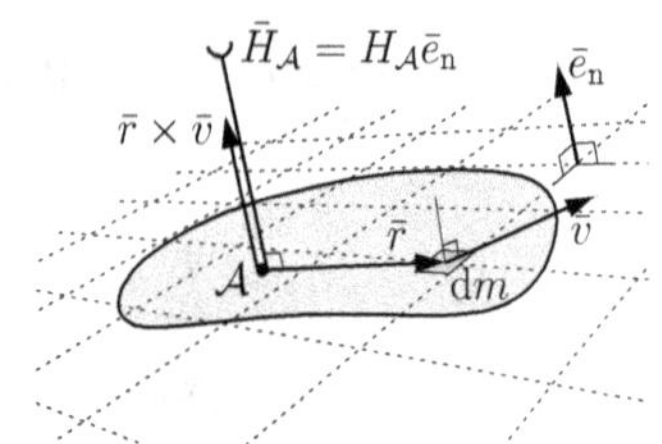

Figur 13.5: Referensplan och rörelsemängdsmoment för plan kropp i plan rörelse ($\bar{r}$ och $\bar{v}$ som i def. 13.2).

Hjälpsats 13.11. Rörelsemängdsmomentet m.a.p. masscentrum $\mathcal{G}$ för en plan stelkropp Ω i plan rörelse är

$$\bar{H}_\mathcal{G} = \int_\Omega \bar{s} \times (\bar{\omega} \times \bar{s})\mathrm{d}m, \tag{13.18}$$

där $\bar{s}$ är en vektor som utgår från $\mathcal{G}$ till masselementet, och $\bar{\omega}$ är kroppens vinkelhastighet.

Bevis. Låt $\bar{r}_\mathcal{G}$ vara masscentrums lägesvektor, så att masselementets lägesvektor kan skrivas (fig. 13.4)

$$\bar{r} = \bar{r}_\mathcal{G} + \bar{s} \quad \Rightarrow \quad \bar{v} = \bar{v}_\mathcal{G} + \dot{\bar{s}} \quad \Leftrightarrow \quad \bar{v} = \bar{v}_\mathcal{G} + \bar{\omega} \times \bar{s},$$

där sats 12.7 gav $\dot{\bar{s}} = \bar{\omega} \times \bar{s}$. Den godtyckliga punkten i def. 13.2 väljs nu till $\mathcal{G}$, vilket ger

$$\begin{aligned}
\bar{H}_\mathcal{G} &= \int_\Omega \bar{s} \times \bar{v}\mathrm{d}m \\
&= \int_\Omega \bar{s} \times (\bar{v}_\mathcal{G} + \bar{\omega} \times \bar{s})\,\mathrm{d}m \\
&= \int_\Omega \bar{s} \times \bar{v}_\mathcal{G}\mathrm{d}m + \int_\Omega \bar{s} \times (\bar{\omega} \times \bar{s})\,\mathrm{d}m = \{\bar{v}_\mathcal{G} \text{ konstant}\} \\
&= \left(\int_\Omega \bar{s}\mathrm{d}m\right) \times \bar{v}_\mathcal{G} + \int_\Omega \bar{s} \times (\bar{\omega} \times \bar{s})\,\mathrm{d}m = \{\text{hjälpsats 13.4}\} \\
&= \int_\Omega \bar{s} \times (\bar{\omega} \times \bar{s})\,\mathrm{d}m. \qquad \square
\end{aligned}$$

Hjälpsats 13.11 får oss att inse att $\bar{H}_\mathcal{G}$ är oberoende av masscentrums hastighet.

Sats 13.12 (Rörelsemängdsmoment m.a.p. masscentrum)**.** För en plan stelkropp i plan rörelse är rörelsemängdsmomentet m.a.p. masscentrum $\mathcal{G}$:

$$\bar{H}_\mathcal{G} = I_\mathcal{G}\bar{\omega}, \tag{13.19}$$

där $\bar{\omega}$ är kroppens vinkelhastighet och $I_\mathcal{G}$ är kroppens tröghetsmoment m.a.p. $\mathcal{G}$ (fig. 13.6).

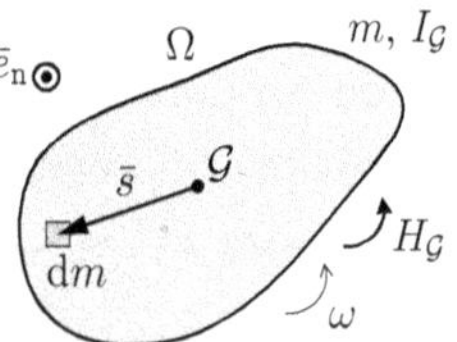

Figur 13.6: Geometri och beteckningar för sats 13.12. Rörelsemängdsmomentet $\bar{H}_\mathcal{G} = I_\mathcal{G}\bar{\omega}$ m.a.p. masscentrum $\mathcal{G}$ för en plan stelkropp i plan rörelse.

Bevis. För stelkroppen Ω ger hjälpsats 13.11 att

$$\begin{aligned}
\bar{H}_\mathcal{G} &= \int_\Omega \bar{s} \times (\bar{\omega} \times \bar{s})\,\mathrm{d}m = \{\text{ekv. (A.22a)}\} \\
&= \int_\Omega [(\bar{s} \cdot \bar{s})\bar{\omega} - (\bar{s} \cdot \bar{\omega})\,\bar{s}]\,\mathrm{d}m = \{\bar{s} \perp \bar{\omega} \;\Rightarrow\; \bar{s} \cdot \bar{\omega} = 0\}
\end{aligned}$$

$$
\begin{aligned}
&= \int_\Omega (\bar{s}\cdot\bar{s})\bar{\omega}\mathrm{d}m = \{\bar{\omega} \text{ konstant}\} \\
&= \bar{\omega}\int_\Omega (\bar{s}\cdot\bar{s})\mathrm{d}m = \{\text{ekv. } (13.15)\} \\
&= I_\mathcal{G}\bar{\omega}. \qquad \square
\end{aligned}
$$

Vektorerna $\bar{H}_\mathcal{G}$ och $\bar{\omega}$ har alltså samma riktning i plana problem, och denna riktning bestäms med högerhandsregeln (fig. 12.5).

Sats 13.13 (Rörelsemändsmoment m.a.p. kropps- och rumsfix punkt). För en plan stelkropp i plan rörelse ges rörelsemängdsmomentet m.a.p. en kropps- och rumsfix punkt $\mathcal{O}$ av

$$\bar{H}_\mathcal{O} = I_\mathcal{O}\bar{\omega}, \tag{13.20}$$

där $\bar{\omega}$ är kroppens vinkelhastighet, och $I_\mathcal{O}$ är kroppens tröghetsmoment m.a.p. $\mathcal{O}$ (fig. 13.7).

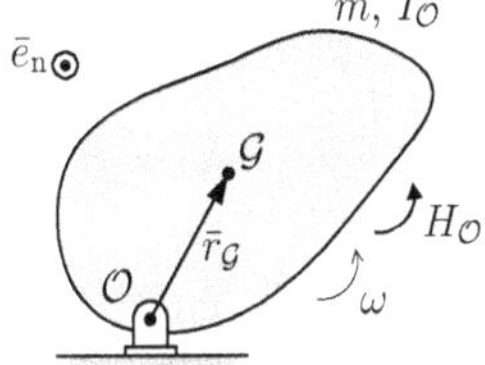

Figur 13.7: Geometri och beteckningar för sats 13.13. Rörelsemängdsmomentet $\bar{H}_\mathcal{O} = I_\mathcal{O}\bar{\omega}$ för en plan stelkropp i plan rörelse kring en kropps- och rumsfix punkt $\mathcal{O}$.

Bevis. Placera origo i punkten $\mathcal{O}$ så att $\bar{r}_\mathcal{G} = \overline{\mathcal{O}\mathcal{G}}$. Eftersom $\bar{r}_\mathcal{G}$ är en kroppsfix vektor ger sats 12.7 att

$$\bar{v}_\mathcal{G} = \dot{\bar{r}}_\mathcal{G} = \bar{\omega}\times\bar{r}_\mathcal{G}. \tag{13.21}$$

Förflyttningssatsen för en stelkropps rörelsemängdsmoment, ekv. (13.8), ger

$$
\begin{aligned}
\bar{H}_\mathcal{O} &= \bar{H}_\mathcal{G} + \overline{\mathcal{O}\mathcal{G}}\times m\bar{v}_\mathcal{G} = \{\text{sats } 13.12\} \\
&= I_\mathcal{G}\bar{\omega} + \bar{r}_\mathcal{G}\times m\bar{v}_\mathcal{G} = \{\text{ekv. } (13.21)\} \\
&= I_\mathcal{G}\bar{\omega} + m\left[\bar{r}_\mathcal{G}\times(\bar{\omega}\times\bar{r}_\mathcal{G})\right] = \{\text{ekv. } (\text{A.22a})\} \\
&= I_\mathcal{G}\bar{\omega} + m\left(\bar{r}_\mathcal{G}\cdot\bar{r}_\mathcal{G}\right)\bar{\omega} - m\left(\bar{r}_\mathcal{G}\cdot\bar{\omega}\right)\bar{r}_\mathcal{G} = \{\bar{r}_\mathcal{G}\perp\bar{\omega}\} \\
&= \left(I_\mathcal{G} + m|\overline{\mathcal{O}\mathcal{G}}|^2\right)\bar{\omega} = \{\text{sats } 13.10\} \\
&= I_\mathcal{O}\bar{\omega}. \qquad \square
\end{aligned}
$$

För plana problem ger ekv. (13.19) och (13.20) på skalär form följande uttryck för rörelsemängdsmoment:

$$H_\mathcal{G} = I_\mathcal{G}\omega, \tag{13.22a}$$

$$H_\mathcal{O} = I_\mathcal{O}\omega. \tag{13.22b}$$

Momentlagen för plana problem

Eftersom både momentsumman och rörelsemängdsmomentet är riktade i referensplanets normalriktning för plana problem kan momentlagen, ekv. (13.3b), skrivas på skalär form:

$$\Sigma M_\mathcal{D} = \dot{H}_\mathcal{D}, \tag{13.23}$$

där $\mathcal{D}$ är en rumsfix punkt. På samma sätt ger ekv. (13.9) och (13.3b) för plana problem:

$$\Sigma M_{\mathcal{G}} = \dot{H}_{\mathcal{G}}, \tag{13.24a}$$

$$\Sigma M_{\mathcal{O}} = \dot{H}_{\mathcal{O}}, \tag{13.24b}$$

där $\mathcal{G}$ är masscentrum och $\mathcal{O}$ är en både kropps- och rumsfix punkt.

Vid problemlösning används typiskt kraftlagen tillsammans med antingen ekv. (13.24a) eller (13.24b). Momentlagen m.a.p. $\mathcal{G}$ kan alltid användas (fig 13.8), och ger

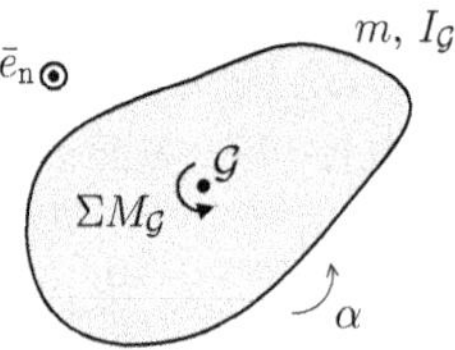

Figur 13.8: Momentlagen, $\Sigma M_{\mathcal{G}} = \dot{H}_{\mathcal{G}} = I_{\mathcal{G}}\alpha$, m.a.p. masscentrum $\mathcal{G}$ för en plan stelkropp i plan rörelse.

$$\begin{aligned}\Sigma M_{\mathcal{G}} &= \dot{H}_{\mathcal{G}} = \{\text{ekv. (13.22a)}\}\\ &= \frac{\mathrm{d}}{\mathrm{d}t}(I_{\mathcal{G}}\omega) = \{I_{\mathcal{G}} \text{ konstant}\}\\ &= I_{\mathcal{G}}\dot{\omega}\\ &= I_{\mathcal{G}}\alpha.\end{aligned} \tag{13.25}$$

I händelse av att en kropps- och rumsfix punkt $\mathcal{O}$ existerar (fig. 13.9) ger ekv. (13.24b)

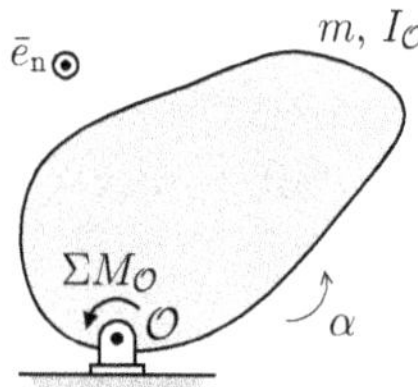

Figur 13.9: Momentlagen, $\Sigma M_{\mathcal{O}} = I_{\mathcal{O}}\alpha$, för en plan stelkropp i plan rörelse kring en kropps- och rumsfix punkt $\mathcal{O}$.

$$\begin{aligned}\Sigma M_{\mathcal{O}} &= \dot{H}_{\mathcal{O}} = \{\text{ekv. (13.22b)}\}\\ &= \frac{\mathrm{d}}{\mathrm{d}t}(I_{\mathcal{O}}\omega) = \{I_{\mathcal{O}} \text{ konstant}\}\\ &= I_{\mathcal{O}}\dot{\omega}\\ &= I_{\mathcal{O}}\alpha.\end{aligned} \tag{13.26}$$

Momentlagen m.a.p. masscentrum kan också skrivas om m.h.a. förflyttningssatsen för momentsumma. Insättning av Eulers första lag, $\Sigma\bar{F} = m\bar{a}_{\mathcal{G}}$, i ekv. (2.11) ger

$$\Sigma\bar{M}_{\mathcal{G}} = \Sigma\bar{M}_{\mathcal{A}} + \overline{\mathcal{G}\mathcal{A}} \times m\bar{a}_{\mathcal{G}}, \tag{13.27}$$

där $\mathcal{A}$ är en godtycklig punkt. För plan rörelse är alla termer i ekv. (13.27) riktade i $\pm\bar{e}_\mathrm{n}$-riktningen, där $\bar{e}_\mathrm{n}$ är referensplanets normal, vilket ger:

$$\begin{aligned}\Sigma M_{\mathcal{G}} &= \Sigma M_{\mathcal{A}} \pm |\overline{\mathcal{G}\mathcal{A}} \times m\bar{a}_{\mathcal{G}}| = \{\text{ekv. (A.19)}\}\\ &= \Sigma M_{\mathcal{A}} \pm ma_{\mathcal{G}}|\overline{\mathcal{G}\mathcal{A}}|\sin\varphi\\ &= \Sigma M_{\mathcal{A}} \pm ma_{\mathcal{G}}d_\perp,\end{aligned} \tag{13.28}$$

där φ är vinkeln mellan $\bar{a}_{\mathcal{G}}$ och $\overline{\mathcal{G}\mathcal{A}}$ och $d_\perp = |\overline{\mathcal{G}\mathcal{A}}|\sin\varphi$ (fig. 13.10). Insättning av plana momentlagen, ekv. (13.25) i ekv. (13.28) ger

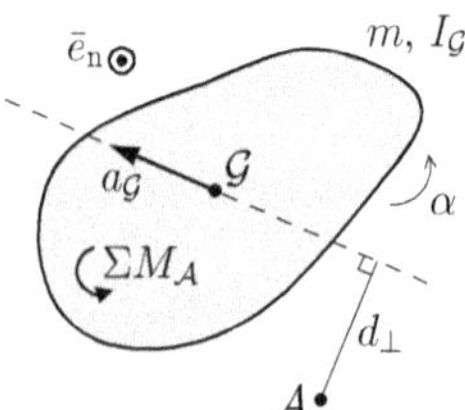

Figur 13.10: Plana momentlagen m.a.p. en godtycklig punkt $\mathcal{A}$ för en plan stelkropp i plan rörelse.

$$\begin{aligned}I_{\mathcal{G}}\alpha &= \Sigma M_{\mathcal{A}} \pm ma_{\mathcal{G}}d_\perp \quad \Leftrightarrow\\ \Sigma M_{\mathcal{A}} &= I_{\mathcal{G}}\alpha \pm ma_{\mathcal{G}}d_\perp.\end{aligned} \tag{13.29}$$

Detta är momentlagen m.a.p. en godtycklig punkt $\mathcal{A}$ för plana problem. Tecknet framför termed $ma_{\mathcal{G}}d_\perp$ bestäms på samma sätt som för kraftmomentet vid plana kraftsystem (avsnitt 2.4), fast där $m\bar{a}_{\mathcal{G}}$ tar rollen av kraftvektor.

14 Energimetoden för stelkroppar

14.1 Effekt och arbete

Effekten av en kraft $\bar{F}$, som verkar i en angreppspunkt med hastigheten $\bar{v}$, är enligt def. 9.1

$$P \equiv \bar{F} \cdot \bar{v}.$$

Utgående från effekten av en kraft definieras sedan kraftens arbete mellan två tidpunkter, t_1 och t_2, som (def. 9.2)

$$U_{1-2} \equiv \int_{t_1}^{t_2} P\mathrm{d}t = \int_{t_1}^{t_2} \bar{F} \cdot \bar{v}\mathrm{d}t = \int_{s_1}^{s_2} \bar{F} \cdot \bar{e}_t \mathrm{d}s,$$

där den sista integralen representerar arbetet mellan två lägen på banan för kraftens angreppspunkt (sats 9.3).

På en stelkropp verkar förutom krafter även kraftparsmoment. Effekten av ett kraftparsmoment är effekten från det kraftpar som skapar kraftparsmomentet.

Sats 14.1 (Effekt av ett kraftparsmoment). Effekten av ett kraftparsmoment $\bar{C}$, som verkar på en stelkropp i plan rörelse med vinkelhastigheten $\bar{\omega}$, är

$$P = \bar{C} \cdot \bar{\omega}. \tag{14.1}$$

Bevis. Låt kraftparsmomentet $\bar{C}$ representeras av ett kraftpar, $\bar{F}$ och $-\bar{F}$ verkande i de kroppsfixa punkterna $\mathcal{P}$ respektive $\mathcal{Q}$ (fig. 14.1). Kraftparet utvecklar effekten (def. 9.1)

$$\begin{aligned} P &= \bar{F} \cdot \bar{v}_{\mathcal{P}} + (-\bar{F}) \cdot \bar{v}_{\mathcal{Q}} = \{\text{ekv. (12.6)}\} \\ &= \bar{F} \cdot \bar{v}_{\mathcal{P}} - \bar{F} \cdot (\bar{v}_{\mathcal{P}} + \bar{\omega} \times \overline{\mathcal{PQ}}) = \{\overline{\mathcal{QP}} = -\overline{\mathcal{PQ}}\} \\ &= \bar{F} \cdot (\bar{\omega} \times \overline{\mathcal{QP}}) = \{\text{ekv. (A.22b)}\} \\ &= \bar{\omega} \cdot (\overline{\mathcal{QP}} \times \bar{F}) = \{\text{sats 2.6}\} \\ &= \bar{\omega} \cdot \bar{C}. \end{aligned}$$

□

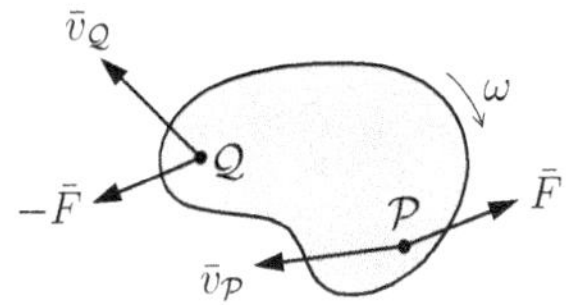

Figur 14.1: Geometri och beteckningar för sats 14.1.

För en plan stelkropp i plan rörelse har vi $\bar{\omega} = \omega\bar{e}_n$ och $\bar{C} = C\bar{e}_n$, där $\bar{e}_n$ är referensplanets normalvektor, så att kraftparsmomentets effekt skrivs

$$P = (C\bar{e}_n) \cdot (\omega\bar{e}_n) = C\omega. \tag{14.2}$$

Arbetet av ett kraftparsmoment definieras som tidsintegralen av kraftparsmomentets effekt. Detta är analogt med definitionen för arbetet av en kraft.

Definition 14.2 (Arbete av ett kraftparsmoment). Arbetet av ett kraftparsmoment $\bar{C}$, som verkar på en plan stelkropp i plan rörelse mellan tidpunkterna t_1 och t_2, definieras

$$U_{1-2} \equiv \int_{t_1}^{t_2} P\mathrm{d}t = \int_{t_1}^{t_2} \bar{C} \cdot \bar{\omega}\mathrm{d}t, \tag{14.3}$$

där $P = \bar{C} \cdot \bar{\omega}$ är kraftparsmomentets effekt och $\bar{\omega}$ är stelkroppens vinkelhastighet.

Integralen över tiden i ekv. (14.3) kan skrivas om till en integral mellan två olika orienteringar.

Sats 14.3 (Arbete mellan orienteringar). Arbetet av ett kraftparsmoment $\bar{C} = C\bar{e}_n$, som verkar på en stelkropp i plan rörelse mellan lägena 1 och 2, är

$$U_{1-2} = \int_{\theta_1}^{\theta_2} C\mathrm{d}\theta, \tag{14.4}$$

där $\bar{e}_n$ är referensplanets normal, θ är den polära vinkeln för en kroppsfix linje, och där θ_1 och θ_2 är den polära vinkeln vid lägena 1 respektive 2 (fig. 14.2).

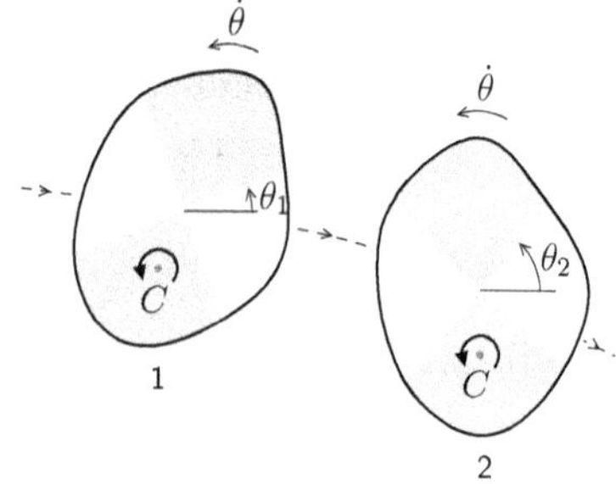

Figur 14.2: Geometri och beteckningar för sats 14.3.

Bevis. Låt t_1 och t_2 vara tiderna som motsvarar lägena 1 och 2. Enligt def. 12.2 gäller $\bar{\omega} = \dot{\theta}\bar{e}_n$, så att $\bar{C} \cdot \bar{\omega} = C\dot{\theta}$. Insättning i ekv. (14.3) ger

$$\begin{aligned} U_{1-2} &= \int_{t_1}^{t_2} C\dot{\theta}\mathrm{d}t \\ &= \int_{t_1}^{t_2} C[\theta(t)]\frac{\mathrm{d}\theta}{\mathrm{d}t}\mathrm{d}t = \left\{ \begin{array}{c} \text{subst. enligt (A.39)} \\ \theta = \theta(t),\ d\theta = \frac{\mathrm{d}\theta}{\mathrm{d}t}dt \end{array} \right\} \\ &= \int_{\theta(t_1)}^{\theta(t_2)} C\mathrm{d}\theta \end{aligned}$$

□

14.2 *Effektsumma och arbete på en stelkropp*

Definition 14.4 (Effektsumma). *Effektsumman* ΣP på en stelkropp är summan av effekterna från de krafter och kraftparsmoment, som verkar på stelkroppen.

För en plan stelkropp i plan rörelse som påverkas av n krafter och m kraftparsmoment, med beteckningar enligt fig. 14.3, är effektsumman

$$\Sigma P = \sum_{i=1}^{n} \bar{F}_i \cdot \bar{v}_i + \sum_{j=1}^{m} \bar{C}_j \cdot \bar{\omega}, \tag{14.5}$$

som alltså beräknas genom att summera effekten från varje kraft (def. 9.1), och effekten från varje kraftparsmoment (sats 14.1).

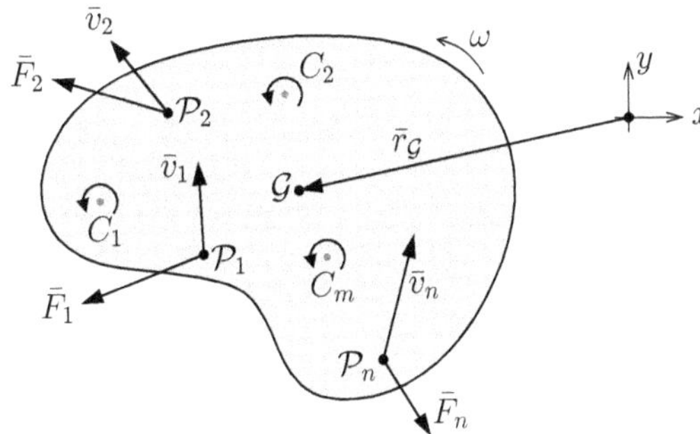

Figur 14.3: Geometri och beteckningar för definition av effektsumma.

Sats 14.5. Effektsumman av ett kraftsystem som verkar på en plan stelkropp i plan rörelse är

$$\Sigma P = \Sigma \bar{F} \cdot \bar{v}_{\mathcal{G}} + \Sigma \bar{M}_{\mathcal{G}} \cdot \bar{\omega}, \tag{14.6}$$

där $\bar{v}_{\mathcal{G}}$ är hastigheten för masscentrum $\mathcal{G}$, $\bar{\omega}$ är kroppens vinkelhastighet, $\Sigma \bar{F}$ är kraftsumman och $\Sigma \bar{M}_{\mathcal{G}}$ är momentsumman för m.a.p. $\mathcal{G}$ (fig. 14.4).

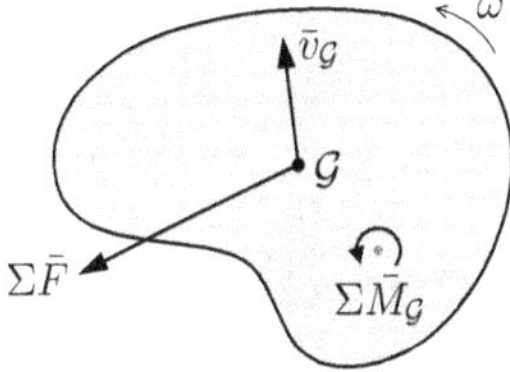

Figur 14.4: Kraft- och momentsumma m.a.p. masscentrum $\mathcal{G}$ för systemet i fig. 14.3.

Bevis. Med beteckningar enligt fig. 14.3, låt $\bar{r}_i$ vara lägesvektorn för $\mathcal{P}_i$ och $\bar{s}_i = \overline{\mathcal{G}\mathcal{P}}_i$ så att parallellogramlagen ger

$$\bar{r}_i = \bar{r}_{\mathcal{G}} + \bar{s}_i \quad \Rightarrow \quad \bar{v}_i = \bar{v}_{\mathcal{G}} + \dot{\bar{s}}_i \quad \Leftrightarrow \quad \bar{v}_i = \bar{v}_{\mathcal{G}} + \bar{\omega} \times \bar{s}_i,$$

där sats 12.7 gav $\dot{\bar{s}}_i = \bar{\omega} \times \bar{s}_i$. Enligt ekv. (14.5) är effektsumman

$$\begin{aligned}
\Sigma P &= \sum_{i=1}^{n} \bar{F}_i \cdot \bar{v}_i + \sum_{j=1}^{m} \bar{C}_j \cdot \bar{\omega} \\
&= \sum_{i=1}^{n} \bar{F}_i \cdot (\bar{v}_{\mathcal{G}} + \bar{\omega} \times \bar{s}_i) + \sum_{j=1}^{m} \bar{C}_j \cdot \bar{\omega} = \{\text{def. 2.8}\} \\
&= \Sigma \bar{F} \cdot \bar{v}_{\mathcal{G}} + \sum_{i=1}^{n} \bar{F}_i \cdot (\bar{\omega} \times \bar{s}_i) + \sum_{j=1}^{m} \bar{C}_j \cdot \bar{\omega} = \{\text{ekv. (A.22b)}\} \\
&= \Sigma \bar{F} \cdot \bar{v}_{\mathcal{G}} + \sum_{i=1}^{n} \bar{\omega} \cdot (\bar{s}_i \times \bar{F}_i) + \sum_{j=1}^{m} \bar{C}_j \cdot \bar{\omega}
\end{aligned}$$

$$= \Sigma\bar{F} \cdot \bar{v}_{\mathcal{G}} + \left[\sum_{i=1}^{n} \overline{\mathcal{GP}}_i \times \bar{F}_i + \sum_{j=1}^{m} \bar{C}_j \right] \cdot \bar{\omega} = \{\text{def. } 2.9\}$$

$$= \Sigma\bar{F} \cdot \bar{v}_{\mathcal{G}} + \Sigma\bar{M}_{\mathcal{G}} \cdot \bar{\omega} \qquad \square$$

Definition 14.6 (Arbete på en stelkropp). Arbetet ΣU_{1-2} på en plan stelkropp i plan rörelse mellan tidpunkterna t_1 och t_2 är

$$\Sigma U_{1-2} \equiv \int_{t_1}^{t_2} \Sigma P \mathrm{d}t, \tag{14.7}$$

där ΣP är effektsumman för stelkroppen.

Genom att sätta in ekv. (14.5) i ekv. (14.7) får vi

$$\Sigma U_{1-2} = \int_{t_1}^{t_2} \left(\sum_{i=1}^{n} \bar{F}_i \cdot \bar{v}_i + \sum_{j=1}^{m} \bar{C}_j \cdot \bar{\omega} \right) \mathrm{d}t$$

$$= \sum_{i=1}^{n} \int_{t_1}^{t_2} \bar{F}_i \cdot \bar{v}_i \mathrm{d}t + \sum_{j=1}^{m} \int_{t_1}^{t_2} \bar{C}_j \cdot \bar{\omega} \mathrm{d}t,$$

vilket ger insikten att arbetet på en stelkropp är summan av arbetena från varje kraft och kraftparsmoment som verkar på stelkroppen.

14.3 Rörelseenergi

Definition 14.7 (Rörelseenergi). *Rörelseenergin*[34] hos en kropp Ω definieras

$$K \equiv \frac{1}{2} \int_{\Omega} (\bar{v} \cdot \bar{v}) \mathrm{d}m = \frac{1}{2} \int_{\Omega} v^2 \mathrm{d}m, \tag{14.8}$$

där $\bar{v}$ betecknar hastigheten för masselementet $\mathrm{d}m$ i ett inertialsystem (fig. 13.1).

[34] Benämns även *kinetisk energi*.

Rörelseenergin för en kropp är alltså summan av bidragen $\mathrm{d}K = \frac{1}{2} v^2 \mathrm{d}m$ från varje masselement.

Sats 14.8 (Rörelseenergi för en plan stelkropp). Rörelseenergin för en plan stelkropp i plan rörelse är

$$K = \frac{1}{2} m v_{\mathcal{G}}^2 + \frac{1}{2} I_{\mathcal{G}} \omega^2, \tag{14.9}$$

där m är stelkroppens massa, $I_{\mathcal{G}}$ är tröghetsmomentet m.a.p. masscentrum $\mathcal{G}$, $v_{\mathcal{G}}$ är masscentrums fart och ω är kroppens vinkelhastighet.

Bevis. Låt $\bar{r}_{\mathcal{G}}$ vara masscentrums läge, så att lägesvektorn $\bar{r}$ för ett masselement i stelkroppen Ω kan skrivas (fig. 13.4)

$$\bar{r} = \bar{r}_{\mathcal{G}} + \bar{s} \quad \Rightarrow \quad \bar{v} = \bar{v}_{\mathcal{G}} + \dot{\bar{s}} \quad \Leftrightarrow \quad \bar{v} = \bar{v}_{\mathcal{G}} + \bar{\omega} \times \bar{s},$$

där sats 12.7 gav $\dot{\bar{s}} = \bar{\omega} \times \bar{s}$. Enligt def. 14.7 har vi

$$\begin{aligned}
K &= \frac{1}{2}\int_\Omega (\bar{v}\cdot\bar{v})\mathrm{d}m \\
&= \frac{1}{2}\int_\Omega (\bar{v}_\mathcal{G} + \bar{\omega}\times\bar{s})\cdot(\bar{v}_\mathcal{G} + \bar{\omega}\times\bar{s})\,\mathrm{d}m \\
&= \frac{1}{2}\int_\Omega \left[|\bar{v}_\mathcal{G}|^2 + 2\bar{v}_\mathcal{G}\cdot(\bar{\omega}\times\bar{s}) + |\bar{\omega}\times\bar{s}|^2\right]\mathrm{d}m = \left\{\bar{\omega},\ \bar{v}_\mathcal{G} \text{ konstanter}\right\} \\
&= \frac{1}{2}v_\mathcal{G}^2 \underbrace{\int_\Omega \mathrm{d}m}_{=m} + \bar{v}_\mathcal{G}\cdot\left(\bar{\omega}\times\underbrace{\int_\Omega \bar{s}\mathrm{d}m}_{=\bar{0}}\right) + \frac{1}{2}\int_\Omega |\bar{\omega}\times\bar{s}|^2\mathrm{d}m = \left\{\bar{\omega}\perp\bar{s}\right\} \\
&= \frac{1}{2}mv_\mathcal{G}^2 + \frac{1}{2}\int_\Omega |\bar{\omega}|^2|\bar{s}|^2\mathrm{d}m = \left\{\bar{\omega} \text{ konstant}\right\} \\
&= \frac{1}{2}mv_\mathcal{G}^2 + \frac{1}{2}\omega^2\int_\Omega (\bar{s}\cdot\bar{s})\mathrm{d}m = \left\{\text{ekv. (13.15)}\right\} \\
&= \frac{1}{2}mv_\mathcal{G}^2 + \frac{1}{2}I_\mathcal{G}\omega^2.
\end{aligned}$$

□

Sats 14.9 (Rörelseenergi vid fixaxelrotation)**.** Rörelseenergin för en plan stelkropp som roterar kring en kropps- och rumsfix punkt $\mathcal{O}$ är

$$K = \frac{1}{2}I_\mathcal{O}\omega^2, \tag{14.10}$$

där $I_\mathcal{O}$ är tröghetsmomentet m.a.p. $\mathcal{O}$ och ω är kroppens vinkelhastighet.

Bevis. Eftersom $\mathcal{O}$ är momentancentrum för stelkroppen gäller

$$v_\mathcal{G} = \pm|\overline{\mathcal{O}\mathcal{G}}|\omega \qquad \Rightarrow \qquad v_\mathcal{G}^2 = |\overline{\mathcal{O}\mathcal{G}}|^2\omega^2. \tag{14.11}$$

Ekvation (14.9) ger

$$\begin{aligned}
K &= \frac{1}{2}mv_\mathcal{G}^2 + \frac{1}{2}I_\mathcal{G}\omega^2 = \left\{\text{ekv. (14.11)}\right\} \\
&= \frac{1}{2}m|\overline{\mathcal{O}\mathcal{G}}|^2\omega^2 + \frac{1}{2}I_\mathcal{G}\omega^2 \\
&= \frac{1}{2}\left(m|\overline{\mathcal{O}\mathcal{G}}|^2 + I_\mathcal{G}\right)\omega^2 = \left\{\text{sats 13.10}\right\} \\
&= \frac{1}{2}I_\mathcal{O}\omega^2.
\end{aligned}$$

□

14.4 Mekaniska energisatsen

Det arbete som utförs av ett kraftsystem på en stelkropp omvandlas till rörelseenergi. Denna process beskrivs i *mekaniska energisatsen* för stelkroppar:

Sats 14.10 (Mekaniska energisatsen). För en plan stelkropp i plan rörelse mellan två lägen 1 och 2 under inverkan av ett godtyckligt kraftsystem (fig. 2.7) gäller

$$\Sigma U_{1-2} = K_2 - K_1, \tag{14.12}$$

där ΣU_{1-2} är arbetet på kroppen, medan K_1 och K_2 är kroppens rörelseenergi vid lägena 1 respektive 2.

Bevis. Tidsderivering av ekv. (14.9) ger

$$\begin{aligned}
\frac{\mathrm{d}K}{\mathrm{d}t} &= \frac{\mathrm{d}}{\mathrm{d}t}\left[\frac{1}{2}m(\bar{v}_{\mathcal{G}}\cdot\bar{v}_{\mathcal{G}}) + \frac{1}{2}I_{\mathcal{G}}(\bar{\omega}\cdot\bar{\omega})\right] = \{\text{produktregeln (A.25b)}\} \\
&= \frac{1}{2}m(\bar{a}_{\mathcal{G}}\cdot\bar{v}_{\mathcal{G}}) + \frac{1}{2}m(\bar{v}_{\mathcal{G}}\cdot\bar{a}_{\mathcal{G}}) + \frac{1}{2}I_{\mathcal{G}}(\bar{\alpha}\cdot\bar{\omega}) + \frac{1}{2}I_{\mathcal{G}}(\bar{\omega}\cdot\bar{\alpha}) \\
&= m\bar{a}_{\mathcal{G}}\cdot\bar{v}_{\mathcal{G}} + I_{\mathcal{G}}\bar{\alpha}\cdot\bar{\omega} = \{\text{kraft- och momentlag}\} \\
&= \Sigma\bar{F}\cdot\bar{v}_{\mathcal{G}} + \Sigma\bar{M}_{\mathcal{G}}\cdot\bar{\omega} = \{\text{sats 14.5}\} \\
&= \Sigma P,
\end{aligned}$$

där ΣP är effektsumman på kroppen. Detta samband kan, enligt ekv. (A.30), uttryckas med differentialnotation:

$$\begin{aligned}
\Sigma P dt = dK \quad &\Leftrightarrow \quad \{\text{sats A.3}\} \quad \Leftrightarrow \\
\int_{t_1}^{t_2} \Sigma P \mathrm{d}t = \int_{K_1}^{K_2} \mathrm{d}K \quad &\Leftrightarrow \quad \{\text{ekv. (14.7)}\} \quad \Leftrightarrow \\
\Sigma U_{1-2} = K_2 - K_1,
\end{aligned}$$

där t_1 och t_2 är de tider som motsvarar lägena 1 och 2. □

Precis som för partiklar kan vi identifiera konservativa krafter som verkar på stelkroppar. Dessa krafter bevarar den totala mekaniska energin när de utför arbete. Vi vet från sats 9.10 att en fjäderkrafts arbete kan uttryckas

$$U_{1-2} = -\left[V_{\mathrm{e}}(\ell_2) - V_{\mathrm{e}}(\ell_1)\right], \tag{14.13}$$

där $V_{\mathrm{e}}(\ell) = \frac{1}{2}k(\ell - \ell_0)^2$ är den elastiska energin. För att uttrycka tyngdkraftens arbete behöver vi definiera en stelkropps lägesenergi.

Definition 14.11 (Lägesenergi för en stelkropp). *Lägesenergin* för en stelkropp med massan m i ett konstant tyngdkraftsfält $\bar{g} = -g\bar{e}_y$ definieras som

$$V_{\mathrm{g}}(y_{\mathcal{G}}) \equiv mgy_{\mathcal{G}}, \tag{14.14}$$

där $y_{\mathcal{G}}$ är *höjdkoordinaten* för kroppens masscentrum $\mathcal{G}$ relativt ett inertialsystem.

Tyngdkraftens arbete på en stelkropp kan bestämmas analogt med tyngdkraftens arbete på en partikel.

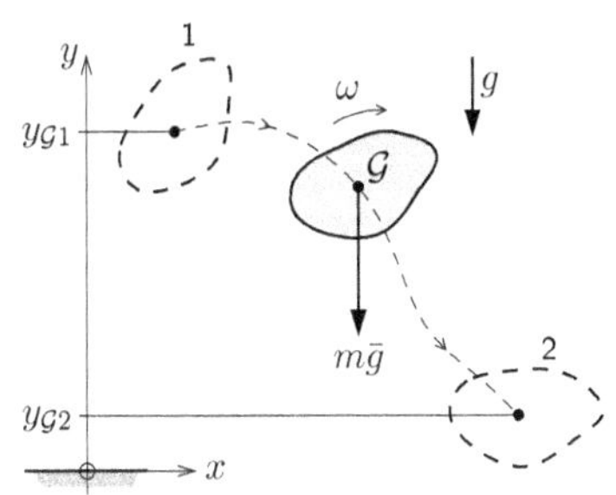

Figur 14.5: Geometri för tyngdkraftens arbete på en stelkropp.

Sats 14.12 (Tyngdkraftens arbete på en stelkropp)**.** För en stelkropp med massan m, som påverkas av ett tyngdkraftsfält $\bar{g} = -g\bar{e}_y$ mellan lägena 1 och 2, utför tyngdkraften $m\bar{g}$ arbetet

$$U_{1-2} = -\left[V_{\rm g}(y_{\mathcal{G}2}) - V_{\rm g}(y_{\mathcal{G}1})\right], \qquad (14.15)$$

där $y_{\mathcal{G}1}$ och $y_{\mathcal{G}2}$ är höjdkoordinaterna för stelkroppens masscentrum $\mathcal{G}$ vid 1 respektive 2, och $V_{\rm g}(y_{\mathcal{G}})$ är stelkroppens lägesenergi (fig. 14.5).

Bevis. Bevisas på samma sätt som sats 9.8. □

Mekaniska energisatsen kan nu skrivas om på precis samma sätt som för partiklar:

$$\begin{aligned} \Sigma U_{1-2} &= K_2 - K_1 \quad \Leftrightarrow \\ -(V_{\rm g2} - V_{\rm g1}) - (V_{\rm e2} - V_{\rm e1}) + \Sigma U'_{1-2} &= K_2 - K_1, \end{aligned}$$

där vi använde satserna 14.12 och 9.10, och där $\Sigma U'_{1-2}$ betecknar arbetet från alla krafter och kraftparsmoment *utom* från tyngdkraften och fjäderkrafter. Således har vi

$$\Sigma U'_{1-2} = (V_{\rm g2} - V_{\rm g1}) + (V_{\rm e2} - V_{\rm e1}) + (K_2 - K_1). \qquad (14.16)$$

15
Impulslagar för stelkroppar

Om de krafter och kraftparsmoment som verkar på en stelkropp är tidsberoende, men inte enkelt kan skrivas som funktioner av kroppens läge och orientering, blir energimetoden svår att tillämpa. I stället kan impulslagar vara användbara.

15.1 Integralformer av Eulers lagar

Eulers rörelselagar, postulat 13.3, är formulerade för generella deformerbara kroppar. Genom att integrera dessa lagar m.a.p. tiden erhåller vi impulslagar för generella kroppar.

Sats 15.1 (Impulslagen för kroppar)**.** Om en kropp påverkas av ett kraftsystem med kraftsumman $\Sigma\bar{F}$ mellan tidpunkterna t_1 och t_2 gäller

$$\int_{t_1}^{t_2} \Sigma\bar{F}\mathrm{d}t = \bar{G}(t_2) - \bar{G}(t_1), \tag{15.1}$$

där $\bar{G}$ är kroppens rörelsemängd.

Bevis. Vi utgår från Eulers första lag, ekv. (13.3a), och får

$$\begin{aligned}
\Sigma\bar{F} = \frac{\mathrm{d}\bar{G}}{\mathrm{d}t} \quad &\Leftrightarrow \quad \{\text{ekv. (A.35)}\} \quad \Leftrightarrow \\
\Sigma\bar{F}dt = d\bar{G} \quad &\Leftrightarrow \quad \{\text{ekv. (A.36)}\} \quad \Leftrightarrow \\
\int_{t_1}^{t_2} \Sigma\bar{F}\mathrm{d}t = \bar{G}(t_2) - \bar{G}(t_1). &
\end{aligned}$$

□

Enligt def. 10.3 är integralen i ekv. (15.1) kraftsummans impuls. Genom att integrera momentlagen (13.3b) m.a.p. tiden erhåller vi *impulsmomentlagen.*

Sats 15.2 (Impulsmomentlagen för kroppar)**.** Om en kropp påverkas av ett kraftsystem med momentsumman $\Sigma\bar{M}_{\mathcal{D}}$ m.a.p. en rumsfix punkt $\mathcal{D}$, mellan tidpunkterna t_1 och t_2, gäller

$$\int_{t_1}^{t_2} \Sigma\bar{M}_{\mathcal{D}}\mathrm{d}t = \bar{H}_{\mathcal{D}}(t_2) - \bar{H}_{\mathcal{D}}(t_1), \tag{15.2}$$

där $\bar{H}_{\mathcal{D}}$ är kroppens rörelsemängdsmoment m.a.p. $\mathcal{D}$.

Bevis. Vi utgår från Eulers andra lag, ekv. (13.3b), och får

$$\begin{aligned}
\Sigma\bar{M}_{\mathcal{D}} = \frac{\mathrm{d}\bar{H}_{\mathcal{D}}}{\mathrm{d}t} \quad &\Leftrightarrow \quad \{\text{ekv. (A.35)}\} \quad \Leftrightarrow \\
\Sigma\bar{M}_{\mathcal{D}}dt = d\bar{H}_{\mathcal{D}} \quad &\Leftrightarrow \quad \{\text{ekv. (A.36)}\} \quad \Leftrightarrow \\
\int_{t_1}^{t_2} \Sigma\bar{M}_{\mathcal{D}}\mathrm{d}t = \bar{H}_{\mathcal{D}}(t_2) - \bar{H}_{\mathcal{D}}(t_1). \quad &\square
\end{aligned}$$

Tidsintegralen i impulsmomentlagens vänsterled kallas *impulsmomentet* av momentsumman m.a.p. $\mathcal{D}$. Med beteckningar enligt def. 2.7 består detta impulsmoment av bidrag från både kraftmoment och kraftparsmoment:

$$\int_{t_1}^{t_2} \Sigma\bar{M}_{\mathcal{D}}\mathrm{d}t = \sum_{i=1}^{n} \int_{t_1}^{t_2} \overline{\mathcal{DP}}_i \times \bar{F}_i\mathrm{d}t + \sum_{j=1}^{m} \int_{t_1}^{t_2} \bar{C}_j\mathrm{d}t.$$

Notera att krafternas angreppspunkter $\mathcal{P}_i$ rör sig, och att vektorerna $\overline{\mathcal{DP}}_i$ alltså är tidberoende. Kraftparsmomentens respektive bidrag till impulsmomentet kallas *impulsparsmoment*.

Definition 15.3 (Impulsparsmoment). *Impulsparsmoment* för ett kraftparsmoment $\bar{C}$ som verkar mellan tidpunkterna t_1 och t_2 är

$$\bar{J} \equiv \int_{t_1}^{t_2} \bar{C}\mathrm{d}t. \tag{15.3}$$

Ett impulsparsmomentet $\bar{J}$ kan också skapas av ett *impulspar*, d.v.s. två lika stora och motriktade impulser (fig. 15.1).

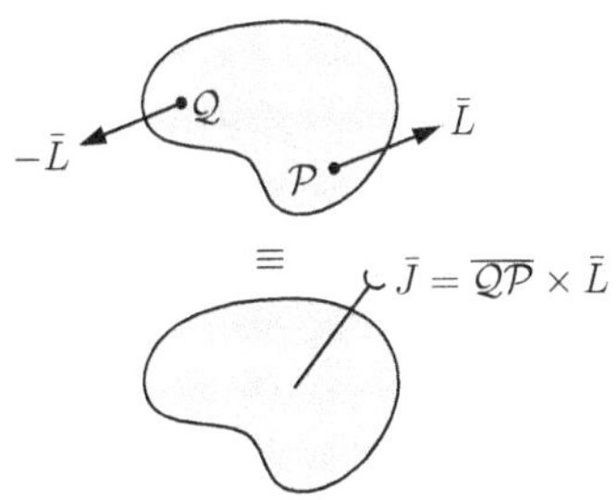

Figur 15.1: Impulsparsmoment från två lika stora och motriktade impulser.

15.2 Förenklade impulslagar för stelkroppar

Impulslagen och impulsmomentlagen ovan formulerades för deformerbara kroppar. För stelkroppar gäller $\bar{G} = mv_{\mathcal{G}}$ så att impulslagen, ekv. (15.1), kan skrivas

$$\int_{t_1}^{t_2} \Sigma\bar{F}\mathrm{d}t = m\bar{v}_{\mathcal{G}}(t_2) - m\bar{v}_{\mathcal{G}}(t_1), \tag{15.4}$$

där $\mathcal{G}$ är masscentrum. Dessutom, om vi integrerar momentlagen för stelkroppar m.a.p. $\mathcal{G}$, ekv. (13.9), erhåller vi ytterligare en variant av impulsmomentlagen.

Sats 15.4 (Impulsmomentlagen m.a.p. masscentrum)**.** Om en stelkropp påverkas av ett kraftsystem med momentsumman $\Sigma\bar{M}_{\mathcal{G}}$ m.a.p. masscentrum $\mathcal{G}$, mellan tidpunkterna t_1 och t_2, gäller

$$\int_{t_1}^{t_2} \Sigma\bar{M}_{\mathcal{G}}\mathrm{d}t = \bar{H}_{\mathcal{G}}(t_2) - \bar{H}_{\mathcal{G}}(t_1), \tag{15.5}$$

där $\bar{H}_{\mathcal{G}}$ är stelkroppens rörelsemängdsmoment m.a.p. $\mathcal{G}$.

Bevis. Från momentlagen m.a.p. masscentrum, ekv. (13.9), får vi

$$\begin{aligned} \Sigma\bar{M}_{\mathcal{G}} = \frac{\mathrm{d}\bar{H}_{\mathcal{G}}}{\mathrm{d}t} \quad &\Leftrightarrow \quad \{\text{ekv. (A.35)}\} \quad \Leftrightarrow \\ \Sigma\bar{M}_{\mathcal{G}}dt = d\bar{H}_{\mathcal{G}} \quad &\Leftrightarrow \quad \{\text{ekv. (A.36)}\} \quad \Leftrightarrow \\ \int_{t_1}^{t_2} \Sigma\bar{M}_{\mathcal{G}}\mathrm{d}t = \bar{H}_{\mathcal{G}}(t_2) - \bar{H}_{\mathcal{G}}(t_1). \end{aligned}$$

□

15.3 Stötar med stelkroppar

Betrakta en stelkropp, som kolliderar med någon annan kropp. Stelkroppens hastighet och vinkelhastighet kommer att genomgå stora förändringar under kort tid, vilket enligt Eulers lagar innebär att kraft- och momentsumman, som verkar på stelkroppen, måste vara mycket stora under stöten. Vissa krafter som verkar på stelkroppen, t.ex. fjäderkrafter och gravitationskraften, varierar begränsat under stötförloppet. Kontaktkrafter och -kraftparsmoment kan däremot växa sig mycket stora; vi kallar dessa stötkrafter och stötkraftparsmoment.

Vi tänker oss ett stötförlopp med början vid tiden $t = 0$ och slut vid tiden $t = \Delta t$. Analogt med den momentana stötmodellen för partiklar (jfr stycke 10.4) antar vi att stötkrafterna $\bar{F}_1^{\mathrm{s}}$, $\bar{F}_2^{\mathrm{s}}$, ..., $\bar{F}_n^{\mathrm{s}}$ och stötkraftparsmomenten $\bar{C}_1^{\mathrm{s}}$, $\bar{C}_2^{\mathrm{s}}$, ..., $\bar{C}_m^{\mathrm{s}}$ dominerar under stötförloppet, så att bidrag från övriga krafter och kraftparsmoment kan försummas. Stötkrafterna integreras till stötimpulser

$$\bar{L}_i^{\mathrm{s}} = \int_0^{\Delta t} \bar{F}_i^{\mathrm{s}}\mathrm{d}t, \qquad i = 1, \ldots, n.$$

medan stötkraftparsmomenten integreras till impulsparsmoment

$$\bar{J}_i^{\mathrm{s}} = \int_0^{\Delta t} \bar{C}_i^{\mathrm{s}}\mathrm{d}t, \qquad i = 1, \ldots, m.$$

I den momentana stötmodellen bildar dessa impulser och impulsparsmoment ett impulssystem, analogt med begreppet kraftsystem (fig. 15.2).

Vi väljer en rumsfix punkt $\mathcal{D}$ som momentpunkt under stötförloppet. Låt rörelsemängden och rörelsemängdsmomentet för stelkroppen före stöten betecknas $\bar{G}$ respektive $\bar{H}_{\mathcal{D}}$, och låt samma storheter efter

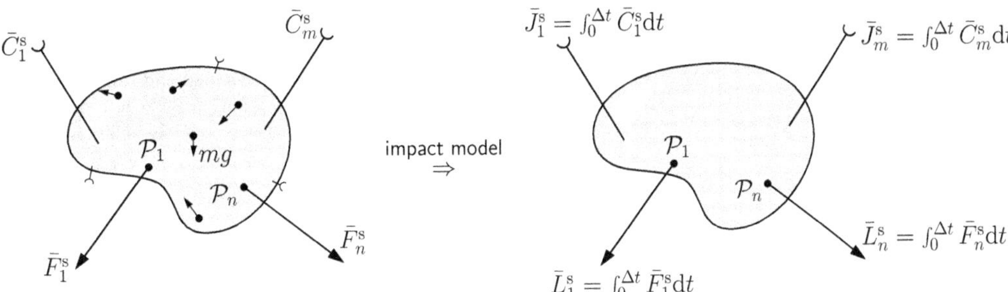

Figur 15.2: Ett kraftsystem där stötkrafter $\bar{F}_i^s$ och stötkraftparsmoment $\bar{C}_j^s$ dominerar. En stötmodell införs, där impulser $\bar{L}_i^s$ och impulsparsmoment $\bar{J}_j^s$ bildar ett impulssystem.

stöten betecknas $\bar{G}'$ och $\bar{H}'_{\mathcal{D}}$. Vi tecknar impulslagen, ekv. (15.1), och impulsmomentlagen, ekv. (15.2), för stelkroppens stötförlopp:

$$\sum_{i=1}^{n} \bar{L}_i^s = \bar{G}' - \bar{G} \tag{15.6a}$$

$$\sum_{i=1}^{n} \overline{\mathcal{D}\mathcal{P}}_i \times \bar{L}_i^s + \sum_{j=1}^{m} \bar{J}_j^s = \bar{H}'_{\mathcal{D}} - \bar{H}_{\mathcal{D}} \tag{15.6b}$$

För att få fram ekv. (15.6b) använde vi en approximation för impulsmomenten

$$\int_0^{\Delta t} \overline{\mathcal{D}\mathcal{P}}_i \times \bar{F}_i^s \mathrm{d}t \approx \overline{\mathcal{D}\mathcal{P}}_i \times \int_0^{\Delta t} \bar{F}_i^s \mathrm{d}t = \overline{\mathcal{D}\mathcal{P}}_i \times \bar{L}_i^s, \qquad i = 1, \ldots, n,$$

som motiveras av att punkterna $\mathcal{P}_i$ antas röra sig en försumbar sträcka under den momentana stöten. Vi illustrera användningen av ekv. (15.6a) och (15.6b) med två exempel.

En dörr med massan m och bredden b har vinkelhastigheten ω moturs då den slår igen och låser sig i stängt läge (fig. 15.3a). Vi ritar ett friläggningsdiagram med impulskomponenterna $L^s_{\mathcal{O}x}$, $L^s_{\mathcal{O}y}$ och $L^s_{\mathcal{A}}$ (fig. 15.3b). Därefter kan vi teckna impulslagen och impulsmomentlagen, ekv. (15.6a) och (15.6b), på komponentform för detta plana stötproblem:

$$\begin{aligned}
\rightarrow^x&: & L^s_{\mathcal{O}x} &= 0 - 0, \\
\uparrow^y&: & L^s_{\mathcal{O}y} + L^s_{\mathcal{A}} &= 0 - \left(-\frac{1}{2}mb\omega\right), \\
\curvearrowleft\mathcal{O}&: & -L^s_{\mathcal{A}} b &= 0 - \frac{1}{3}mb^2\omega,
\end{aligned}$$

där vi använde att $I_{\mathcal{O}} = \frac{1}{3}mb^2$ för dörren.[35]

Betrakta nu en smal stång med massan m och länden ℓ, som roterar i vertikalplanet kring en led $\mathcal{O}$. När stången når ett läge då den bildar en vinkel γ med horisontalplanet, och har vinkelhastigheten ω medurs, stoppas rotationen av en mekanism, som låser fast stången (fig. 15.3c). Vi ritar ett friläggningsdiagram med impulskomponenter $L^s_{\mathcal{O}x}$ och $L^s_{\mathcal{O}y}$,

[35] Använd tabell C.2 och Steiners sats 13.10 för att beräkna $I_{\mathcal{O}}$.

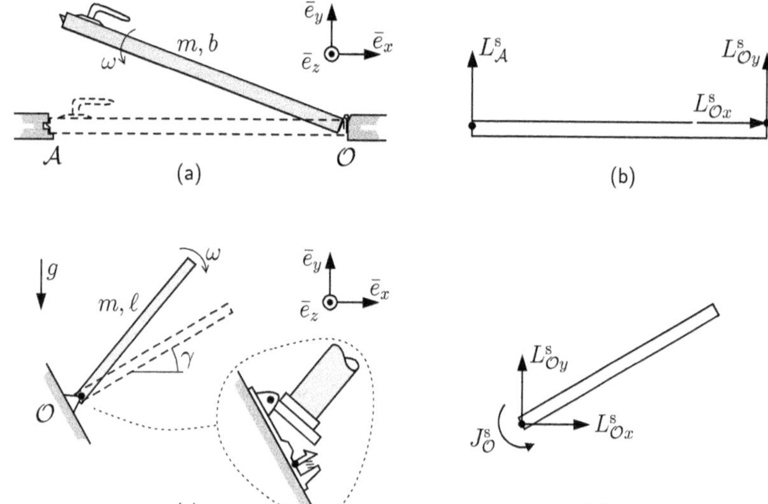

Figur 15.3: (a) En dörr som stängs och låser i stängt läge. (b) Friläggningsdiagram med impulssystem för låsningsprocessen. (c) En stång vars rotation stoppas av en låsmekanism vid gångjärnsleden $\mathcal{O}$. (d) Friläggningsdiagram med impulssystem för låsningsprocessen.

samt ett impulsparsmoment $J^{\mathrm{s}}_{\mathcal{O}}$ eftersom rotation förhindras av mekanismen (fig. 15.3d). Därefter ger ekv. (15.6a) och (15.6b):

$$\begin{aligned}
\rightarrow^{x}: &\qquad L^{\mathrm{s}}_{\mathcal{O}x} = 0 - \frac{1}{2}m\ell\omega\sin\gamma, \\
\uparrow^{y}: &\qquad L^{\mathrm{s}}_{\mathcal{O}y} = 0 - \left(-\frac{1}{2}m\ell\omega\cos\gamma\right), \\
\curvearrowleft\mathcal{O}: &\qquad J^{\mathrm{s}}_{\mathcal{O}} = 0 - \left(-\frac{1}{3}m\ell^2\omega\right),
\end{aligned}$$

där vi använde att $I_{\mathcal{O}} = \frac{1}{3}m\ell^2$ för en smal stång. Notera att impulsen från tyngdkraften,

$$\bar{L}_{\mathrm{g}} = \int_0^{\Delta t} m\bar{g}\mathrm{d}t = m\bar{g}\Delta t,$$

kan försummas; med en momentan stötmodell, där $\Delta t \to 0$, går impulsen från tyngdkraften mot noll.

Om flera stelkroppar förekommer i ett stötproblem friläggs var och en av de ingående kropparna med sina impulssystem, och impulslagen och impulsmomentlagen tacknas för var och en av kropparna.

16 Tredimensionell kinematik för stelkroppar

För att utveckla teorin om stelkroppar till att omfatta generell tredimensionell rörelse måste begrepp som definierats för plan rörelse, såsom vinkelhastighet $\bar{\omega}$ och vinkelacceleration $\bar{\alpha}$ för stelkroppar, definieras om från grunden.

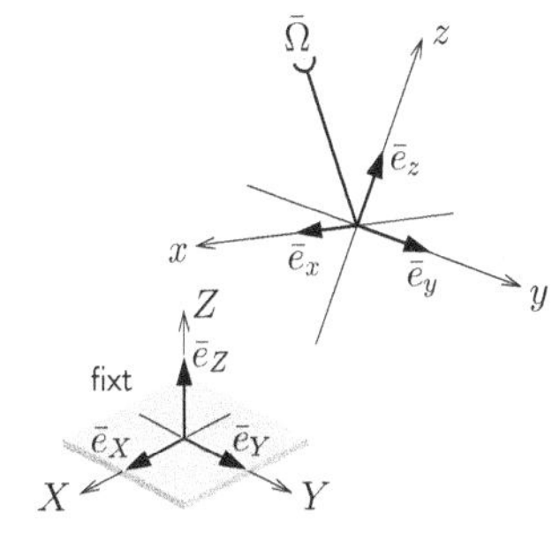

Figur 16.1: Ett koordinatsystem xyz med tidvarierande koordinatriktningar roterar med vinkelhastigheten $\bar{\Omega}$ relativt ett rumsfixt koordinatsystem XYZ.

16.1 Vinkelhastighet och vinkelacceleration

Vi tänker oss, som i det plana fallet, ett rumsfixt koordinatsystem XYZ med basen $\{\bar{e}_X, \bar{e}_Y, \bar{e}_Z\}$, men introducerar ett nytt koordinatsystem xyz med basen $\{\bar{e}_x, \bar{e}_y, \bar{e}_z\}$ (fig. 16.2). Detta koordinatsystem xyz tillåts röra sig i rummet medan dess ortogonalitet bevaras.

Definition 16.1 (Vinkelhastighet). *Vinkelhastigheten* för ett koordinatsystem xyz i generell tredimensionell rörelse är

$$\bar{\Omega} \equiv (\dot{\bar{e}}_y \cdot \bar{e}_z)\bar{e}_x + (\dot{\bar{e}}_z \cdot \bar{e}_x)\bar{e}_y + (\dot{\bar{e}}_x \cdot \bar{e}_y)\bar{e}_z, \tag{16.1}$$

där $\{\bar{e}_x, \bar{e}_y, \bar{e}_z\}$ utgör basen för koordinatsystemet.

Basvektorerna $\bar{e}_x$, $\bar{e}_y$ och $\bar{e}_z$ är alltid vinkelräta mot varandra, men deras riktningar varierar med tiden. Utifrån vinkelhastigheten för ett rörligt koordinatsystem kan vi nu definiera vinkelhastigheten för en stelkropp: vi låter koordinatsystemet xyz vara kroppsfixt, så att det rör sig med stelkroppen (fig. 16.2).

Definition 16.2 (Vinkelhastighet för en stelkropp). Vinkelhastigheten för en stelkropp i generell tredimensionell rörelse är

$$\bar{\omega} \equiv \bar{\Omega}, \tag{16.2}$$

där $\bar{\Omega} = (\dot{\bar{e}}_y \cdot \bar{e}_z)\bar{e}_x + (\dot{\bar{e}}_z \cdot \bar{e}_x)\bar{e}_y + (\dot{\bar{e}}_x \cdot \bar{e}_y)\bar{e}_z$ är vinkelhastigheten för ett kroppsfixt koordinatsystem xyz (fig. 16.2).

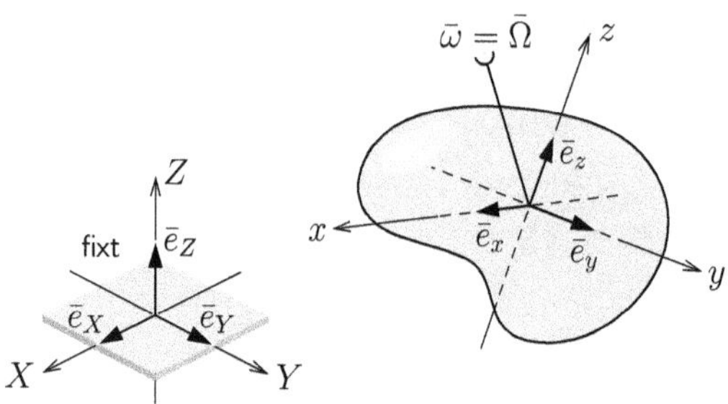

Figur 16.2: Koordinatsystem xyz är kroppsfixt och dess vinkelhastighet $\bar{\Omega}$ är identisk med stelkroppens vinkelhastighet $\bar{\omega}$.

Precis som i det plana fallet kommer vektorn $\bar{\omega}$ att vara oberoende av valet av kroppsfixt koordinatsystem (jfr sats 12.5), men det underlåter vi att visa här.

Definition 16.2 för vinkelhastighet vid generell stelkroppsrörelse är förenlig med def. 12.4 för vinkelhastighet vid plan rörelse. Med beteckningar som i fig. 12.3 för rörelse i xy-planet gäller

$$\begin{aligned} \bar{e}_x &= \cos\theta\bar{e}_X + \sin\theta\bar{e}_Y, & \dot{\bar{e}}_x &= \dot{\theta}(-\sin\theta\bar{e}_X + \cos\theta\bar{e}_Y) = \dot{\theta}\bar{e}_y, \\ \bar{e}_y &= -\sin\theta\bar{e}_X + \cos\theta\bar{e}_Y, & \dot{\bar{e}}_y &= \dot{\theta}(-\cos\theta\bar{e}_X - \sin\theta\bar{e}_Y) = -\dot{\theta}\bar{e}_x, \\ \bar{e}_z &= \bar{e}_Z, & \dot{\bar{e}}_z &= \bar{0}. \end{aligned}$$

Insättning av dessa samband i ekv. (16.1) ger

$$\bar{\omega} = (-\dot{\theta}\bar{e}_x \cdot \bar{e}_z)\bar{e}_x + (\bar{0} \cdot \bar{e}_x)\bar{e}_y + (\dot{\theta}\bar{e}_y \cdot \bar{e}_y)\bar{e}_z = \dot{\theta}\bar{e}_z = \dot{\theta}\bar{e}_Z,$$

vilket är identiskt med def. 12.4 för vinkelhastighet i det plana fallet. Vinkelhastigheten $\bar{\omega}$ har alltså, även enligt den nya definitionen 16.2, en tydlig tolkning för plan rörelse.

Definition 16.3 (Vinkelacceleration). *Vinkelaccelerationen* för en stelkropp i generell tredimensionell rörelse är

$$\bar{\alpha} \equiv \dot{\bar{\omega}}, \tag{16.3}$$

där $\bar{\omega}$ är stelkroppens vinkelhastighet.

16.2 Coriolis ekvation

Via tre hjälpsatser kommer vi att utnyttja basvektorernas konstanta längd och deras inbördes ortogonalitet för att slutligen formulera *Coriolis ekvation*, vilket är en deriveringsregel för vektorer i tidsvarierande koordinatsystem.

Hjälpsats 16.4. Låt $\bar{e}_\lambda$ vara en godtycklig enhetsvektor med tidsberoende riktning. Då gäller

$$\dot{\bar{e}}_\lambda \cdot \bar{e}_\lambda = 0. \tag{16.4}$$

Bevis. Tidsderivering av identiteten $\bar{e}_\lambda \cdot \bar{e}_\lambda = 1$ ger

$$\begin{aligned} &\dot{\bar{e}}_\lambda \cdot \bar{e}_\lambda + \bar{e}_\lambda \cdot \dot{\bar{e}}_\lambda = 0 \quad \Leftrightarrow \quad \{\text{produktregeln (A.25b)}\} \quad \Leftrightarrow \\ &\quad \dot{\bar{e}}_\lambda \cdot \bar{e}_\lambda = 0. \end{aligned}$$ □

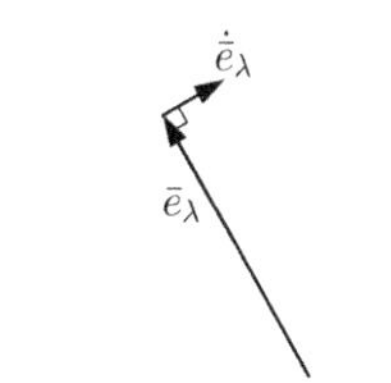

Figur 16.3: Det gäller att $\dot{\bar{e}}_\lambda \perp \bar{e}_\lambda$.

Tidsderivatan för en enhetsvektor är alltså alltid vinkelrät mot vektorn själv (fig. 16.3).

Hjälpsats 16.5. Låt $\{\bar{e}_x, \bar{e}_y, \bar{e}_z\}$ utgöra basen för ett ortogonalt koordinatsystem med tidsberoende axelriktningar. Då gäller

$$\dot{\bar{e}}_x \cdot \bar{e}_y = -\dot{\bar{e}}_y \cdot \bar{e}_x, \qquad \dot{\bar{e}}_y \cdot \bar{e}_z = -\dot{\bar{e}}_z \cdot \bar{e}_y, \qquad \dot{\bar{e}}_z \cdot \bar{e}_x = -\dot{\bar{e}}_x \cdot \bar{e}_z. \quad (16.5)$$

Bevis. Tidsderivering av ortogonalitetsvillkoret $\bar{e}_x \cdot \bar{e}_y = 0$ ger

$$\begin{aligned} &\dot{\bar{e}}_x \cdot \bar{e}_y + \bar{e}_x \cdot \dot{\bar{e}}_y = 0 \quad \Leftrightarrow \quad \{\text{produktregeln (A.25b)}\} \quad \Leftrightarrow \\ &\quad \dot{\bar{e}}_x \cdot \bar{e}_y = -\dot{\bar{e}}_y \cdot \bar{e}_x. \end{aligned}$$

Samma förfarande för ortogonalitetsvillkoren $\bar{e}_y \cdot \bar{e}_z = 0$ och $\bar{e}_z \cdot \bar{e}_x = 0$ bevisar satsen. □

Hjälpsats 16.6 (Tidsderivering av en basvektor)**.** Låt $\{\bar{e}_x, \bar{e}_y, \bar{e}_z\}$ utgöra basen för ett roterande koordinatsystem med vinkelhastigheten $\bar{\Omega}$ relativt ett fixt koordinatsystem. Då gäller att (fig. 16.4)

$$\dot{\bar{e}}_x = \bar{\Omega} \times \bar{e}_x, \qquad \dot{\bar{e}}_y = \bar{\Omega} \times \bar{e}_y, \qquad \dot{\bar{e}}_z = \bar{\Omega} \times \bar{e}_z. \quad (16.6)$$

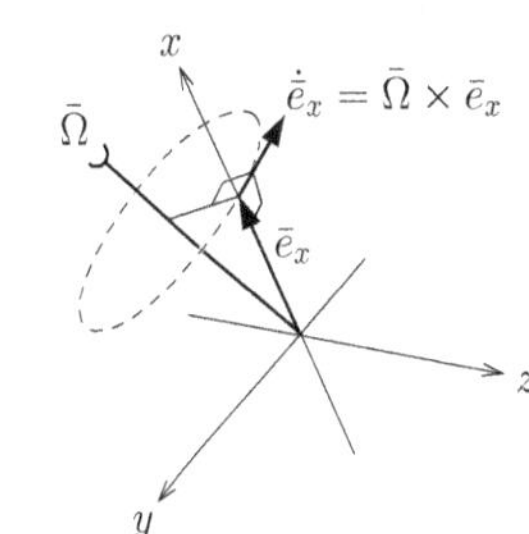

Figur 16.4: Geometri för hjälpsats 16.6 för tidsderivering av $\bar{e}_x$.

Bevis. Enligt ekv. (16.1) gäller

$$\bar{\Omega} = (\dot{\bar{e}}_y \cdot \bar{e}_z)\bar{e}_x + (\dot{\bar{e}}_z \cdot \bar{e}_x)\bar{e}_y + (\dot{\bar{e}}_x \cdot \bar{e}_y)\bar{e}_z.$$

För fallet med tidsderivering av $\bar{e}_x$ blir höger led i ekv. (16.6)

$$\begin{aligned} \bar{\Omega} \times \bar{e}_x &= (\dot{\bar{e}}_y \cdot \bar{e}_z)\bar{e}_x \times \bar{e}_x + (\dot{\bar{e}}_z \cdot \bar{e}_x)\bar{e}_y \times \bar{e}_x + (\dot{\bar{e}}_x \cdot \bar{e}_y)\bar{e}_z \times \bar{e}_x \\ &= -(\dot{\bar{e}}_z \cdot \bar{e}_x)\bar{e}_z + (\dot{\bar{e}}_x \cdot \bar{e}_y)\bar{e}_y = \{\text{hjälpsats 16.5}\} \\ &= (\dot{\bar{e}}_x \cdot \bar{e}_z)\bar{e}_z + (\dot{\bar{e}}_x \cdot \bar{e}_y)\bar{e}_y. \end{aligned} \quad (16.7)$$

För vänster led i ekv. (16.6) kan vi skriva $\dot{\bar{e}}_x$ som en summa av sina komposanter

$$\begin{aligned} \dot{\bar{e}}_x &= (\dot{\bar{e}}_x \cdot \bar{e}_x)\bar{e}_x + (\dot{\bar{e}}_x \cdot \bar{e}_y)\bar{e}_y + (\dot{\bar{e}}_x \cdot \bar{e}_z)\bar{e}_z = \{\text{hjälpsats 16.4}\} \\ &= (\dot{\bar{e}}_x \cdot \bar{e}_y)\bar{e}_y + (\dot{\bar{e}}_x \cdot \bar{e}_z)\bar{e}_z. \end{aligned} \quad (16.8)$$

Från ekv. (16.8) och (16.7) följer att $\dot{\bar{e}}_x = \bar{\Omega} \times \bar{e}_x$. Analoga resonemang för tidsderivering av $\bar{e}_y$ respektive $\bar{e}_z$ bevisar satsen. □

Definition 16.7. Låt $\bar{u} = u_x\bar{e}_x + u_y\bar{e}_y + u_z\bar{e}_z$ vara en godtycklig tidsberoende vektor, som beskrivs i ett roterande koordinatsystem xyz. Tidserivatan av $\bar{u}$ m.a.p. det roterande systemet definieras

$$\left.\frac{\mathrm{d}\bar{u}}{\mathrm{d}t}\right|_{xyz} \equiv \dot{u}_x\bar{e}_x + \dot{u}_y\bar{e}_y + \dot{u}_z\bar{e}_z. \tag{16.9}$$

Mekanikens rörelselagar måste emellertid tillämpas i ett inertialsystem, som inte tillåts rotera. Om en vektor är representerad i ett roterande koordinatsystem måste man använda Coriolis ekvation för att erhålla vektorns tidsderivata relativt ett fixt koodinatsystem.

Sats 16.8 (Coriolis ekvation)**.** Låt $\bar{u}$ vara en godtycklig tidsberoende vektor, som är representerad i ett roterande koordinatsystem xyz med vinkelhastigheten $\bar{\Omega}$ relativt ett fixt koordinatsystem. Då gäller

$$\dot{\bar{u}} = \left.\frac{\mathrm{d}\bar{u}}{\mathrm{d}t}\right|_{xyz} + \bar{\Omega} \times \bar{u}, \tag{16.10}$$

där $\dot{\bar{u}}$ är tidsderivatan av $\bar{u}$ relativt det fixa systemet, och $\mathrm{d}\bar{u}/\mathrm{d}t|_{xyz}$ är tidsderivatan av $\bar{u}$ relativt det roterande systemet.

Bevis. Den tidsberoende vektorn $\bar{u}$ kan skrivas

$$\bar{u} = u_x\bar{e}_x + u_y\bar{e}_y + u_z\bar{e}_z. \tag{16.11}$$

Tidsderivering av ekv. (16.11) i det fixa koordinatsystemet med produktregeln (A.25a) ger

$$\begin{aligned}
\dot{\bar{u}} &= \dot{u}_x\bar{e}_x + u_x\dot{\bar{e}}_x + \dot{u}_y\bar{e}_y + u_y\dot{\bar{e}}_y + \dot{u}_z\bar{e}_z + u_z\dot{\bar{e}}_z = \{\text{ekv. (16.9)}\} \\
&= \left.\frac{\mathrm{d}\bar{u}}{\mathrm{d}t}\right|_{xyz} + u_x\dot{\bar{e}}_x + u_y\dot{\bar{e}}_y + u_z\dot{\bar{e}}_z = \{\text{hjälpsats 16.6}\} \\
&= \left.\frac{\mathrm{d}\bar{u}}{\mathrm{d}t}\right|_{xyz} + u_x(\bar{\Omega} \times \bar{e}_x) + u_y(\bar{\Omega} \times \bar{e}_y) + u_z(\bar{\Omega} \times \bar{e}_z) = \{\text{ekv. (A.21b)}\} \\
&= \left.\frac{\mathrm{d}\bar{u}}{\mathrm{d}t}\right|_{xyz} + \bar{\Omega} \times (u_x\bar{e}_x + u_y\bar{e}_y + u_z\bar{e}_z) = \{\text{ekv. (16.11)}\} \\
&= \left.\frac{\mathrm{d}\bar{u}}{\mathrm{d}t}\right|_{xyz} + \bar{\Omega} \times \bar{u}.
\end{aligned}$$

□

16.3 Hastighets- och accelerationssamband

För plan rörelse kunde vi härleda hastighets- och accelerationssamband mellan två kroppsfixa punkter (se satserna 12.8 och 12.9). Det visar sig att dessa samband också gäller för generell tredimensionell rörelse.

Hjälpsats 16.9 (Tidsderivering av kroppsfix vektor)**.** För en stelkropp med vinkelhastigheten $\bar{\omega}$ ges tidsderivatan av en kroppsfix vektor $\bar{u}$ av

$$\dot{\bar{u}} = \bar{\omega} \times \bar{u}. \tag{16.12}$$

Bevis. Betrakta ett kroppsfixt koordinatsystem xyz med vinkelhastigheten $\bar{\Omega} = \bar{\omega}$ relativt ett rumsfixt koordinatsystem (fig. 16.5). Coriolis ekvation (16.10), ger

$$\dot{\bar{u}} = \left.\frac{\mathrm{d}\bar{u}}{\mathrm{d}t}\right|_{xyz} + \bar{\omega} \times \bar{u} = \{\bar{u} \text{ konstant i } xyz\} = \bar{0} + \bar{\omega} \times \bar{u}. \qquad \square$$

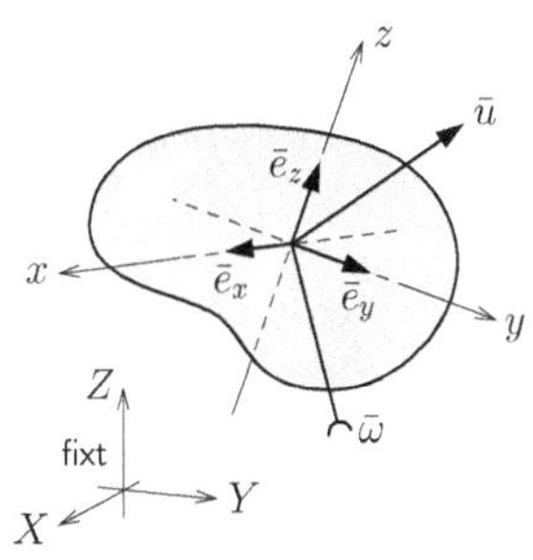

Figur 16.5: Ett kroppsfixt koordinatsystem xyz och en kroppsfix vektor $\bar{u}$ roterar med vinkelhastigheten $\bar{\omega}$ relativt ett rumsfixt koordinatsystem XYZ.

Hjälpsats 12.7 för derivering av kroppsfixa vektorer kan alltså generaliseras till allmän rörelse, vilket visas i hjälpsats 16.9.

Sats 16.10 (Hastighetssamband). För en stelkropp i generell tredimensionell rörelse med vinkelhastigheten $\bar{\omega}$ gäller det att

$$\bar{v}_{\mathcal{Q}} = \bar{v}_{\mathcal{P}} + \bar{\omega} \times \overline{\mathcal{PQ}}, \tag{16.13}$$

där $\mathcal{P}$ och $\mathcal{Q}$ är kroppsfixa punkter.

Bevis. Enligt hjälpsats 16.9 är $\dot{\overline{\mathcal{PQ}}} = \omega \times \overline{\mathcal{PQ}}$. Därmed kan man följa bevisgången för sats 12.8. $\square$

Sats 16.11 (Accelerationssamband). För en stelkropp i generell tredimensionell rörelse med vinkelhastigheten $\bar{\omega}$ och vinkelaccelerationen $\bar{\alpha}$ gäller det att

$$\bar{a}_{\mathcal{Q}} = \bar{a}_{\mathcal{P}} + \bar{\alpha} \times \overline{\mathcal{PQ}} + \bar{\omega} \times \left(\bar{\omega} \times \overline{\mathcal{PQ}}\right), \tag{16.14}$$

där $\mathcal{P}$ och $\mathcal{Q}$ är kroppsfixa punkter.

Bevis. Enligt hjälpsats 16.9 är $\dot{\overline{\mathcal{PQ}}} = \omega \times \overline{\mathcal{PQ}}$. Därmed kan man följa bevisgången för sats 12.9. $\square$

16.4 System av stelkroppar

I ett system av stelkroppar numrerade $i = 0, 1, 2, \ldots, n$, där $i = 0$ representerar ett rumsfixt fundament, har varje stelkropp sin egen vinkelhastighet $\bar{\omega}_i$ relativt ett rumsfixt koordinatsystemet. Industrirobotar är exempel på sådana mekaniska system (fig. 16.6). Motorerna eller hydrauliken som styr robotens delar påverkar delarnas *relativa* läge till varandra. Därför är det vanligtvis vinkelhastigheten $\bar{\omega}_{j/i}$ för kropp j relativt kropp i som är direkt tillgänglig för robotens kontrollsystem.

Definition 16.12 (Relativ vinkelhastighet). Den *relativa vinkelhastigheten* mellan en stelkropp j och en annan stelkropp i är

$$\bar{\omega}_{j/i} \equiv \bar{\omega}_j - \bar{\omega}_i, \tag{16.15}$$

där $\bar{\omega}_i$ och $\bar{\omega}_j$ är respektive stelkropps vinkelhastighet.

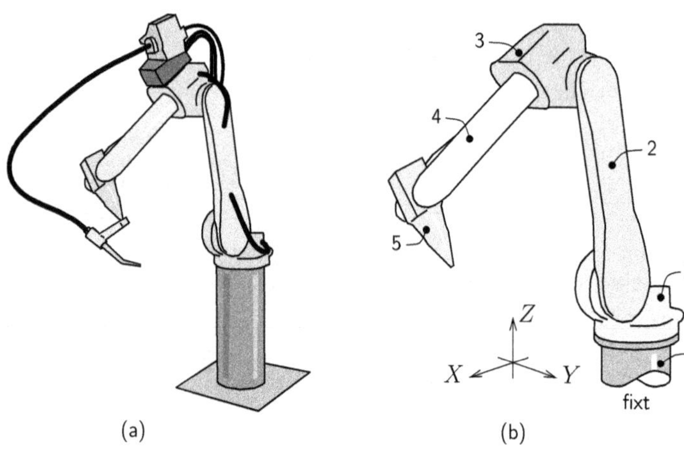

Figur 16.6: (a) Bågsvetsningsrobot. (b) Robotens delar, $i = 0, 1, 2, 3, 4, 5$, är stelkroppar som roterar relativt varandra.

Eftersom $i = 0$ motsvarar det fixa systemet har vi $\bar{\omega}_0 = \bar{0}$, så att def. 16.12 ger

$$\bar{\omega}_i = \bar{\omega}_{i/0}, \qquad i = 1, 2, \ldots, n. \tag{16.16}$$

Givet de relativa vinkelhastigheterna för alla stelkroppar i ett system kan man beräkna vinkelhastigheterna för dessa kroppar relativt ett fixt koordinatystem.

Sats 16.13 (Summaformeln för vinkelhastighet). För ett system av stelkroppar $i = 0, 1, 2, \ldots, n$, där $i = 0$ är en rumsfix kropp gäller att

$$\bar{\omega}_n = \sum_{i=1}^{n} \bar{\omega}_{i/(i-1)} = \bar{\omega}_{n/(n-1)} + \cdots + \bar{\omega}_{2/1} + \bar{\omega}_{1/0}, \tag{16.17}$$

där $\bar{\omega}_n$ är vinkelhastigheten för kropp n och $\bar{\omega}_{i/(i-1)}$ är den relativa vinkelhastigheten mellan kropp i och kropp $i-1$ (fig. 16.7).

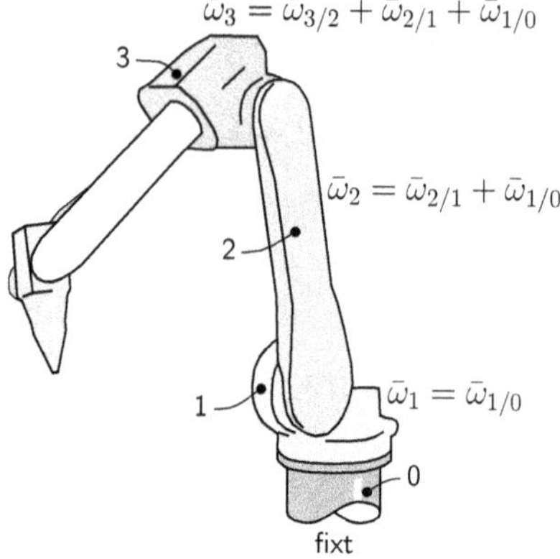

Figur 16.7: Vinkelhastigheten $\bar{\omega}_i$ relativt det fixa systemet är en summa av relativa vinkelhastigheter.

Bevis. Det följer av def. 16.12 för relativ vinkelhastighet att

$$\begin{aligned}
\sum_{i=1}^{n} \bar{\omega}_{i/(i-1)} &= \sum_{i=1}^{n} (\bar{\omega}_i - \bar{\omega}_{i-1}) \\
&= \sum_{i=1}^{n} \bar{\omega}_i - \sum_{i=1}^{n} \bar{\omega}_{i-1} = \{\text{indexsubstitution}\} \\
&= \sum_{i=1}^{n} \bar{\omega}_i - \sum_{i=0}^{n-1} \bar{\omega}_i \\
&= \bar{\omega}_n + \sum_{i=1}^{n-1} \bar{\omega}_i - \sum_{i=1}^{n-1} \bar{\omega}_i - \bar{\omega}_0 = \{\bar{\omega}_0 = \bar{0}\} \\
&= \bar{\omega}_n.
\end{aligned}$$

□

Den relativ vinkelhastigheten mellan två stelkroppar benämns ibland även *spinn*, vilket vi betecknar $\bar{p}$. Ett illustrativt exempel på spinn är en propellers rörelse relativt en flygplanskropp. Vi inför ett koordinatsystem xyz som är fixt relativt flygplanskroppen (kropp 1), sådant att x är parallell med propelleraxeln (fig. 16.8). Kropp 1 och koordinatsystemet har en vinkelhastighet $\bar{\omega}_1 = \bar{\Omega}$ på grund av pilotens manövrar. Planets motorvarvtal p ger propellern (kropp 2) ett spinn $\bar{\omega}_{2/1} = \bar{p} = -p\bar{e}_x$ relativt flygplanskroppen, så att propellerns egentliga vinkelhastighet är

$$\bar{\omega}_2 = \bar{\omega}_{2/1} + \bar{\omega}_1 = \bar{p} + \bar{\Omega}.$$

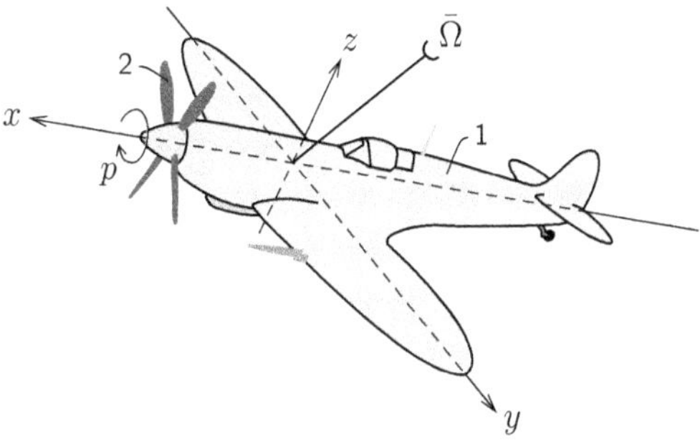

Figur 16.8: Propellern (2) har spinnet $\bar{p} = -p\bar{e}_x$ relativt flygplanskroppen (1), som i sin tur har vinkelhastigheten $\bar{\omega}_1 = \bar{\Omega}$.

17

Tredimensionell kinetik för stelkroppar

Delar av kapitel 13 om plan kinetik formulerades och visades för stelkroppar av godtycklig form i generell tredimensionell rörelse. Detta inbegriper kraftlagen:

$$\Sigma\bar{F} = \dot{\bar{G}} = m\bar{a}_{\mathcal{G}}, \tag{17.1}$$

och momentlagarna m.a.p. masscentrum $\mathcal{G}$ respektive en rumsfix punkt $\mathcal{D}$:

$$\Sigma\bar{M}_{\mathcal{G}} = \dot{\bar{H}}_{\mathcal{G}}, \tag{17.2a}$$

$$\Sigma\bar{M}_{\mathcal{D}} = \dot{\bar{H}}_{\mathcal{D}}. \tag{17.2b}$$

För generell tredimensionell stelkroppsrörelse kan dock vinkelhastighetsvektorn $\bar{\omega}$ anta godtycklig riktning i rummet (def. 16.2). Denna nya situation gör att varken uttrycken för rörelsemängdsmoment vid plan rörelse, eller de plana momentlagarna gäller i det tredimensionella fallet.

17.1 Tröghetsmatrisen

För plan rörelse infördes begreppet tröghetsmoment för att beskriva en stelkropps motstånd mot ändring av sin vinkelhastighet. I tre dimensioner blir situationen mer komplicerad på grund av rotationsaxelns frihet att ändra orientering i rummet. Kroppens tröghetsegenskaper beskrivs med en tröghetsmatris, vars innebörd för rörelsen blir tydlig först i avsnitt 17.2. Matriser skrivs med dubbelstreck över variabelnamnet.

Definition 17.1 (Tröghetsmatris). *Tröghetsmatrisen*[36] för en stelkropp Ω m.a.p. en godtycklig punkt $\mathcal{A}$ är

[36] Benäns även *tröghetstensor* eller *masströghetsmatris*.

$$\bar{\bar{I}}_{\mathcal{A}} \equiv \begin{bmatrix} I_{\mathcal{A}xx} & I_{\mathcal{A}xy} & I_{\mathcal{A}xz} \\ I_{\mathcal{A}xy} & I_{\mathcal{A}yy} & I_{\mathcal{A}yz} \\ I_{\mathcal{A}xz} & I_{\mathcal{A}yz} & I_{\mathcal{A}zz} \end{bmatrix}, \tag{17.3}$$

där $I_{\mathcal{A}xx}$, $I_{\mathcal{A}yy}$ och $I_{\mathcal{A}zz}$ benämns *tröghetsmoment* och $I_{\mathcal{A}xy}$, $I_{\mathcal{A}xz}$ och $I_{\mathcal{A}yz}$ benämns *tröghetsprodukter*:

$$I_{\mathcal{A}xx} \equiv \int_\Omega (y^2 + z^2)\mathrm{d}m, \qquad I_{\mathcal{A}xy} \equiv -\int_\Omega xy\mathrm{d}m,$$

$$I_{\mathcal{A}yy} \equiv \int_\Omega (x^2 + z^2)\mathrm{d}m, \qquad I_{\mathcal{A}xz} \equiv -\int_\Omega xz\mathrm{d}m,$$

$$I_{\mathcal{A}zz} \equiv \int_\Omega (x^2 + y^2)\mathrm{d}m, \qquad I_{\mathcal{A}yz} \equiv -\int_\Omega yz\mathrm{d}m,$$

där $\bar{r} = x\bar{e}_x + y\bar{e}_y + z\bar{e}_z$ är en vektor från $\mathcal{A}$ till masselementet $\mathrm{d}m$ (fig. 17.1).[37]

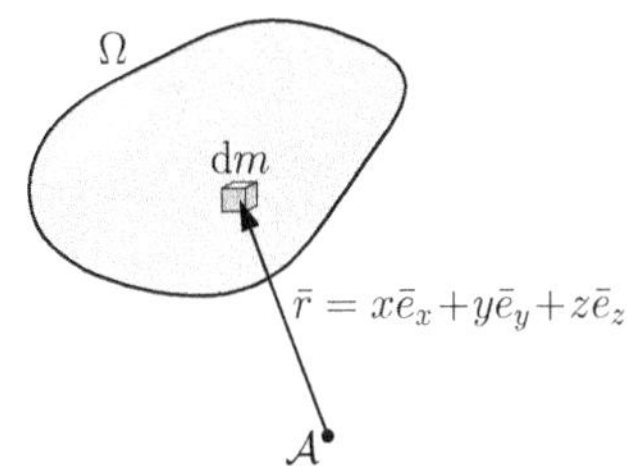

Figur 17.1: Geometri för def. 17.1.

[37] Tröghetsprodukterna definieras i vissa framställningar med omvänt tecken.

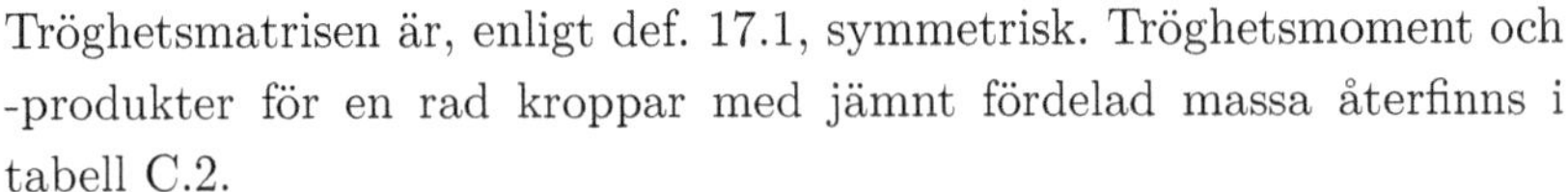

Tröghetsmatrisen är, enligt def. 17.1, symmetrisk. Tröghetsmoment och -produkter för en rad kroppar med jämnt fördelad massa återfinns i tabell C.2.

För att beräkna tröghetsmatrisen m.a.p. ett koordinatsystem xyz och en punkt $\mathcal{A}$ måste man integrera fram tröghetsmomenten och -produkterna. Beräkningen av tröghetsprodukter kan förenklas för kroppar som är spegelsymmetriska m.a.p. något av planen $x = 0$, $y = 0$ eller $z = 0$. Om t.ex. kroppen är symmetrisk m.a.p. planet $y = 0$ följer det att $I_{\mathcal{A}xy} = I_{\mathcal{A}yz} = 0$ eftersom integranderna för dessa båda tröghetsprodukter är udda m.a.p. y (fig. 17.2). I detta exempel gäller

$$\bar{\bar{I}}_{\mathcal{A}} = \begin{bmatrix} I_{\mathcal{A}xx} & 0 & I_{\mathcal{A}xz} \\ 0 & I_{\mathcal{A}yy} & 0 \\ I_{\mathcal{A}xz} & 0 & I_{\mathcal{A}zz} \end{bmatrix},$$

och liknande resonemang kan genomföras för kroppar som är spegelsymmetriska m.a.p. planen $x = 0$ eller $z = 0$.

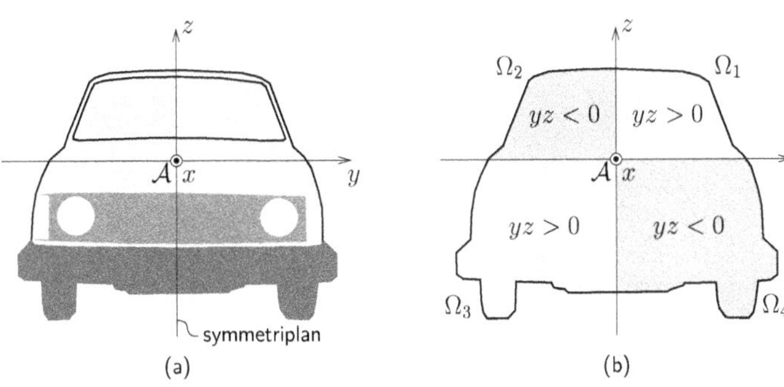

Figur 17.2: (a) Med origo i $\mathcal{A}$ är fordonet symmetriskt m.a.p. planet $y = 0$. (b) Då gäller $\int_{\Omega_1} yz\mathrm{d}m = -\int_{\Omega_2} yz\mathrm{d}m$ och $\int_{\Omega_3} yz\mathrm{d}m = -\int_{\Omega_4} yz\mathrm{d}m$; integralerna tar ut varandra så att $I_{\mathcal{A}yz} = 0$. På samma sätt får vi $I_{\mathcal{A}xy} = 0$.

Om tröghetsmatrisen m.a.p. masscentrum är känd kan man använda en förflyttningssats för att beräkna tröghetsmatrisen m.a.p. en godtycklig annan punkt. Vi formulerar separata förflyttningssatser för tröghetsmoment och -produkter.

Hjälpsats 17.2 (Förflyttningssatsen för tröghetsmoment)**.** För en stelkropp ges tröghetsmomenten m.a.p. en godtycklig punkt $\mathcal{A}$ av

$$I_{\mathcal{A}xx} = I_{\mathcal{G}xx} + m(d_y^2 + d_z^2), \quad (17.4a)$$
$$I_{\mathcal{A}yy} = I_{\mathcal{G}yy} + m(d_x^2 + d_z^2), \quad (17.4b)$$
$$I_{\mathcal{A}zz} = I_{\mathcal{G}zz} + m(d_x^2 + d_y^2), \quad (17.4c)$$

där $\mathcal{G}$ är kroppens masscentrum, m är dess massa och $\overline{\mathcal{AG}} = \bar{d} = d_x\bar{e}_x + d_y\bar{e}_y + d_z\bar{e}_z$ är *förflyttningsvektorn.*

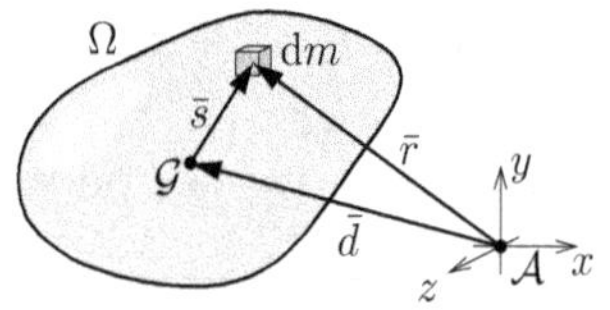

Figur 17.3: Stelkropp där vektorn $\bar{s}$ utgår från $\mathcal{G}$ till ett masselement dm. Vektorn $\bar{r}$ är masselementets lägesvektor relativt ett koordinatsystem med origo i $\mathcal{A}$.

Bevis. Placera origo i $\mathcal{A}$ och låt $\bar{r} = x\bar{e}_x + y\bar{e}_y + z\bar{e}_z$ vara lägesvektorn för ett masselement i stelkroppen Ω. Skriv denna lägesvektor som $\bar{r} = \bar{d} + \bar{s}$, där $\bar{s}$ är en vektor som utgår från $\mathcal{G}$ (fig. 17.3). På komponentform har vi

$$x = d_x + s_x, \qquad y = d_y + s_y, \qquad z = d_z + s_z.$$

Enligt definitionen för tröghetsmoment, def. 17.1, har vi att

$$\begin{aligned}
I_{\mathcal{A}zz} &= \int_\Omega (x^2 + y^2)\mathrm{d}m \\
&= \int_\Omega \left[(d_x + s_x)^2 + (d_y + s_y)^2\right] \mathrm{d}m \\
&= \int_\Omega (d_x^2 + 2d_x s_x + s_x^2 + d_y^2 + 2d_y s_y + s_y^2)\mathrm{d}m \\
&= \underbrace{(d_x^2 + d_y^2)\int_\Omega \mathrm{d}m}_{=m} + \underbrace{2d_x\int_\Omega s_x \mathrm{d}m}_{=0} + \underbrace{2d_y\int_\Omega s_y \mathrm{d}m}_{=0} + \underbrace{\int_\Omega (s_x^2 + s_y^2)\mathrm{d}m}_{=I_{\mathcal{G}zz}} \\
&= I_{\mathcal{G}zz} + m(d_x^2 + d_y^2).
\end{aligned}$$

Analoga resonemang för $I_{\mathcal{A}xx}$ och $I_{\mathcal{A}yy}$ bevisar satsen. □

Hjälpsats 17.3 (Förflyttningssatsen för tröghetsprodukter)**.** För en stelkropp ges tröghetsprodukterna m.a.p. en godtycklig punkt $\mathcal{A}$ av

$$I_{\mathcal{A}xy} = I_{\mathcal{G}xy} - md_x d_y, \quad (17.5a)$$
$$I_{\mathcal{A}xz} = I_{\mathcal{G}xz} - md_x d_z, \quad (17.5b)$$
$$I_{\mathcal{A}yz} = I_{\mathcal{G}yz} - md_y d_z, \quad (17.5c)$$

där $\mathcal{G}$ är stelkroppens masscentrum, m är dess massa och $\overline{\mathcal{AG}} = \bar{d} = d_x\bar{e}_x + d_y\bar{e}_y + d_z\bar{e}_z$ är förflyttningsvektorn.

Bevis. Placera origo i $\mathcal{A}$ och låt $\bar{r} = x\bar{e}_x + y\bar{e}_y + z\bar{e}_z$ vara lägesvektorn för ett masselement i stelkroppen Ω. Skriv denna lägesvektor som $\bar{r} = \bar{d} + \bar{s}$, där $\bar{s}$ är en vektor som utgår från masscentrum (fig. 17.3). På komponentform får vi

$$x = d_x + s_x, \qquad y = d_y + s_y, \qquad z = d_z + s_z.$$

Enligt definitionen för tröghetsprodukt, def. 17.1, har vi att

$$\begin{aligned}
I_{\mathcal{A}xy} &= -\int_\Omega xy\mathrm{d}m \\
&= -\int_\Omega (d_x + s_x)(d_y + s_y)\mathrm{d}m \\
&= -\int_\Omega d_x d_y + d_x s_y + d_y s_x + s_x s_y \mathrm{d}m \\
&= -d_x d_y \underbrace{\int_\Omega \mathrm{d}m}_{=m} - d_x \underbrace{\int_\Omega s_y \mathrm{d}m}_{=0} - d_y \underbrace{\int_\Omega s_x \mathrm{d}m}_{=0} - \underbrace{\int_\Omega s_x s_y \mathrm{d}m}_{=I_{\mathcal{G}xy}} \\
&= I_{\mathcal{G}xy} - m d_x d_y.
\end{aligned}$$

Analoga resonemang för $I_{\mathcal{A}xz}$ och $I_{\mathcal{A}yz}$ bevisar satsen. □

Sats 17.4 (Parallellaxelsatsen). Tröghetsmatrisen för en stelkropp m.a.p. en godtycklig punkt $\mathcal{A}$ ges av

$$\bar{\bar{I}}_{\mathcal{A}} = \bar{\bar{I}}_{\mathcal{G}} + m \begin{bmatrix} d_y^2 + d_z^2 & -d_x d_y & -d_x d_z \\ -d_x d_y & d_x^2 + d_z^2 & -d_y d_z \\ -d_x d_z & -d_y d_z & d_x^2 + d_y^2 \end{bmatrix}, \tag{17.6}$$

där $\mathcal{G}$ är stelkroppens masscentrum, m är dess massa och $\overline{\mathcal{AG}} = \bar{d} = d_x \bar{e}_x + d_y \bar{e}_y + d_z \bar{e}_z$ är förflyttningsvektorn (fig. 17.3).

Bevis. Sambandets giltighet framgår direkt av hjälpsats 17.2 för diagonalelementen och av hjälpsats 17.3 för övriga element. □

Vid problemlösning slår man om möjligt upp tröghetsmatrisen $\bar{\bar{I}}_{\mathcal{G}}$ m.a.p. masscentrum $\mathcal{G}$ i ett tabellverk (tabell C.2) och använder ekv. (17.6) för att beräkna tröghetsmatrisen m.a.p. någon önskad punkt $\mathcal{A}$.

17.2 Rörelsemängdsmoment

Den generella definitionen för rörelsemängdsmoment, def. 13.2, kan förenklas något för stelkroppar i generell tredimensionell rörelse. För detta behöver vi dock två hjälpsatser.

Hjälpsats 17.5. Rörelsemängdsmomentet m.a.p. masscentrum $\mathcal{G}$ för en stelkropp Ω i generell tredimensionell rörelse är

$$\bar{H}_{\mathcal{G}} = \int_\Omega \bar{s} \times (\bar{\omega} \times \bar{s})\mathrm{d}m, \tag{17.7}$$

där $\bar{s}$ är en vektor från $\mathcal{G}$ till masselementet, och $\bar{\omega}$ är kroppens vinkelhastighet.

Bevis. Vi följer bevisgången i hjälpsats 13.11, men utnyttjar hjälpsats 16.9 för att visa sambandet $\dot{\bar{s}} = \bar{\omega} \times \bar{s}$ för generell stelkroppsrörelse. □

Hjälpsats 17.6. För två godtyckliga vektorer $\bar{u}$ och $\bar{w}$ gäller identiteten

$$\bar{u} \times (\bar{w} \times \bar{u}) = \begin{bmatrix} u_y^2 + u_z^2 & -u_x u_y & -u_x u_z \\ -u_x u_y & u_x^2 + u_z^2 & -u_y u_z \\ -u_x u_z & -u_y u_z & u_x^2 + u_y^2 \end{bmatrix} \bar{w}. \tag{17.8}$$

Bevis. Enligt ekv. (A.22a) gäller

$$\begin{aligned} \bar{u} \times (\bar{w} \times \bar{u}) &= (\bar{u} \cdot \bar{u})\bar{w} - (\bar{u} \cdot \bar{w})\bar{u} \\ &= \begin{bmatrix} (u_x^2 + u_y^2 + u_z^2)w_x - (u_x w_x + u_y w_y + u_z w_z)u_x \\ (u_x^2 + u_y^2 + u_z^2)w_y - (u_x w_x + u_y w_y + u_z w_z)u_y \\ (u_x^2 + u_y^2 + u_z^2)w_z - (u_x w_x + u_y w_y + u_z w_z)u_z \end{bmatrix} \\ &= \begin{bmatrix} (u_y^2 + u_z^2)w_x - u_x u_y w_y - u_x u_z w_z \\ -u_x u_y w_x + (u_x^2 + u_z^2)w_y - u_y u_z w_z \\ -u_x u_z w_x - u_y u_z w_y + (u_x^2 + u_y^2)w_z \end{bmatrix} \\ &= \begin{bmatrix} u_y^2 + u_z^2 & -u_x u_y & -u_x u_z \\ -u_x u_y & u_x^2 + u_z^2 & -u_y u_z \\ -u_x u_z & -u_y u_z & u_x^2 + u_y^2 \end{bmatrix} \bar{w}. \qquad \square \end{aligned}$$

Med hjälpsatserna 17.5 och 17.6 kan vi härleda ett uttryck för rörelsemängdsmomentet för en stelkropp m.a.p. dess masscentrum.

Sats 17.7 (Rörelsemängdsmoment m.a.p. masscentrum)**.** För en stelkropp i generell tredimensionell rörelse ges rörelsemängdsmomentet m.a.p. masscentrum $\mathcal{G}$ av

$$\bar{H}_{\mathcal{G}} = \bar{\bar{I}}_{\mathcal{G}} \bar{\omega}, \tag{17.9}$$

där $\bar{\omega}$ är kroppens vinkelhastighet och $\bar{\bar{I}}_{\mathcal{G}}$ är kroppens tröghetsmatris m.a.p. $\mathcal{G}$.

Bevis. Låt $\bar{s} = s_x \bar{e}_x + s_y \bar{e}_y + s_z \bar{e}_z$ vara en vektor från $\mathcal{G}$ till ett masselement $\mathrm{d}m$ i stelkroppen Ω. Då skrivs ekv. (17.7)

$$\begin{aligned} \bar{H}_{\mathcal{G}} &= \int_\Omega \bar{s} \times (\bar{\omega} \times \bar{s})\mathrm{d}m = \{\text{ekv. } (17.8)\} \\ &= \int_\Omega \begin{bmatrix} s_y^2 + s_z^2 & -s_x s_y & -s_x s_z \\ -s_x s_y & s_x^2 + s_z^2 & -s_y s_z \\ -s_x s_z & -s_y s_z & s_x^2 + s_y^2 \end{bmatrix} \bar{\omega}\mathrm{d}m = \{\bar{\omega} \text{ konstant}\} \\ &= \begin{bmatrix} \int_\Omega (s_y^2 + s_z^2)\mathrm{d}m & -\int_\Omega s_x s_y \mathrm{d}m & -\int_\Omega s_x s_z \mathrm{d}m \\ -\int_\Omega s_x s_y \mathrm{d}m & \int_\Omega (s_x^2 + s_z^2)\mathrm{d}m & -\int_\Omega s_y s_z \mathrm{d}m \\ -\int_\Omega s_x s_z \mathrm{d}m & -\int_\Omega s_y s_z \mathrm{d}m & \int_\Omega (s_x^2 + s_y^2)\mathrm{d}m \end{bmatrix} \bar{\omega} = \{\text{def. } 17.1\} \\ &= \begin{bmatrix} I_{\mathcal{G}xx} & I_{\mathcal{G}xy} & I_{\mathcal{G}xz} \\ I_{\mathcal{G}xy} & I_{\mathcal{G}yy} & I_{\mathcal{G}yz} \\ I_{\mathcal{G}xz} & I_{\mathcal{G}yz} & I_{\mathcal{G}zz} \end{bmatrix} \bar{\omega} = \{\text{def. } 17.1\} \\ &= \bar{\bar{I}}_{\mathcal{G}} \bar{\omega}. \qquad \square \end{aligned}$$

Eftersom stelkroppens rörelsemängdsmoment är $\bar{H}_\mathcal{G} = \bar{\bar{I}}_\mathcal{G}\bar{\omega}$ förstår vi att $\bar{H}_\mathcal{G}$ inte nödvändigtvis kommer att vara parallell med $\bar{\omega}$ (fig. 17.4). Detta är en viktig skillnad mot situationen för en plan stelkropp i plan rörelse.

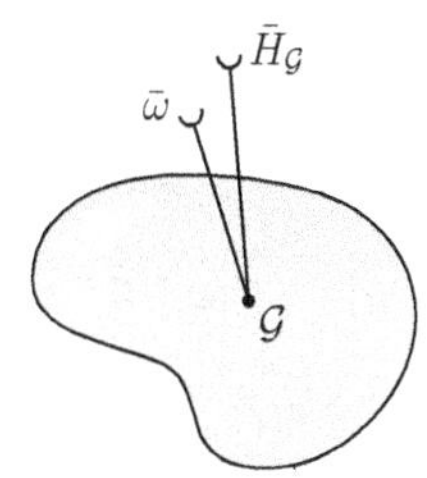

Figur 17.4: Vektorriktningen för rörelsemängdsmomentet $\bar{H}_\mathcal{G} = \bar{\bar{I}}_\mathcal{G}\bar{\omega}$ är inte nödvändigtvis samma som för vinkelhastigheten $\bar{\omega}$.

Sats 17.8 (Rörelsemändsmoment m.a.p. kropps- och rumsfix punkt)**.** För en stelkropp i generell tredimensionell rörelse ges rörelsemängdsmomentet m.a.p. en kropps- och rumsfix punkt $\mathcal{O}$ av

$$\bar{H}_\mathcal{O} = \bar{\bar{I}}_\mathcal{O}\bar{\omega}, \tag{17.10}$$

där ω är kroppens vinkelhastighet, och $\bar{\bar{I}}_\mathcal{O}$ är kroppens tröghetsmatris m.a.p. $\mathcal{O}$.

Bevis. Välj $\mathcal{O}$ som origo så att $\bar{d} = \overline{\mathcal{O}\mathcal{G}}$ samtidigt är en kroppsfix vektor och lägesvektor för $\mathcal{G}$. Hjälpsats 16.9 ger i så fall

$$\bar{v}_\mathcal{G} = \dot{\bar{d}} = \bar{\omega} \times \bar{d}.$$

Enligt förflyttningssatsen för rörelsemängdsmoment, sats 13.6, gäller

$$\begin{aligned}
\bar{H}_\mathcal{O} &= \bar{H}_\mathcal{G} + \bar{d} \times \bar{G} = \{\text{ekv. (13.5) och ekv. (17.9)}\} \\
&= \bar{\bar{I}}_\mathcal{G}\bar{\omega} + \bar{d} \times m\bar{v}_\mathcal{G} \\
&= \bar{\bar{I}}_\mathcal{G}\bar{\omega} + m\bar{d} \times (\bar{\omega} \times \bar{d}) = \{\text{ekv. (17.8)}\} \\
&= \bar{\bar{I}}_\mathcal{G}\bar{\omega} + m \begin{bmatrix} d_y^2 + d_z^2 & -d_x d_y & -d_x d_z \\ -d_x d_y & d_x^2 + d_z^2 & -d_y d_z \\ -d_x d_z & -d_y d_z & d_x^2 + d_y^2 \end{bmatrix} \bar{\omega} = \{\text{ekv. (17.6)}\} \\
&= \bar{\bar{I}}_\mathcal{O}\bar{\omega}.
\end{aligned}$$

□

De uttryck vi härlett för $\bar{H}_\mathcal{G}$ och $\bar{H}_\mathcal{O}$ kan sättas in i respektive momentlag, ekv. (17.2a) och (17.2b). Detta ger samband mellan kraftsystemets momentsumma och stelkroppens rotationsrörelse.

Rörelsemängden och rörelsemängdsmomentet för en stelkropp ingår också i uttrycket för rörelseenergi hos en stelkropp i generell tredimensionell rörelse.

Sats 17.9 (Rörelseenergi)**.** Rörelseenergin för en stelkropp i generell tredimensionell rörelse är

$$K = \frac{1}{2}\bar{v}_\mathcal{G} \cdot \bar{G} + \frac{1}{2}\bar{\omega} \cdot \bar{H}_\mathcal{G}, \tag{17.11}$$

där $\bar{v}_\mathcal{G}$ är hastigheten för masscentrum $\mathcal{G}$, $\bar{G}$ är stelkroppens rörelsemängd, $\bar{H}_\mathcal{G}$ är dess rörelsemängdsmoment m.a.p. $\mathcal{G}$ och $\bar{\omega}$ är dess vinkelhastighet.

Bevis. Låt $\bar{r}_G$ vara masscentrums läge, så att lägesvektorn $\bar{r}$ för ett masselement i stelkroppen Ω kan skrivas (fig. 17.3)

$$\bar{r} = \bar{r}_G + \bar{s} \quad \Rightarrow \quad \bar{v} = \bar{v}_G + \dot{\bar{s}} \quad \Leftrightarrow \quad \bar{v} = \bar{v}_G + \bar{\omega} \times \bar{s},$$

där sats 16.9 gav $\dot{\bar{s}} = \bar{\omega} \times \bar{s}$. Enligt def. 14.7 har vi

$$\begin{aligned}
K &= \frac{1}{2}\int_\Omega (\bar{v}\cdot\bar{v})\mathrm{d}m \\
&= \frac{1}{2}\int_\Omega (\bar{v}_G + \bar{\omega}\times\bar{s})\cdot(\bar{v}_G + \bar{\omega}\times\bar{s})\,\mathrm{d}m \\
&= \frac{1}{2}\int_\Omega [\bar{v}_G\cdot\bar{v}_G + 2\bar{v}_G\cdot(\bar{\omega}\times\bar{s}) + (\bar{\omega}\times\bar{s})\cdot(\bar{\omega}\times\bar{s})]\,\mathrm{d}m = \{\text{ekv. (A.22b)}\} \\
&= \frac{1}{2}\int_\Omega \{\bar{v}_G\cdot\bar{v}_G + 2\bar{v}_G\cdot(\bar{\omega}\times\bar{s}) + \bar{\omega}\cdot[\bar{s}\times(\bar{\omega}\times\bar{s})]\}\,\mathrm{d}m = \{\bar{\omega},\ \bar{v}_G \text{ konstanter}\} \\
&= \frac{1}{2}(\bar{v}_G\cdot\bar{v}_G)\underbrace{\int_\Omega \mathrm{d}m}_{=m} + \bar{v}_G\cdot\Big(\bar{\omega}\times\underbrace{\int_\Omega \bar{s}\mathrm{d}m}_{=\bar{0}}\Big) + \frac{1}{2}\bar{\omega}\cdot\int_\Omega \bar{s}\times(\bar{\omega}\times\bar{s})\mathrm{d}m = \{\text{hjälpsats 17.5}\} \\
&= \frac{1}{2}\bar{v}_G\cdot\bar{G} + \frac{1}{2}\bar{\omega}\cdot\bar{H}_G.
\end{aligned}$$

□

Mekaniska energisatsen 14.16 gäller fortsatt vid generell tredimensionell rörelse, där rörelseenergin beräknas enligt sats 17.9.

17.3 Dynamiska fenomen

Genom att kombinera kinematik, kraftlagen, momentlagarna och uttrycken för rörelsemängdsmoment kan vi lösa kinetikproblem, som inbegriper generell tredimensionell rörelse. Två viktiga fenomen är *obalans* vid fixaxelrotation och *gyrodynamik*. Hur man angriper sådana problem illustreras med två exempel.

Dynamisk obalans vid fixaxelrotation

En stelkropp som roterar kring en fix axel kan ge upphov till krafter och kraftparsmoment vid infästningspunkterna på grund av *dynamisk obalans.*

Betrakta det mekaniska systemet i fig. 17.5. En masslös axel är monterad mellan lagringspunkterna $\mathcal{O}$ och $\mathcal{A}$. Lagren tillåter alla former av vridning, men förhindrar rörelse i radiell riktning. Lagret $\mathcal{O}$ förhindrar dessutom axiell rörelse. På axeln $\mathcal{OA}$ är en smal cylinder med längden ℓ och massan m fastgjord via en masslös stav av längden b. Rörelsen drivs av ett givet kraftparsmoment C. Vi önskar bestämma reaktionskraften $\bar{F}_\mathcal{A}$ vid $\mathcal{A}$ vid en given momentan vinkelhastighet ω. Tyngdkraften kan försummas.

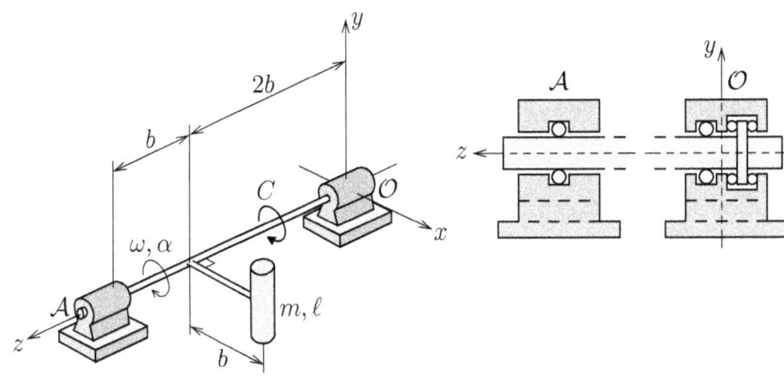

Figur 17.5: En stel masslös lagrad axel $\mathcal{OA}$ med en vidfäst massiv smal stång. Axeln stöds av två lager vid $\mathcal{A}$ och $\mathcal{O}$. Lagren tillåter vridning, men förhindrar rörelse i radiell riktning. Lagret $\mathcal{O}$ förhindrar även axiell rörelse.

Val av koordinatsystem: Vi inför ett koordinatsystem xyz så att z-riktningen sammanfaller med $\mathcal{OA}$ och koordinatsystemet roterar med axeln $\mathcal{OA}$. Axelns vinkelhastighet blir därmed $\bar{\omega} = -\omega\bar{e}_z$ och dess vinkelacceleration skrivs $\bar{\alpha} = -\alpha\bar{e}_z$, där α är obekant. Koordinatsystemets vinkelhastighet är $\bar{\Omega} = \bar{\omega}$.

Friläggning: Vi frilägger kroppen i ett godtyckligt läge, och använder det roterande koordinatsystemet.

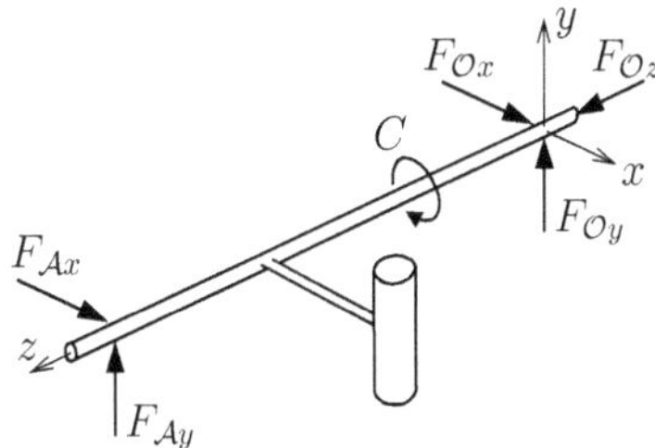

Rörelseekvationer: Vi väljer att teckna momentlagen (17.2b) m.a.p. den kropps- och rumsfixa punkten $\mathcal{O}$, för att på så vis eliminera de obekanta kraftkomponenterna vid $\mathcal{O}$:

$$\Sigma\bar{M}_{\mathcal{O}} = \dot{\bar{H}}_{\mathcal{O}}. \tag{17.12}$$

Momentsumma: Momentsumman m.a.p. $\mathcal{O}$, ekv. (2.10), ges av

$$\begin{aligned}\Sigma\bar{M}_{\mathcal{O}} &= \overline{\mathcal{OA}} \times \bar{F}_{\mathcal{A}} + \bar{C} \\ &= 3b\bar{e}_z \times (F_{\mathcal{A}x}\bar{e}_x + F_{\mathcal{A}y}\bar{e}_y) - C\bar{e}_z \\ &= 3bF_{\mathcal{A}x}\bar{e}_y - 3bF_{\mathcal{A}y}\bar{e}_x - C\bar{e}_z.\end{aligned}$$

Rörelsemängdsmoment: För att beräkna högerledet $\dot{\bar{H}}_{\mathcal{O}}$ i momentlagen, ekv. (17.12), behöver vi först bestämma $\bar{H}_{\mathcal{O}} = \bar{\bar{I}}_{\mathcal{O}}\bar{\omega}$. Förflyttningsvektorn för cylindern ges av

$$\bar{d} = \overline{\mathcal{OG}} = \begin{bmatrix} b \\ 0 \\ 2b \end{bmatrix}.$$

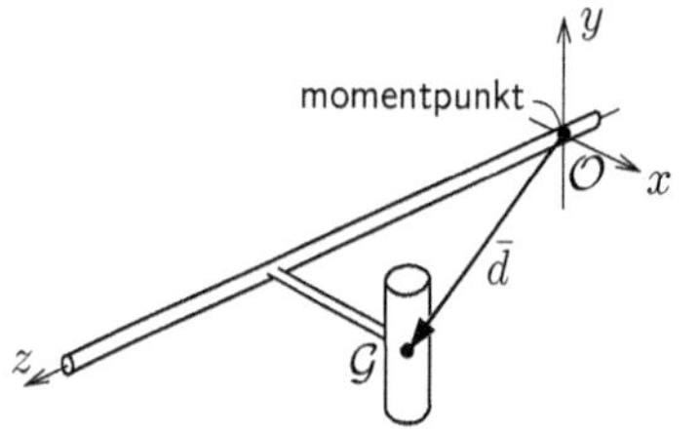

Vi approximerar cylindern med en smal stång med längden ℓ. Tröghetsmatrisen ges enligt parallellaxelsatsen 17.4 av

$$\bar{\bar{I}}_{\mathcal{O}} = \bar{\bar{I}}_{\mathcal{G}} + m \begin{bmatrix} d_y^2 + d_z^2 & -d_x d_y & -d_x d_z \\ -d_x d_y & d_x^2 + d_z^2 & -d_y d_z \\ -d_x d_z & -d_y d_z & d_x^2 + d_y^2 \end{bmatrix} = \left\{ \begin{array}{l} \text{tabell C.2,} \\ \text{cylinder, } r \to 0 \end{array} \right\}$$

$$= \begin{bmatrix} \frac{1}{12}m\ell^2 & 0 & 0 \\ 0 & 0 & 0 \\ 0 & 0 & \frac{1}{12}m\ell^2 \end{bmatrix} + m \begin{bmatrix} 4b^2 & 0 & -2b^2 \\ 0 & 5b^2 & 0 \\ -2b^2 & 0 & b^2 \end{bmatrix}.$$

Härefter kan vi beräkna rörelsemängdsmomentet

$$\begin{aligned} \bar{H}_{\mathcal{O}} &= \bar{\bar{I}}_{\mathcal{O}}\bar{\omega} \\ &= \begin{bmatrix} \frac{1}{12}m\ell^2 + 4mb^2 & 0 & -2mb^2 \\ 0 & 5mb^2 & 0 \\ -2mb^2 & 0 & \frac{1}{12}m\ell^2 + mb^2 \end{bmatrix} \begin{bmatrix} 0 \\ 0 \\ -\omega \end{bmatrix} \\ &= \underbrace{2mb^2\omega}_{=H_{\mathcal{O}x}} \bar{e}_x + \underbrace{\left(-\frac{1}{12}m\ell^2 - mb^2\right)\omega}_{=H_{\mathcal{O}z}} \bar{e}_z. \end{aligned}$$

Rörelsemängdsmomentets tidsderivata: Eftersom uttrycket för rörelsemängdsmomentet innehåller tidsvarierande basvektorer måste Coriolis ekvation (16.10) användas för tidsderivering:

$$\begin{aligned} \dot{\bar{H}}_{\mathcal{O}} &= \left.\frac{\mathrm{d}\bar{H}_{\mathcal{O}}}{\mathrm{d}t}\right|_{xyz} + \bar{\Omega} \times \bar{H}_{\mathcal{O}} = \{\bar{\Omega} = \bar{\omega}\} \\ &= \dot{H}_{\mathcal{O}x}\bar{e}_x + \dot{H}_{\mathcal{O}y}\bar{e}_y + \dot{H}_{\mathcal{O}z}\bar{e}_z + \bar{\omega} \times \bar{H}_{\mathcal{O}} \\ &= 2mb^2\dot{\omega}\bar{e}_x - \left(\frac{1}{12}m\ell^2 + mb^2\right)\dot{\omega}\bar{e}_z \\ &\quad + (-\omega\bar{e}_z) \times \left[2mb^2\omega\bar{e}_x - \left(\frac{1}{12}m\ell^2 + mb^2\right)m\omega\bar{e}_z\right] \\ &= 2mb^2\alpha\bar{e}_x - \left(\frac{1}{12}m\ell^2 + mb^2\right)\alpha\bar{e}_z - 2mb^2\omega^2\bar{e}_y. \end{aligned}$$

Beräkningar: Insättning av uttrycken för $\Sigma\bar{M}_{\mathcal{O}}$ och $\dot{\bar{H}}_{\mathcal{O}}$ i momentlagen, ekv. (17.12), och identifiering av dess x-, y- och z-komponenter ger ekvationssystemet

$$\begin{aligned} -3bF_{\mathcal{A}y} &= 2mb^2\alpha \\ 3bF_{\mathcal{A}x} &= -2mb^2\omega^2 \\ -C &= -\left(\frac{1}{12}m\ell^2 + mb^2\right)\alpha. \end{aligned}$$

Detta ekvationssystem löses m.a.p. $F_{\mathcal{A}x}$ och $F_{\mathcal{A}y}$, vilket ger svaret

$$\bar{F}_{\mathcal{A}} = -\frac{2}{3}mb\omega^2\bar{e}_x - \frac{8bC}{12b^2+\ell^2}\bar{e}_y. \qquad \square$$

Notera att reaktionskraftens riktning i rummet varierar med tiden, eftersom basvektorerna $\bar{e}_x$ och $\bar{e}_y$ varierar med tiden. Fortsatt analys med kraftlagen (17.1) skulle ge ett uttryck för kraften $\bar{F}_{\mathcal{O}}$ från lagret $\mathcal{O}$.

Gyrodynamik

Med ett *gyro* menar man en snabbt spinnande kropp sådan att spinnet $\bar{p}$ är fritt att ändra sin riktning i rummet. Gyrots mekaniska egenskaper är svåra att få en intuitiv känsla för. För att analysera ett mekaniskt system som innehåller ett gyro är det i stället nödvändigt att förlita sig på de gällande ekvationerna, som i exemplet nedan.

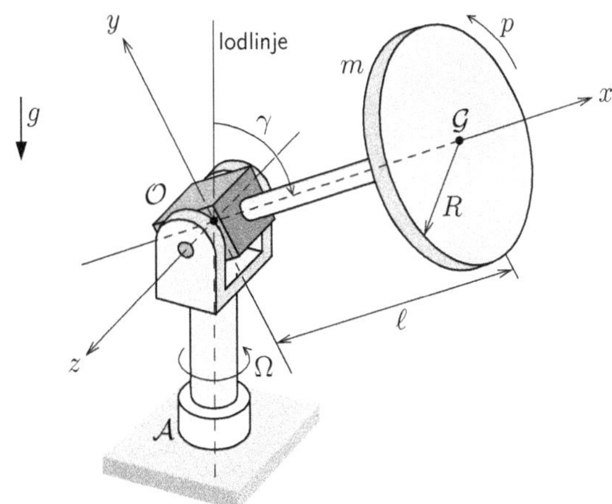

Figur 17.6: En skiva med massan m och spinnet p är via en masslös stång $\mathcal{OG}$ monterad i en konstruktion som medger fri rotation både kring lodlinjen och kring z-axeln.

Betrakta det mekaniska systemet i fig. 17.6. En masslös gaffel $\mathcal{AO}$ är fri att rotera kring en lodlinje tack vare ett lager vid $\mathcal{A}$. Från lagringspunkten vid $\mathcal{O}$ utgår en masslös axel $\mathcal{OG}$, som bildar vinkeln γ med en lodlinje. En homogen cirkulär skiva med massan m och radien R är fastsvetsad på $\mathcal{OG}$, och har sitt masscentrum i punkten $\mathcal{G}$. Infästningen vid

$\mathcal{O}$ är lagrad så att inget kraftparsmoment verkar på $\mathcal{OG}$ i axelriktningen. Skivan roterar med spinnet p relativt infästningen vid $\mathcal{O}$. Trots att det mekaniska systemet tillåter en varierande vinkel γ ansätter vi $\dot{\gamma} = 0$ och analyserar skivans rörelse.

Val av koordinatsystem: Vi inför ett koordinatsystem xyz så att x-riktningen sammanfaller med $\mathcal{OG}$ och z-riktningen är vinkelrät mot lodlinjen. Detta koordinatsystem roterar alltså med den kropp som sammanlänkar gaffelleden med skivans axel (fig. 17.6).

Friläggning: Vi frilägger gaffeln respektive skivan med axel i ett godtyckligt läge, och använder det roterande koordinatsystemet. Lagren vid $\mathcal{O}$ ger att $\bar{C}_\mathcal{O} = C_{\mathcal{O}y}\bar{e}_y$.

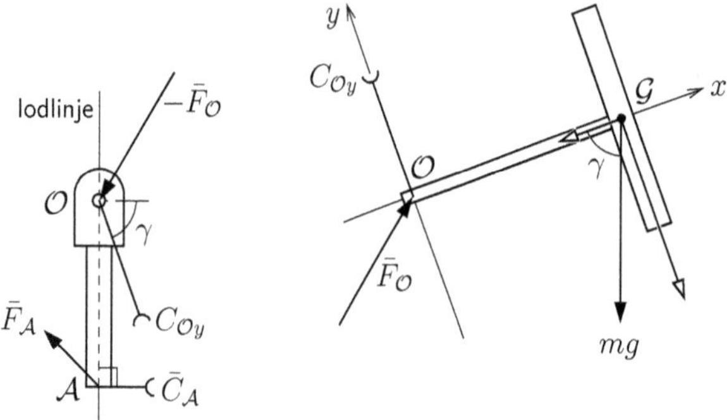

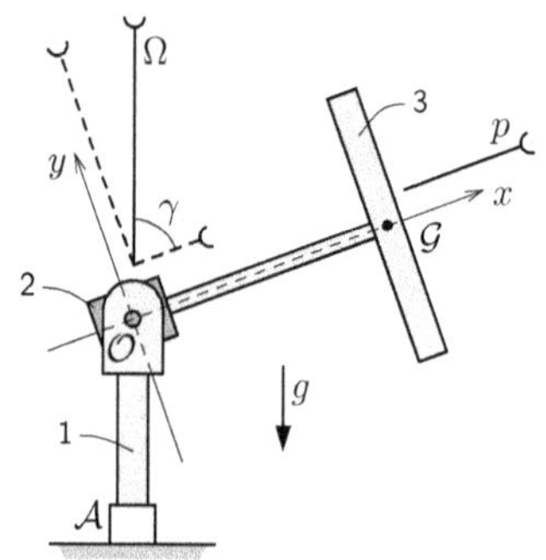

Figur 17.7: Systemet i fig. 17.6 består av tre kroppar $i = 1, 2, 3$.

Kinematiska samband: Systemets tre stelkroppar numreras enligt fig. 17.7. Gaffeln $\mathcal{AO}$ har en vinkelhastighet riktad längs lodlinjen:

$$\bar{\omega}_1 = \Omega(\cos\gamma\bar{e}_x + \sin\gamma\bar{e}_y),$$

där $\Omega = \Omega(t)$ är en okänd funktion av tiden. Systemets relativa vinkelhastigheter ges av

$$\bar{\omega}_{2/1} = -\dot{\gamma}\bar{e}_z = \{\text{ansats } \dot{\gamma} = 0\} = \bar{0}$$
$$\bar{\omega}_{3/2} = p\bar{e}_x.$$

Eftersom koordinatsystemet xyz är fixerat vid kropp 2 är dess vinkelhastighet

$$\bar{\Omega} = \bar{\omega}_2 = \{\text{sats } 16.13\} = \bar{\omega}_{2/1} + \bar{\omega}_1 = \Omega(\cos\gamma\bar{e}_x + \sin\gamma\bar{e}_y),$$

medan vinkelhastigheten för skivan är

$$\bar{\omega}_3 = \{\text{sats } 16.13\} = \bar{\omega}_{3/2} + \bar{\omega}_{2/1} + \bar{\omega}_1 = (p + \Omega\cos\gamma)\bar{e}_x + \Omega\sin\gamma\bar{e}_y.$$

Rörelseekvationer: Momentjämvikt för den masslösa gaffeln, kropp 1, m.a.p. lodlinjen i friläggningsdiagrammet ger $C_{\mathcal{O}y} = 0$. Därutöver tecknar vi momentlagen för skivan, kropp 3, m.a.p. den kropps- och rumsfixa punkten $\mathcal{O}$, ekv. (17.2b), för att på så vis eliminera den obekanta kraftvektorn vid $\mathcal{O}$:

$$\Sigma\bar{M}_{\mathcal{O}} = \dot{\bar{H}}_{\mathcal{O}}. \tag{17.13}$$

Momentsumma: Momentsumman m.a.p. $\mathcal{O}$, ekv. (2.10), ges av

$$\begin{aligned}\Sigma\bar{M}_{\mathcal{O}} &= \overline{\mathcal{O}\mathcal{G}} \times m\bar{g} + \bar{C}_{\mathcal{O}} \\ &= \ell\bar{e}_x \times mg(-\cos\gamma\bar{e}_x - \sin\gamma\bar{e}_y) + C_{\mathcal{O}y}\bar{e}_y \\ &= -mg\ell\sin\gamma\bar{e}_z.\end{aligned}$$

Rörelsemängdsmoment: För att beräkna högerledet $\dot{\bar{H}}_{\mathcal{O}}$ i momentlagen, ekv. (17.13), behöver vi först bestämma $\bar{H}_{\mathcal{O}} = \bar{\bar{I}}_{\mathcal{O}}\bar{\omega}_3$. Förflyttningsvektorn för skivan ges av

$$\bar{d} = \overline{\mathcal{O}\mathcal{G}} = \begin{bmatrix} \ell \\ 0 \\ 0 \end{bmatrix}.$$

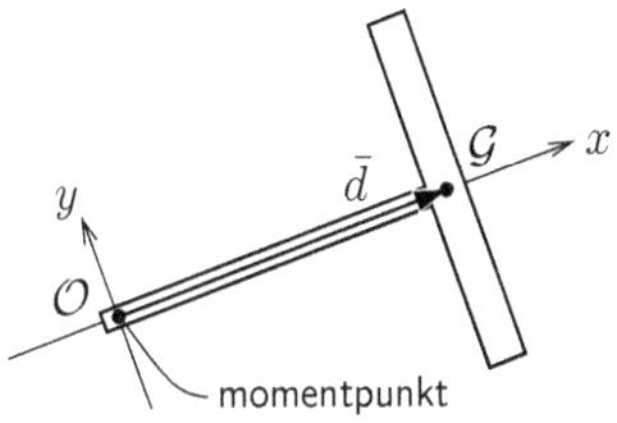

Tröghetsmatrisen ges enligt parallellaxelsatsen 17.4 av

$$\begin{aligned}\bar{\bar{I}}_{\mathcal{O}} &= \bar{\bar{I}}_{\mathcal{G}} + m\begin{bmatrix} d_y^2 + d_z^2 & -d_xd_y & -d_xd_z \\ -d_xd_y & d_x^2 + d_z^2 & -d_yd_z \\ -d_xd_z & -d_yd_z & d_x^2 + d_y^2 \end{bmatrix} = \left\{ \begin{matrix} \text{tabell C.2,} \\ \text{cylinder, } \ell \to 0 \end{matrix} \right\} \\ &= \begin{bmatrix} \frac{1}{2}mR^2 & 0 & 0 \\ 0 & \frac{1}{4}mR^2 & 0 \\ 0 & 0 & \frac{1}{4}mR^2 \end{bmatrix} + m\begin{bmatrix} 0 & 0 & 0 \\ 0 & \ell^2 & 0 \\ 0 & 0 & \ell^2 \end{bmatrix}.\end{aligned}$$

Härefter kan vi beräkna rörelsemängdsmomentet

$$\begin{aligned}\bar{H}_{\mathcal{O}} &= \bar{\bar{I}}_{\mathcal{O}}\bar{\omega}_3 \\ &= \begin{bmatrix} \frac{1}{2}mR^2 & 0 & 0 \\ 0 & \frac{1}{4}mR^2 + m\ell^2 & 0 \\ 0 & 0 & \frac{1}{4}mR^2 + m\ell^2 \end{bmatrix}\begin{bmatrix} p + \Omega\cos\gamma \\ \Omega\sin\gamma \\ 0 \end{bmatrix} \\ &= \underbrace{\frac{1}{2}mR^2\,(p + \Omega\cos\gamma)}_{=H_{\mathcal{O}x}}\,\bar{e}_x + \underbrace{\left(\frac{1}{4}mR^2 + m\ell^2\right)\Omega\sin\gamma}_{=H_{\mathcal{O}y}}\,\bar{e}_y.\end{aligned}$$

Rörelsemängdsmomentets tidsderivata: Eftersom uttrycket för rörelsemängdsmomentet innehåller tidsvarierande basvektorer måste Coriolis ekvation (16.10) användas för tidsderivering:

$$\begin{aligned}
\dot{\bar{H}}_O &= \left.\frac{\mathrm{d}\bar{H}_O}{\mathrm{d}t}\right|_{xyz} + \bar{\Omega}\times\bar{H}_O \\
&= \dot{H}_{Ox}\bar{e}_x + \dot{H}_{Oy}\bar{e}_y + \dot{H}_{Oz}\bar{e}_z + \bar{\Omega}\times\bar{H}_O = \{\cdots\} \\
&= \frac{1}{2}mR^2(\dot{p}+\dot{\Omega}\cos\gamma)\bar{e}_x + \left(\frac{1}{4}mR^2 + m\ell^2\right)\dot{\Omega}\sin\gamma\bar{e}_y \\
&\quad + m\sin\gamma\left[\left(\ell^2 - \frac{1}{4}R^2\right)\Omega^2\cos\gamma - \frac{1}{2}R^2p\Omega\right]\bar{e}_z.
\end{aligned}$$

Beräkningar: Insättning av uttrycken för $\Sigma\bar{M}_O$ och $\dot{\bar{H}}_O$ i momentlagen, ekv. (17.12), och identifiering av dess x- och y-komponenter, ger $\dot{\Omega} = \dot{p} = 0$, så att både Ω och p måste vara konstanta. Identifiering av z-komponenten ger ekvationen

$$\begin{aligned}
&-mg\ell\sin\gamma = m\sin\gamma\left[\left(\ell^2 - \frac{1}{4}R^2\right)\Omega^2\cos\gamma - \frac{1}{2}R^2p\Omega\right] \quad \Leftrightarrow \\
&\left(\ell^2 - \frac{1}{4}R^2\right)\Omega^2\cos\gamma - \frac{1}{2}R^2p\Omega + g\ell = 0. \qquad (17.14)
\end{aligned}$$

Vi kan sedan lösa ekv. (17.14) m.a.p. Ω, som vi vet är konstant. I fallet $\gamma = \pi/2$ ser vi särskilt att den kvadratiska termen försvinner så att ekv. (17.14) förenklas till

$$\Omega(\gamma = \pi/2) = \frac{2g\ell}{R^2p}. \qquad \square$$

Med ovanstående exempel visades att en *möjlig* lösning för rörelsen hos det mekaniska systemet i fig. 17.6 är att gyrot (skivan) roterar med konstant vinkelhastighet Ω kring en lodlinje medan vinkeln γ är konstant, då detta satisfierar rörelselagarna. Experiment visar att systemet också kan bete sig på detta sätt i praktiken, förutsatt att spinnet är tillräckligt stort för att ekv. (17.14) ska ha reella rötter. En stelkropp vars spinnvektor roterar med konstant vinkelhastighet $\bar{\Omega}$ sägs *precessera* stationärt.

BILAGOR

A

Utvald matematik

A.1 Geometri

En *vinkel* mellan två linjer är den rotation som krävs för att linjerna ska sammanfalla. Betrakta en cirkel med radien R, och en båge med längden b på denna cirkel. Då är vinkeln θ mellan de två radierna som skär bågens ändpunkter (fig. A.1)

$$\theta \equiv \frac{b}{R}, \tag{A.1}$$

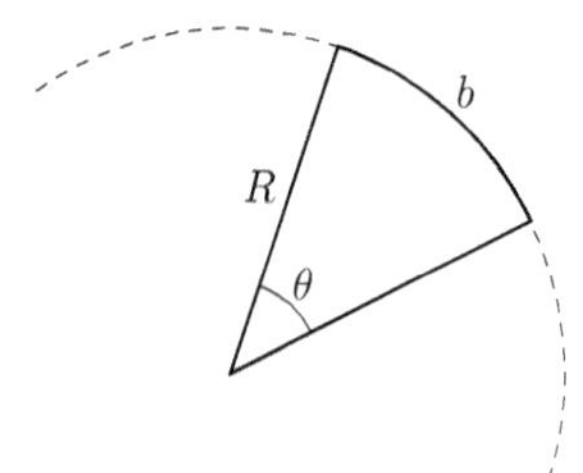

Figur A.1: Geometri för definitionen av vinkel i enheten radianer.

given i SI-enheten radianer (rad).

För en rätvinklig triangel med hypotenusan c, och en vinkel θ med närliggande katet b och motstående katet a, gäller (fig. A.2)

$$\sin\theta = \frac{a}{c}, \tag{A.2a}$$

$$\cos\theta = \frac{b}{c}, \tag{A.2b}$$

$$\tan\theta = \frac{\sin\theta}{\cos\theta} = \frac{a}{b}. \tag{A.2c}$$

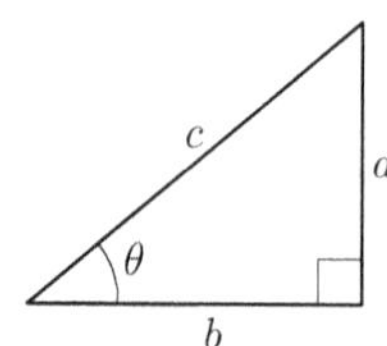

Figur A.2: Geometri för definitioner av trigonometriska funktioner.

För dessa trigonometriska funktioner gäller följande identiteter

$$\sin^2\theta + \cos^2\theta = 1, \tag{A.3a}$$

$$\sin(\theta \pm \varphi) = \sin\theta\cos\varphi \pm \cos\theta\sin\varphi, \tag{A.3b}$$

$$\cos(\theta \pm \varphi) = \cos\theta\cos\varphi \mp \sin\theta\sin\varphi. \tag{A.3c}$$

För en triangel med sidorna a, b och c, vars motstående vinklar är α, β respektive γ (fig. A.3), gäller *sinussatsen*

$$\frac{\sin\alpha}{a} = \frac{\sin\beta}{b} = \frac{\sin\gamma}{c}, \tag{A.4}$$

och *cosinussatsen*

$$c^2 = a^2 + b^2 - 2ab\cos\gamma. \tag{A.5}$$

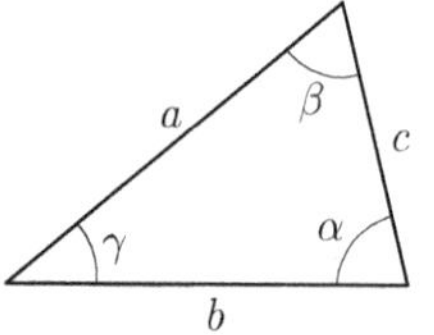

Figur A.3: Geometri för sinus- och cosinussatsen.

För två konstanter, A och B, samt vinkeln θ gäller

$$A\cos\theta + B\sin\theta = X\sin(\theta+\psi), \tag{A.6}$$

där amplituden X och fasvinkeln ψ ges av

$$X = \sqrt{A^2+B^2}, \qquad \psi = \begin{cases} \arctan\frac{B}{A}, & A>0 \\ \arctan\frac{B}{A} + \pi\mathrm{sgn}(B), & A<0 \\ \frac{\pi}{2}\mathrm{sgn}(B), & A=0, \end{cases} \tag{A.7}$$

och där sgn(·) betecknar teckenfunktionen.

A.2 Vektorer

Geometriska vektorer

En *vektor* kan representeras geometriskt som ett riktat linjesegment i planet eller i rummet, och ritas som en pil. Speciellt ritas vektorer som är riktade ut ur papperets plan som $\odot$ (pilspets), medan de som är riktade in i papperets plan ritas som $\otimes$ (pilfjädrar). Vektorer betecknas här med ett streck över variabelnamnet, t.ex. $\bar{u}$.

En vektors *belopp* betecknas $|\bar{u}|$ och är längden av det linjesegment som representerar vektorn (fig. A.4a). Två vektorer $\bar{u}$ och $\bar{w}$ är lika, $\bar{u}=\bar{w}$, om deras belopp och rikting är lika, oberoende av deras lägen i rummet (fig. A.4b).

En vektor kan bildas av ett linjesegment, som förbinder två punkter $\mathcal{A}$ och $\mathcal{B}$. En sådan vektor betecknas $\overline{\mathcal{AB}}$ (fig. A.4c). Vi inför också *nollvektorn* $\bar{0}$, som har beloppet 0 och en odefinierad riktning.

En negerad vektor $-\bar{u}$ har samma belopp som $\bar{u}$, men omvänd riktning (fig. A.4d).

Vidare definieras summan av två vektorer i *parallellogramlagen*: Placera $\bar{w}$:s startpunkt vid $\bar{u}$:s slutpunkt. Då är $\bar{u}+\bar{w}$ vektorn från $\bar{u}$:s startpunkt till $\bar{w}$:s slutpunkt (fig. A.4e). Vektorsubtraktion definieras $\bar{u}-\bar{w} \equiv \bar{u}+(-\bar{w})$.

Om ett reellt tal c multipliceras med en vektor $\bar{u}$ blir resultatet en ny vektor $c\bar{u}$. Om $c>0$ har $\bar{u}$ och $c\bar{u}$ samma riktning, men om $c<0$ har $\bar{u}$ och $c\bar{u}$ motsatta riktningar. Det gäller att $c\bar{u}$ är $|c|$ gånger längre än $\bar{u}$, samt att $0\bar{u}=\bar{0}$.

Följande räkneregler gäller för vektorer i både två och tre dimensioner:

$$\bar{u}+\bar{w} = \bar{w}+\bar{u}, \tag{A.8a}$$

$$c(d\bar{u}) = (cd)\bar{u}, \tag{A.8b}$$

$$c(\bar{u}+\bar{w}) = c\bar{u}+c\bar{w}, \tag{A.8c}$$

$$(c+d)\bar{u} = c\bar{u}+d\bar{u}. \tag{A.8d}$$

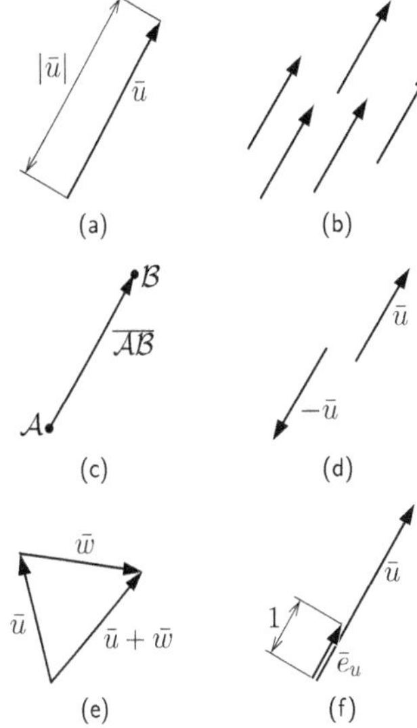

Figur A.4: (a) Vektor $\bar{u}$ med beloppet $|\bar{u}|$. (b) Ekvivalenta vektorer. (c) Vektor som förbinder två punkter. (d) Negering omkastar en vektors riktning. (e) Vektoraddition med parallellogramlagen. (f) Riktningsvektorn $\bar{e}_u$ till $\bar{u}$ har samma riktning som $\bar{u}$ men beloppet 1.

Här betecknar c och d godtyckliga reella tal.

En vektor med längden 1 kallas *enhetsvektor*. En godtycklig vektor $\bar{u} \neq \bar{0}$ har en *riktningsvektor* $\bar{e}_u$, som är en enhetsvektor parallell med $\bar{u}$ (fig. A.4f). Man kan således skriva

$$\bar{u} = u\bar{e}_u \quad \Leftrightarrow \quad \bar{e}_u = \frac{\bar{u}}{u}, \tag{A.9}$$

där $u \neq 0$ är ett reellt tal, en så kallad skalär, och där u tillåts vara positiv eller negativ.

Vektorer i ortogonala koordinatsystem

Vi inför ett ortogonalt högerorienterat koordinatsystem med origo $\mathcal{O}$ och koordinaterna x, y och z i rummet. Att ett koordinatsystem är *ortogonalt* betyder att dess axlar är vinkelräta mot varandra. Huruvida det är *högerorienterat* bestäms av högerhandsregeln (fig. A.5).

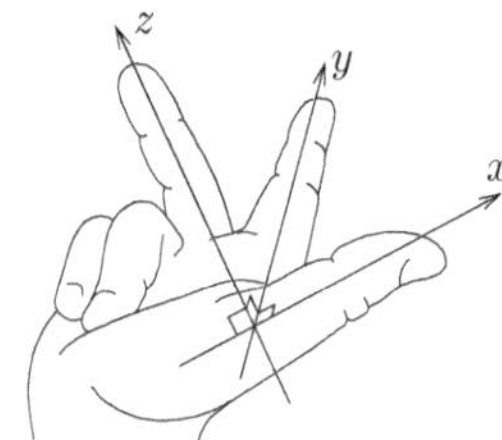

Figur A.5: Högerhandregeln: Då högerhandens tre första fingrar hålls i vinkelrätt läge mot varandra pekar de ut x-, y- och z-axelns riktningar.

Varje koordinataxel x, y och z definierar en riktningsvektor $\bar{e}_x$, $\bar{e}_y$ respektive $\bar{e}_z$ i koordinatens positiva riktning (fig. A.6a). Vektorerna $\bar{e}_x$, $\bar{e}_y$ och $\bar{e}_z$ bildar en ortogonal bas, vilket innebär att en godtycklig vektor $\bar{u}$ kan representeras entydigt som

$$\bar{u} = u_x\bar{e}_x + u_y\bar{e}_y + u_z\bar{e}_z, \tag{A.10}$$

där u_x, u_y och u_z är skalärer och kallas vektorn $\bar{u}$:s *komponenter*. Termerna $u_x\bar{e}_x$, $u_y\bar{e}_y$ och $u_z\bar{e}_z$ är $\bar{u}$:s *komposanter* (fig. A.6b). Ibland används också ett ekvivalent beteckningssätt, där vektorn skrivs som en kolonnmatris:

$$u_x\bar{e}_x + u_y\bar{e}_y + u_z\bar{e}_z = \begin{bmatrix} u_x \\ u_y \\ u_z \end{bmatrix}.$$

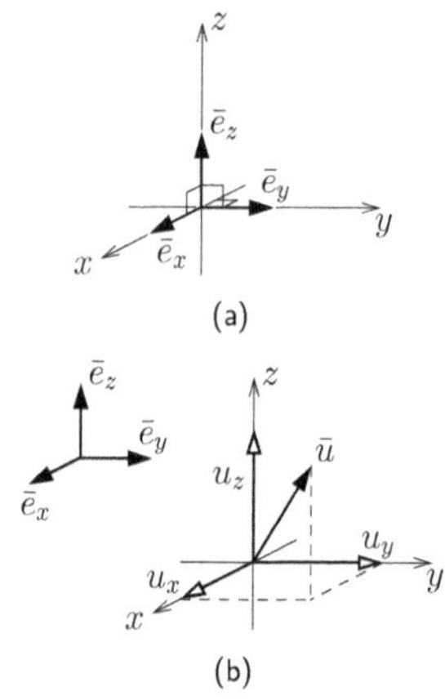

Figur A.6: (a) Ortogonalt högerorienterat koordinatsystem med ortogonala basvektorer $\bar{e}_x$, $\bar{e}_y$ och $\bar{e}_z$. (b) En vektor $\bar{u}$ med sina tre komposanter $u_x\bar{e}_x$, $u_y\bar{e}_y$ och $u_z\bar{e}_z$ ritade med öppna pilhuvuden.

Att en vektors representation i en ortogonal bas är unik är särskilt viktigt. Tack vare denna egenskap gäller det att

$$\bar{u} = \bar{w} \quad \Leftrightarrow \quad \begin{cases} u_x = w_x \\ u_y = w_y \\ u_z = w_z. \end{cases} \tag{A.11}$$

En ekvation på vektorform kan alltså skrivas om till ett ekvationssystem med reella koefficienter och variabler.

Skalärprodukt

Skalärprodukten mellan två godtyckliga vektorer $\bar{u} = u_x\bar{e}_x + u_y\bar{e}_y + u_z\bar{e}_z$ och $\bar{w} = w_x\bar{e}_x + w_y\bar{e}_y + w_z\bar{e}_z$ definieras

$$\bar{u} \cdot \bar{w} \equiv |\bar{u}||\bar{w}| \cos\varphi, \tag{A.12}$$

där φ är vinkeln mellan $\bar{u}$ och $\bar{w}$. Man kan visa att

$$\bar{u} \cdot \bar{w} = u_x w_x + u_y w_y + u_z w_z. \tag{A.13}$$

Resultatet av en skalärprodukt är alltså en skalär. En följd av ekv. (A.12) är att skalärprodukten för nollskilda vinkelräta vektorer, med $\varphi = \pi/2$, är noll:

$$\bar{u} \perp \bar{w} \quad \Leftrightarrow \quad \bar{u} \cdot \bar{w} = 0. \tag{A.14}$$

Enligt ekv. (A.12) gäller också att $\bar{u} \cdot \bar{u} = |\bar{u}|^2$, eftersom $\cos 0° = 1$. Ur detta samband får vi ett uttryck för en godtycklig vektors belopp

$$|\bar{u}| = \sqrt{\bar{u} \cdot \bar{u}} = \sqrt{u_x^2 + u_y^2 + u_z^2}. \tag{A.15}$$

Följande räkneregler gäller för skalärprodukt i både två och tre dimensioner:

$$\bar{u} \cdot \bar{w} = \bar{w} \cdot \bar{u}, \tag{A.16a}$$

$$\bar{u} \cdot (\bar{v} + \bar{w}) = \bar{u} \cdot \bar{v} + \bar{u} \cdot \bar{w}, \tag{A.16b}$$

$$c(\bar{u} \cdot \bar{w}) = (c\bar{u}) \cdot \bar{w}, \tag{A.16c}$$

där c är en skalär. Från dessa regler följer att

$$\begin{aligned} \bar{u} \cdot \bar{e}_x &= u_x(\bar{e}_x \cdot \bar{e}_x) + u_y(\bar{e}_y \cdot \bar{e}_x) + u_z(\bar{e}_z \cdot \bar{e}_x) \\ &= u_x 1 + u_y 0 + u_z 0 = u_x. \end{aligned}$$

Detta kan generaliseras till en godtycklig axel λ med riktningen $\bar{e}_\lambda$. Vi har att $\bar{u} \cdot \bar{e}_\lambda$ är vektorn $\bar{u}$:s komponent i λ-riktningen. Skalärprodukten med en enhetsvektor $\bar{e}_\lambda$ kan tolkas som en ortogonal projektion på λ-axeln:

$$u_\lambda = \bar{u} \cdot \bar{e}_\lambda = |\bar{u}| \cos \varphi, \tag{A.17}$$

där φ är vinkeln mellan $\bar{u}$ och $\bar{e}_\lambda$ (fig. A.7).

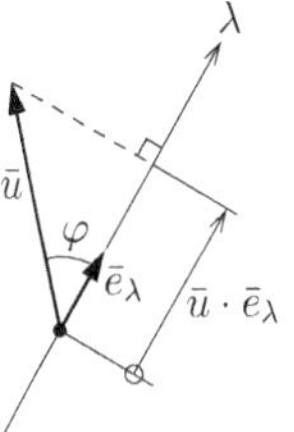

Figur A.7: Projektion av en vektor på en godtycklig axel λ genom skalärmultiplikation med riktningsvektorn.

Kryssprodukt

Kryssprodukten $\bar{u} \times \bar{w}$ mellan två vektorer definieras med determinantnotation som

$$\bar{u} \times \bar{w} \equiv \begin{vmatrix} \bar{e}_x & \bar{e}_y & \bar{e}_z \\ u_x & u_y & u_z \\ w_x & w_y & w_z \end{vmatrix} = $$

$$= (u_y w_z - u_z w_y)\bar{e}_x + (u_z w_x - u_x w_z)\bar{e}_y + (u_x w_y - u_y w_x)\bar{e}_z. \tag{A.18}$$

Resultatet från en kryssprodukt är alltså en vektor, och dess belopp ges av

$$|\bar{u} \times \bar{w}| = |\bar{u}||\bar{w}| \sin \varphi, \tag{A.19}$$

där φ är vinkeln mellan $\bar{u}$ och $\bar{w}$. Detta belopp är arean för den parallellogram som spänns upp av $\bar{u}$ och $\bar{w}$. Dessutom är $\bar{u} \times \bar{w}$ vinkelrät mot både $\bar{u}$ och $\bar{w}$, och dess riktning följer högerhandsregeln (fig. A.8). Vidare gäller enligt ekv. (A.19) att om $\bar{u}, \bar{w} \neq \bar{0}$ och $\varphi = 0$ eller $\varphi = \pi$ blir kryssprodukten $\bar{0}$:

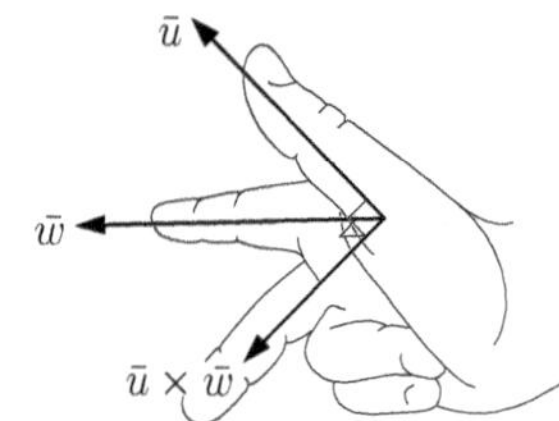

Figur A.8: För kryssprodukt ges resultatvektorns riktning av högerhandsregeln.

$$\bar{u} \parallel \bar{w} \quad \Leftrightarrow \quad \bar{u} \times \bar{w} = \bar{0}. \tag{A.20}$$

Följande räkneregler gäller för kryssprodukt:

$$\bar{u} \times \bar{w} = -(\bar{w} \times \bar{u}), \tag{A.21a}$$

$$\bar{u} \times (\bar{v} + \bar{w}) = \bar{u} \times \bar{v} + \bar{u} \times \bar{w}, \tag{A.21b}$$

$$c(\bar{u} \times \bar{w}) = (c\bar{u}) \times \bar{w} = \bar{u} \times (c\bar{w}), \tag{A.21c}$$

$$\bar{u} \times \bar{u} = \bar{0}, \tag{A.21d}$$

där c är en skalär. Notera särskilt ekv. (A.21a): kryssprodukten byter tecken när multiplikanderna kastas om. Det finns också räkneregler som innehåller både skalär- och kryssprodukt:

$$\bar{u} \times (\bar{v} \times \bar{w}) = (\bar{u} \cdot \bar{w})\bar{v} - (\bar{u} \cdot \bar{v})\bar{w}, \tag{A.22a}$$

$$\bar{u} \cdot (\bar{v} \times \bar{w}) = \bar{w} \cdot (\bar{u} \times \bar{v}) = \bar{v} \cdot (\bar{w} \times \bar{u}). \tag{A.22b}$$

Vektorvärda funktioner

Om en vektor $\bar{u}$:s värde beror av en variabel t, som inte nödvändigtvis behöver vara tid, bildas en *vektorvärd funktion* $\bar{u}(t)$. Med ett fixt koordinatsystem xyz skriver vi

$$\bar{u}(t) = u_x(t)\bar{e}_x + u_y(t)\bar{e}_y + u_z(t)\bar{e}_z, \tag{A.23}$$

där $u_x(t)$, $u_y(t)$ och $u_z(t)$ är skalära funktioner, och $\bar{e}_x$, $\bar{e}_y$ och $\bar{e}_z$ är konstanta basvektorer.[38] Derivatan av den vektorvärda funktionen i ekv. (A.23) definieras

$$\frac{\mathrm{d}\bar{u}}{\mathrm{d}t} \equiv \lim_{\Delta t \to 0} \frac{\bar{u}(t + \Delta t) - \bar{u}(t)}{\Delta t} = \frac{\mathrm{d}u_x}{\mathrm{d}t}\bar{e}_x + \frac{\mathrm{d}u_y}{\mathrm{d}t}\bar{e}_y + \frac{\mathrm{d}u_z}{\mathrm{d}t}\bar{e}_z. \tag{A.24}$$

Produktregeln gäller vid derivering m.a.p. t, d.v.s.

$$\frac{\mathrm{d}}{\mathrm{d}t}(c\bar{u}) = \frac{\mathrm{d}c}{\mathrm{d}t}\bar{u} + c\frac{\mathrm{d}\bar{u}}{\mathrm{d}t}, \tag{A.25a}$$

$$\frac{\mathrm{d}}{\mathrm{d}t}(\bar{u} \cdot \bar{w}) = \frac{\mathrm{d}\bar{u}}{\mathrm{d}t} \cdot \bar{w} + \bar{u} \cdot \frac{\mathrm{d}\bar{w}}{\mathrm{d}t}, \tag{A.25b}$$

$$\frac{\mathrm{d}}{\mathrm{d}t}(\bar{u} \times \bar{w}) = \frac{\mathrm{d}\bar{u}}{\mathrm{d}t} \times \bar{w} + \bar{u} \times \frac{\mathrm{d}\bar{w}}{\mathrm{d}t}, \tag{A.25c}$$

[38] Allmänt kan vektorvärda funktioner ha flera variabler och andan värdemängd än $\mathbb{R}^3$.

där c, $\bar{u}$ och $\bar{w}$ alla är funktioner av t. Den bestämda integralen av den vektorvärda funktionen $\bar{u}(t)$ i ekv. (A.23) är

$$\int_{t_1}^{t_2} \bar{u}\mathrm{d}t = \int_{t_1}^{t_2} u_x \mathrm{d}t\bar{e}_x + \int_{t_1}^{t_2} u_y \mathrm{d}t\bar{e}_y + \int_{t_1}^{t_2} u_z \mathrm{d}t\bar{e}_z. \tag{A.26}$$

Basvektorerna kan också vara beroende av variabeln t. Betrakta ett ortogonalt koordinatsystem xyz med basvektorerna $\bar{e}_x(t)$, $\bar{e}_y(t)$ och $\bar{e}_z(t)$. Basvektorerna förblir ortogonala enhetsvektorer men deras riktningar tillåts variera med t. Den vektorvärda funktion $\bar{u}(t)$ kan då skrivas

$$\bar{u}(t) = u_x(t)\bar{e}_x(t) + u_y(t)\bar{e}_y(t) + u_z(t)\bar{e}_z(t). \tag{A.27}$$

Vid derivering tillämpas produktregel, så att

$$\begin{aligned}\frac{\mathrm{d}\bar{u}}{\mathrm{d}t} &= \frac{\mathrm{d}}{\mathrm{d}t}\left(u_x\bar{e}_x + u_y\bar{e}_y + u_z\bar{e}_z\right) = \{\text{ekv. (A.25a)}\}\\ &= \frac{\mathrm{d}u_x}{\mathrm{d}t}\bar{e}_x + u_x\frac{\mathrm{d}\bar{e}_x}{\mathrm{d}t} + \frac{\mathrm{d}u_y}{\mathrm{d}t}\bar{e}_y + u_y\frac{\mathrm{d}\bar{e}_y}{\mathrm{d}t} + \frac{\mathrm{d}u_z}{\mathrm{d}t}\bar{e}_z + u_z\frac{\mathrm{d}\bar{e}_z}{\mathrm{d}t}.\end{aligned} \tag{A.28}$$

A.3 Differentialer

För en funktion $y(t)$ betecknar $\mathrm{d}y/\mathrm{d}t$ derivatan av y m.a.p. t. Detta beteckningssätt ska *inte* uppfattas som en kvot mellan en täljare $\mathrm{d}y$ och en nämnare $\mathrm{d}t$, eftersom en sådan kvot skulle vara 0/0, vilket är odefinierat. Istället ska $\mathrm{d}y/\mathrm{d}t$ betraktas som en *symbol* för derivata. Det är dock möjligt att behandla dt som en oberoende variabel, vilken benämns *differentialen* av t. I så fall betraktas dy som en beroende variabel, vilken benämns differentialen av y. Både dt och dy tillåts ha ändliga värden.

Definition A.1 (Differential). Om $y(t)$ är en deriverbar funktion definieras differentialen av y som

$$dy \equiv \frac{\mathrm{d}y}{\mathrm{d}t}dt, \tag{A.29}$$

där dt är en oberoende variabel, som kallas differentialen av t.

I ekv. (A.29) betecknar $\mathrm{d}y/\mathrm{d}t$ som vanligt derivatan av y m.a.p. t. Vi kan konstatera att $dy = dy(t, dt)$ är en funktion av variablerna t och dt (fig. A.9).

För en given funktion $f(t)$ gäller, enligt def. A.1, att

$$dy = f(t)dt \quad \Leftrightarrow \quad \frac{\mathrm{d}y}{\mathrm{d}t} = f(t). \tag{A.30}$$

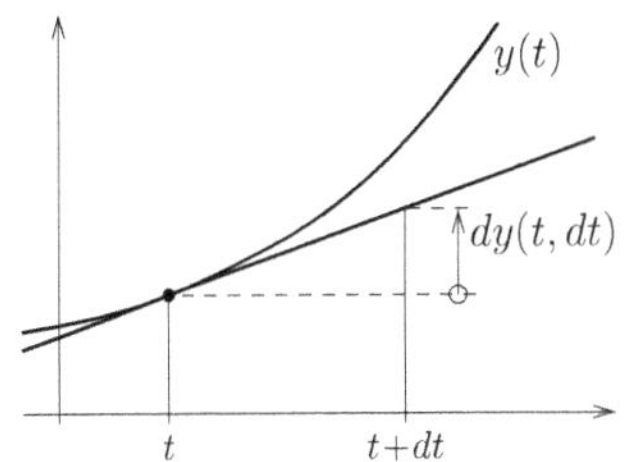

Figur A.9: Relationen mellan funktionen $y(t)$ och dess differential $dy = dy(t, dt)$.

Detta betyder att differentialuttrycket kan ses som en alternativ notation för derivata. Eftersom de båda leden i ekv. (A.29) är reella tal, erbjuder differentialnotationen nya möjligheter; algebraiska operationer, som är tillåtna för vanliga skalära ekvationer, är även tillåtna för ekvationer som innehåller differentialer.

Följande två satser visar hur differentialsamband kan skrivas om till integralekvationer:

Sats A.2 (Separabla differentialekvationer)**.** Om $y(t)$ är en deriverbar funktion, och om $f(t)$ och $g(y)$ är givna funktioner, gäller det att

$$g[y(t)]dy = f(t)dt \quad \Leftrightarrow \quad \int_{y(t_1)}^{y(t_2)} g(y)\mathrm{d}y = \int_{t_1}^{t_2} f(t)\mathrm{d}t. \tag{A.31}$$

Sats A.3 (Differentialekvation med två parametriserade funktioner)**.** Om $x(t)$ och $y(t)$ är deriverbara funktioner, och om $g(y)$ och $h(x)$ är givna funktioner, gäller det att

$$g[y(t)]dy = h[x(t)]dx \quad \Leftrightarrow \quad \int_{y(t_1)}^{y(t_2)} g(y)\mathrm{d}y = \int_{x(t_1)}^{x(t_2)} h(x)\mathrm{d}x. \tag{A.32}$$

Differentialbegreppet kan utvidgas till vektorvärda funktioner. Om $\bar{u}(t) = u_x\bar{e}_x + u_y\bar{e}_y + u_z\bar{e}_z$ är en deriverbar vektorvärd funktion är dess differential

$$d\bar{u} \equiv du_x\bar{e}_x + du_y\bar{e}_y + du_z\bar{e}_z. \tag{A.33}$$

Det följer omedelbart från ekv. (A.29) att

$$d\bar{u} = \frac{\mathrm{d}u_x}{\mathrm{d}t}dt\bar{e}_x + \frac{\mathrm{d}u_y}{\mathrm{d}t}dt\bar{e}_y + \frac{\mathrm{d}u_y}{\mathrm{d}t}dt\bar{e}_z = \frac{\mathrm{d}\bar{u}}{\mathrm{d}t}dt, \tag{A.34}$$

och därmed att

$$d\bar{u} = \bar{w}(t)dt \quad \Leftrightarrow \quad \frac{\mathrm{d}\bar{u}}{\mathrm{d}t} = \bar{w}(t). \tag{A.35}$$

Genom att integrera höger sida av implikationen i ekv. (A.35) från t_1 till t_2 erhåller vi

$$d\bar{u} = \bar{w}(t)dt \quad \Leftrightarrow \quad \bar{u}(t_2) - \bar{u}(t_1) = \int_{t_1}^{t_2} \bar{w}(t)\mathrm{d}t. \tag{A.36}$$

A.4 Integraler

Läsaren antas vara bekant med bestämda integraler. Här formulerar vi några av deras grundläggande egenskaper.

Sats A.4 (Analysens fundamentalsats)**.** Om funktionen f är kontinuerlig i intervallet $[a, b]$ så gäller

$$\frac{\mathrm{d}}{\mathrm{d}x}\int_a^x f(\xi)\mathrm{d}\xi = f(x), \qquad a \leq x \leq b. \tag{A.37}$$

Ett användbart sätt att förenkla integraluttryck är substitutionsmetoden:

Sats A.5 (Integration genom substitution)**.** Om funktionen g är deriverbar i intervallet $[a, b]$, och om funktionen f är kontinuerlig i värdemängden för g m.a.p. definitionsmängden $[a, b]$ gäller

$$\int_a^b f[g(t)]\frac{\mathrm{d}g}{\mathrm{d}t}\mathrm{d}t = \int_{g(a)}^{g(b)} f(u)\mathrm{d}u, \tag{A.38}$$

där $u = g(t)$ benämns *substitutionen*, och $du = \frac{\mathrm{d}g}{\mathrm{d}t}dt$.

För att undvika att olika beteckningar används för samma storhet kan man omformulera ekv. (A.38):

$$\int_a^b f[g(t)]\frac{\mathrm{d}g}{\mathrm{d}t}\mathrm{d}t = \int_{g(a)}^{g(b)} f(g)\mathrm{d}g, \tag{A.39}$$

där substitutionen är $g = g(t)$, så att beteckningen g först tar rollen som integrand och sedan som integrationsvariabel.

Lokaliseringssatsen är ofta användbar vid bevisföring. Kortfattat säger den att, om en integral är noll för alla integrationsområden, så måste dess integrand vara noll.

Sats A.6 (Lokalisering)**.** Om funktionen $f(\bar{r})$ är kontinuerlig i ett öppet område Ω_0 gäller

$$\int_\Omega f(\bar{r})\mathrm{d}V = 0,\ \forall\Omega \subset \Omega_0 \quad \Leftrightarrow \quad f(\bar{r}) = 0,\ \forall\bar{r} \in \Omega_0. \tag{A.40}$$

Motsvarande sats gäller även i en och två dimensioner.

B

Storhet, enhet och dimension

En *storhet* är en mätbar egenskap hos ett föremål eller en företeelse. Varje storhet besitter en *fysikalisk dimension* och en *storlek*. Med dimension avses vilken typ av storhet det är frågan om, t.ex. längd, tid, fart, massa eller kraft. Med storlek avses relativ storlek jämfört med någon annan storhet med samma fysikaliska dimension.

Dimension

De grundläggande dimensionerna inom mekanik är tid (T), längd (L) och massa (M).[39] Från dimensionerna T, L och M kan härledda dimensioner bildas. Eftersom fart definieras som en sträcka (L) per tidsenhet (T), skrivs dimensionen för fart L/T. På motsvarande sätt har acceleration dimensionen L/T^2.

[39] Det är även möjligt att välja tre andra grundläggande dimensioner, t.ex. tid, längd och kraft.

Ett annat viktigt fall är dimensionen för vinklar. En vinkel är enligt ekv. (A.1) kvoten mellan en cirkelbåges längd (L) och cirkelradien (L). Vinkelns dimension är därför $\mathsf{L}/\mathsf{L} = 1$. Vi säger att en storhet är *dimensionslös* när den har dimensionen 1.

Enhet

En *enhet* är en välbestämd storhet, vilken används som referens vid beskrivning av andra storheter av samma dimension. I det internationella måttenhetssystemet (SI-systemet) används en *sekund* (s) som grundenhet för tid (T), enheten *meter* (m) används för längd (L), och enheten *kilogram* används för massa (M) används.

Härledda enheter kan bildas från produkten eller kvoten av enheter. Till exempel kan vi bilda enheten meter per sekund (m/s), som får dimensionen L/T, och alltså kan användas för att beskriva hastighet. I SI-systemet bestäms enheterna sekund, meter och kilogram genom naturkonstanter, som har härledda enheter.

Definition B.1 (Naturkonstanter). Frekvensen för övergången mellan de två hyperfina energinivåerna hos Cesium-133 i sitt grundtillstånd vid absoluta nollpunkten är en konstant

$$\Delta\nu_{\mathrm{Cs}} \equiv 9\,192\,631\,770\,\frac{1}{\mathrm{s}}. \tag{B.1}$$

Ljusets fart i vakuum är en konstant

$$c \equiv 299\,792\,458\,\frac{1}{\mathrm{s}}. \tag{B.2}$$

Plancks konstant definieras

$$h \equiv 6{,}62607015 \cdot 10^{-34}\,\frac{\mathrm{kg{\cdot}m^2}}{\mathrm{s}}. \tag{B.3}$$

Konstanten $\Delta\nu_{\mathrm{Cs}}$ har valts för att den kan mätas till hög precision med ett atomur. Enheten sekund (s) ges enligt ekv. (B.1) av

$$1\,\mathrm{s} = \frac{9\,192\,631\,770}{\Delta\nu_{\mathrm{Cs}}}. \tag{B.4}$$

vilket motsvarar varaktigheten av 9 192 631 770 perioder av Cesium-133-strålning. Från ekv. (B.2) erhåller vi ett uttryck för en meter (m)

$$1\,\mathrm{m} = \left(\frac{1}{299\,792\,458}\,\mathrm{s}\right) c, \tag{B.5}$$

så att en meter är bestämt som den sträcka ljuset färdas i vakuum på 1/299 792 458 sekunder. Enheten kilogram (kg) bestäms genom ekv. (B.1), ekv. (B.2) och ekv. (B.3) till

$$1\,\mathrm{kg} = \left(\frac{299\,792\,458^2}{6{,}62607015 \cdot 10^{-34} \cdot 9\,192\,631\,770}\right) \frac{h\Delta\nu_{\mathrm{Cs}}}{c^2}, \tag{B.6}$$

vilket saknar uppenbar fysikalisk tolkning inom klassisk mekanik. För att praktiskt mäta massa med hög noggrannhet används en så kallad wattvåg[40].

[40] I. A. Robinson and S. Schlamminger. The watt or Kibble balance: A technique for implementing the new SI definition of the unit of mass. *Metrologia*, 53(5):A46–A74, 2016

Det finns även enheter med dimensionen 1, t.ex. procent (%) och enheter för vinklar som radianer (rad) och grader (°). Gemensamt för dessa enheter är att de definieras matematiskt, utan hänvisning till något fysikaliskt fenomen.

Enheter kan kompletteras med *prefix*, som används för att beteckna en multipel eller andel av en enhet. Exempelvis betyder mikrosekund (μs) en miljondels sekund, där mikro- (μ) är prefixet för en miljondel. Några vanliga prefix återfinns i tabell B.1.

Prefix	Symbol	Faktor
tera-	T	10^{12}
giga-	G	10^{9}
mega-	M	10^{6}
kilo-	k	10^{3}
hekto-	h	10^{2}
deci-	d	10^{-1}
centi-	c	10^{-2}
milli-	m	10^{-3}
mikro-	μ	10^{-6}
nano-	n	10^{-9}
pico-	p	10^{-12}

Tabell B.1: Några prefix som används inom SI-systemet.

Mätetal

Värdet för en skalär storhet X, med avseende på en enhet E, uttrycks som en produkt av ett *mätetal* n och enheten:

$$X = nE, \tag{B.7}$$

där n är en reell koefficient som inte påverkar uttryckets dimension. En vektorstorhet $\bar{X}$ kan skrivas

$$\bar{X} = \bar{n}E, \tag{B.8}$$

där $\bar{n}$ är en vektor med reella komponenter. Om hastigheten $\bar{v}$ är 5,0 m/s i z-riktningen är det således korrekt att skriva: $\bar{v} = 5{,}0\bar{e}_z$ m/s.

Räkneregler för dimension

Vi använder beteckningssättet $[X]$ för dimensionen hos en storhet X. Till exempel betyder $[m] = \mathsf{M}$ att m har dimensionen massa. Om X och Y är storheter gäller det att

$$X = Y \quad \Rightarrow \quad [X] = [Y]\,. \tag{B.9}$$

Dimensionen hos de båda leden av en ekvation måste alltså vara lika. För dimensioner gäller följande räkneregler

$$[nX] = [X] \tag{B.10a}$$

$$[X + Y] = \begin{cases} [X]\,, & \text{om } [X] = [Y] \\ \text{odefinierat}, & \text{annars} \end{cases} \tag{B.10b}$$

$$[XY] = [X]\,[Y] \tag{B.10c}$$

$$[X^n] = [X]^n \tag{B.10d}$$

där n är ett reell tal. En dimensionsbetraktelse av kraftlagen, ekv. (1.4), ger

$$[\Sigma\bar{F}] = [m\bar{a}] = \{\text{ekv. (B.10c)}\} = [m]\,[\bar{a}] = \frac{\mathsf{ML}}{\mathsf{T}^2},$$

så att dimensionen för kraft ges av en kombination av de grundläggande dimensionerna.

Eftersom enheter också är storheter är det korrekt att skriva

$$[\mathrm{s}] = \mathsf{T}, \quad [\mathrm{kg}] = \mathsf{M}, \quad [\mathrm{m/s}] = \frac{\mathsf{L}}{\mathsf{T}},$$

och så vidare. Det är vanligt att man använder de grundläggande enheterna för att representera dimensionen, och till exempel skriver att dimensionen för hastighet är [m/s].

Dimensionsriktighet

För alla meningsfulla fysikaliska ekvationer eller uttryck gäller:

- Dimensionen hos vänster och höger led i en likhet eller olikhet skall vara lika.

- Dimensionen hos alla termer i en summa skall vara lika.
- Dimensionen hos argumentet x till transcendenta funktioner, t.ex. $\cos x$, $\ln x$ och e^x, skall vara 1.

Ett uttryck som följer dessa regler sägs vara *dimensionsriktigt*. Uttryck som inte är dimensionsriktiga är felaktiga. Vid problemlösning kontrollerar man dimensionsriktighet för att lokalisera fel.

C
Tabeller

Tabell C.1: Det grekiska alfabetet.

A	α	alfa	N	ν	ny
B	β	beta	Ξ	ξ	xi
Γ	γ	gamma	O	o	omikron
Δ	δ	delta	Π	π	pi
E	ε	epsilon	P	ρ, ϱ	rho
Z	ζ	zeta	Σ	σ	sigma
H	η	eta	T	τ	tau
Θ	θ	theta	Υ	υ	ypsilon
I	ι	jota	Φ	ϕ, φ	fi
K	κ	kappa	X	χ	chi
Λ	λ	lambda	Ψ	ψ	psi
M	μ	my	Ω	ω	omega

Tabell C.2: Tröghetsmatrisens diagonal $I_{\mathcal{G}xx}$, $I_{\mathcal{G}yy}$ och $I_{\mathcal{G}zz}$ och nollskilda tröghetsprodukter m.a.p. masscentrum $\mathcal{G}$ för tredimensionella kroppar och skal som har jämnt fördelad massa m.

Kropp	Tröghetsmoment/-produkter
klot	$I_{\mathcal{G}xx} = I_{\mathcal{G}yy} = I_{\mathcal{G}zz} = \frac{2}{5}mr^2$
rätblock	$I_{\mathcal{G}xx} = \frac{1}{12}m(b^2 + c^2)$ $I_{\mathcal{G}yy} = \frac{1}{12}m(a^2 + c^2)$ $I_{\mathcal{G}zz} = \frac{1}{12}m(a^2 + b^2)$

forts.

forts.

Kropp	Tröghetsmoment/-produkter
rätvinkligt prisma	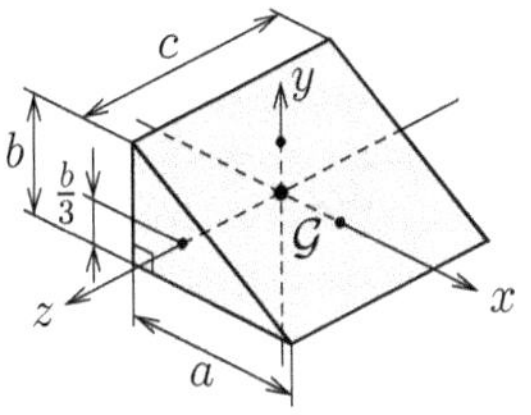 $I_{\mathcal{G}xx} = \frac{1}{18}mb^2 + \frac{1}{12}mc^2$ $I_{\mathcal{G}yy} = \frac{1}{18}ma^2 + \frac{1}{12}mc^2$ $I_{\mathcal{G}zz} = \frac{1}{18}m(a^2 + b^2)$ $I_{\mathcal{G}xy} = \frac{1}{36}mab$
cylinder	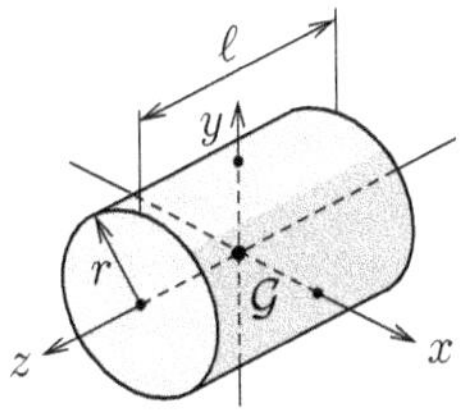 $I_{\mathcal{G}xx} = I_{\mathcal{G}yy} = \frac{1}{4}mr^2 + \frac{1}{12}m\ell^2$ $I_{\mathcal{G}zz} = \frac{1}{2}mr^2$
halvcylinder	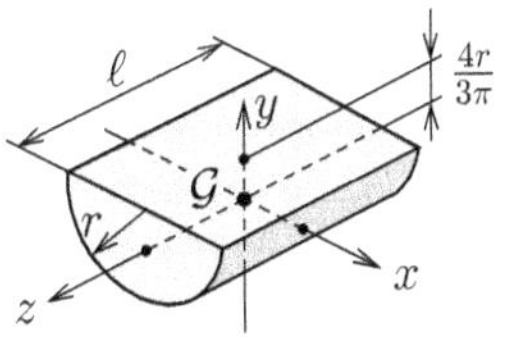 $I_{\mathcal{G}xx} = \left(\frac{1}{4} - \frac{16}{9\pi^2}\right)mr^2 + \frac{1}{12}m\ell^2$ $I_{\mathcal{G}yy} = \frac{1}{4}mr^2 + \frac{1}{12}m\ell^2$ $I_{\mathcal{G}zz} = \left(\frac{1}{2} - \frac{16}{9\pi^2}\right)mr^2$
kon	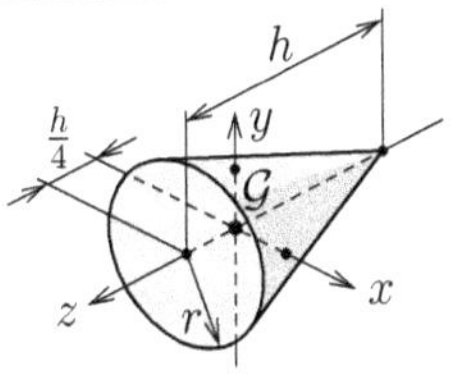 $I_{\mathcal{G}xx} = I_{\mathcal{G}yy} = \frac{3}{20}mr^2 + \frac{3}{80}mh^2$ $I_{\mathcal{G}zz} = \frac{3}{10}mr^2$
sfäriskt skal	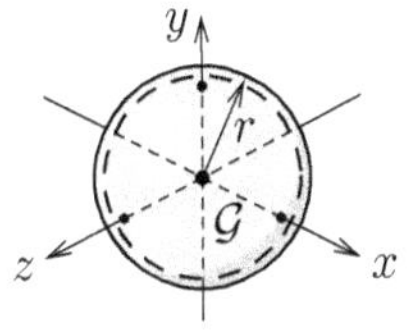 $I_{\mathcal{G}xx} = I_{\mathcal{G}yy} = I_{\mathcal{G}zz} = \frac{2}{3}mr^2$
cylinderskal	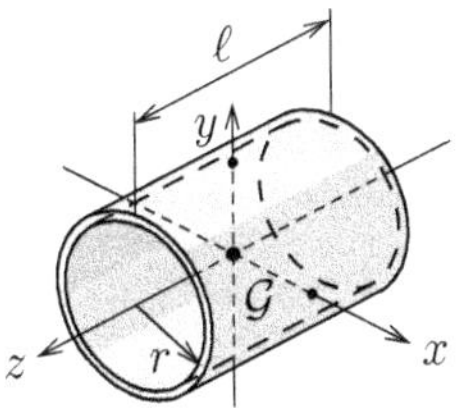 $I_{\mathcal{G}xx} = I_{\mathcal{G}yy} = \frac{1}{2}mr^2 + \frac{1}{12}m\ell^2$ $I_{\mathcal{G}zz} = mr^2$
halvcylinderskal	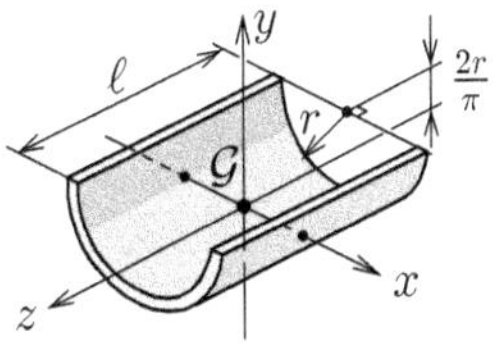 $I_{\mathcal{G}xx} = \left(\frac{1}{2} - \frac{4}{\pi^2}\right)mr^2 + \frac{1}{12}m\ell^2$ $I_{\mathcal{G}yy} = \frac{1}{2}mr^2 + \frac{1}{12}m\ell^2$ $I_{\mathcal{G}zz} = \left(1 - \frac{4}{\pi^2}\right)mr^2$

Sakregister

www.ingramcontent.com/pod-product-compliance
Lightning Source LLC
Chambersburg PA
CBHW051346200326
41521CB00014B/2499
* 9 7 8 9 1 9 8 1 2 8 7 7 2 *